Valeurs de la biodiversité et services écosystémiques

Perspectives interdisciplinaires

Philip Roche, Ilse Geijzendorffer, Harold Levrel,
Virginie Maris, coordinateurs

Éditions Quæ
RD 10, 78026 Versailles Cedex

Collection *Update Sciences & Technologies*

Partenariat pour le développement territorial
A. Torre, D. Vollet, coord.
2015, 244 p.

Abeilles et paysages
Enjeux apicoles et agricoles
E. Maire, D. Laffly, coord.
2015, 192 p.

Repenser l'économie rurale
P. Jeanneaux, P. Perrier-Cornet, coord.
2014, 278 p.

Terres agricoles périurbaines
Une gouvernance foncière en construction
N. Bertrand, coord.
2013, 256 p.

Cultures pérennes tropicales
Enjeux économiques et écologiques de la diversification
F. Ruf, G. Schroth, coord.
2013, 304 p.

Géogouvernance
Utilité sociale de l'analyse spatiale
M. Masson-Vincent, N. Dubus, coord.
2013, 224 p.

Éditions Quæ
RD 10
78026 Versailles Cedex
www.quae.com

© Éditions Quæ, 2016   ISBN : 978-2-7592-2442-5   ISSN : 1773-7923

Sommaire

« The world that will exist in 100 and 1 000 years will, unavoidably, be of human design, whether deliberate or haphazard. The principles that should guide this design must be based on science, much of it done only sketchily to date, and on ethics. Ethics should, among other things, apportion costs and benefits between individuals and society as a whole, and between current generations and all future generations. [...] The Earth will retain its most striking feature, its biodiversity, only if humans have the prescience to do so. This will occur, it seems, only if we realize the extent to which we use biodiversity.[1] »

Daniel Tilman, 2000. Causes, consequences
and ethics of biodiversity. *Nature*, 405, p. 211.

---

1. « Le monde qui existera dans 100 ou 1 000 ans sera inéluctablement modelé par les êtres humains, que ce soit volontaire ou pas. Les principes qui devraient guider cette nouvelle construction doivent être basés sur la science — nous en sommes pour l'heure seulement au début — ainsi que sur l'éthique. Ces critères éthiques doivent, entre autres, permettre de répartir les coûts et les bénéfices entre les individus et la société, ainsi qu'entre les générations actuelles et futures. [...] La Terre ne gardera ses plus grands attraits, sa biodiversité, que si les êtres humains ont la clairvoyance de les préserver. Et cela ne pourra arriver que si nous nous rendons compte dans quelle mesure nous utilisons la biodiversité. »

Préface

L'environnement humain se dégrade, la biodiversité est en crise (Barnosky *et al.*, 2012). Le monde de la conservation travaille avec imagination et énergie pour combattre cet état de fait, mais la tendance est toujours négative, et même en accélération (Tittensor *et al.*, 2014). Néanmoins, priorité est toujours donnée à l'économie et au court terme. Pour modifier ces tendances, deux choses au moins sont nécessaires : une meilleure compréhension des liens entre biodiversité, fonctionnement des écosystèmes et services écosystémiques (Cardinale *et al.*, 2012) ; et une révolution dans la conception que nous avons des relations qui nous unissent, nous les humains, au reste de la nature. Les mots de David Tilman cités en exergue sont importants, mais il nous faut dépasser la simple notion d'utilisation, car on prend d'abord soin de ce qu'on aime. Toute révolution demande un changement de valeurs, et une meilleure compréhension des valeurs de la biodiversité en constitue donc le point de départ.

En 2012, le temps était propice, pour la communauté française des sciences de la biodiversité, à aller plus loin, en contribuant à clarifier les valeurs de la biodiversité et à analyser la notion de services écosystémiques ; c'est dans ce contexte que ce livre trouve son origine. Ces réflexions ont également un sens sociétal et politique. Elles visent à éclairer, même de manière modeste, la politique de la recherche, en soulignant les grandes questions qui devraient être au cœur des travaux sur la biodiversité dans les années à venir. Philip Roche et ses collègues d'Irstea avaient décidé d'avancer sur cette voie, et c'est dans le cadre d'Allenvi (Alliance nationale de recherche pour l'environnement), au sein du groupe thématique Biodiversité co-animé par la Fondation pour la recherche sur la biodiversité (FRB), que nous avons lancé une réflexion nationale sur le sujet, puis un livre consacré aux valeurs de la biodiversité et aux services écosystémiques.

Parce qu'un cadre interdisciplinaire et inter-organismes était nécessaire, la FRB était le bon outil pour porter ce projet, notamment parce qu'elle avait lancé dès 2008, avec succès, une réflexion sur les valeurs de la biodiversité (Maitre d'Hôtel et Pelegrin, 2012 ; Guiral, 2013), sous l'impulsion de son directeur de l'époque Xavier Le Roux et de son Conseil scientifique, présidé par Jean-François Silvain. Avec la volonté de construire un livre sur ce sujet, nous avons invité une quarantaine de personnes sur deux journées, en vue d'assurer un débat approfondi sur les différentes dimensions des valeurs — écologique, économique, sociale et éthique — de la biodiversité et des services écosystémiques. Jacques Weber et Michel Loreau ont accepté de lancer le débat en portant des regards croisés sur le sujet. Jacques, comme souvent, nous a montré les faces cachées des grandes questions. Michel a rappelé les relations entre le déclin de la biodiversité et différents facteurs de contraintes environnementales, notamment la croissance démographique. Les interactions entre les humains et le reste de la biodiversité ne changeront que si l'on comprend mieux ce dont les humains ont besoin pour mener des vies qui soient pleinement satisfaisantes, et ces besoins vont bien au-delà du seul usage matériel. Ces deux introductions de cadrage ont été suivies par des discussions approfondies de quatre thématiques essentielles : les valeurs de la biodiversité ; le concept de services écosystémiques ; les relations entre biodiversité, fonctions et services ; et enfin l'approche multiservice.

Le présent ouvrage contient douze chapitres. Les points clés mis en lumière par ceux-ci sont présentés dans l'introduction par les organisateurs du séminaire et coordonnateurs du livre, Philip Roche, Virginie Maris, Harold Levrel et Ilse Geijzendorffer, que nous remercions très vivement pour avoir, au-delà de leurs contributions créatives aux idées exposées dans ce livre, contribué à identifier et mobiliser les bonnes personnes pour participer au projet, et pour leur travail sur les textes soumis.

Le débat a bénéficié des contributions d'Élisabeth Vergès pour le ministère de l'Enseignement supérieur et de la Recherche (MESR) et de Christel Fiorina, Patrick Degeorges, Elen Lemaître-Cury et Philippe Puydarrieux pour le ministère de l'Environnement, du Développement durable et de l'Énergie (MEDDE). Un grand merci aussi à Bénédicte Herbinet, alors directrice de la FRB, à Flora Pellegrin, Claire Salomon, Cécile Blanc, Élisabeth Paymal, Marie-Michèle Digue, Martine Morteau et toutes les personnes qui ont assuré la mise en place du colloque de novembre 2012, financé par Irstea, la FRB et le MEDDE (projet Biodiser). Sans toutes ces contributions, cet ouvrage et les idées nouvelles qu'il apporte seraient encore enfermés dans nos esprits ! Je suis convaincu que les synthèses d'idées nouvelles présentées ici contribueront de manière importante à la nécessaire révolution qui transformera les liens entre les humains et le reste de la nature.

Patrick Duncan
Président de la FRB de 2011 à 2014

Références

Barnosky A.D., Hadly E.A., Bascompte J., Berlow E.L., Brown J.H., Fortelius M., Getz W.M., Harte J., Hastings A., Marquet P.A., Martinez N.D., Mooers A., Roopnarine P., Vermeij G., Williams J.W., Gillespie R., Kitzes J., Marshall C., Matzke N., Mindell D.P., Revilla E., Smith A.B., 2012. Approaching a state shift in Earth's biosphere. *Nature*, 486, 52-58.

Cardinale B.J., Duffy J.E., Gonzalez A., Hooper D.U., Perrings C., Venail P., Narwani A., Mace G.M., Tilman D., Wardle D.A., Kinzig A.P., Daily G.C., Loreau M., Grace J.B., Larigauderie A., Srivastava D.S., Naeem S., 2012. Biodiversity loss and its impact on humanity. *Nature*, 486, 59-67.

Guiral C., 2013. *Valeurs de la biodiversité : Un regard sur les approches et le positionnement des acteurs*, 2, Fondation pour la recherche sur la biodiversité, Paris, 53 p.

Maitre d'Hôtel E., Pelegrin F., 2012. *Valeurs de la biodiversité : Un état des lieux de la recherche française*, série Expertises et synthèses, 1, Fondation pour la recherche sur la biodiversité, Paris, 52 p.

Tittensor D.P., Walpole M., Hill S.L.L., Boyce D.G., Britten G.L., Burgess N.D., Butchart S.H.M., Leadley P.W., Regan E.C., Alkemade R., Baumung R., Bellard C., Bouwman L., Bowles-Newark N.J., Chenery A.M., Cheung W.W.L., Christensen V., Cooper H.D., Crowther A.R., Dixon M.J.R., Galli A., Gaveau V., Gregory R.D., Gutierrez N.L., Hirsch T.L., Höft R., Januchowski-Hartley S.R., Karmann M., Krug C.B., Leverington F.J., Loh J., Lojenga R.K., Malsch K., Marques A., Morgan D.H.W., Mumby P.J., Newbold T., Noonan-Mooney K., Pagad S.N., Parks B.C., Pereira H.M., Robertson T., Rondinini C., Santini L., Scharlemann J.P.W., Schindler S., Sumaila U.R., Teh L.S.L., Van Kolck J., Visconti P., Ye Y., 2014. A mid-term analysis of progress toward international biodiversity targets. *Science*, 346, 241-244.

Remerciements

Nous tenons particulièrement à remercier Patrick Duncan, président de la Fondation pour la recherche sur la biodiversité (FRB) en exercice lors de la genèse et de l'organisation du séminaire de novembre 2012, qui a toujours soutenu avec enthousiasme notre initiative.

Nous tenons également à remercier Xavier Le Roux, directeur de recherche à l'Inra qui, en tant que directeur de la FRB de 2008 à 2012 et membre du groupe de travail Biodiversité d'Allenvi, a initié l'idée d'un séminaire sur cette thématique.

Nous adressons un remerciement ému à Jacques Weber, qui avait accepté d'ouvrir nos discussions en duo avec Michel Loreau, nous gratifiant d'une conférence aussi brillante qu'enjouée comme il savait le faire. Jacques est probablement l'un des chercheurs français qui a, avec le plus de constance et de talent, ouvert la voie des recherches que nous poursuivons dans son sillage à travers ce livre. Il nous a quittés avant la parution de cet ouvrage mais nous espérons faire honneur à son engagement intellectuel sur les questions de valeurs et de valorisation de la biodiversité et des services écosystémiques.

Les débats lors du séminaire ont également bénéficié des contributions d'Élisabeth Vergès du ministère de l'Enseignement supérieur et de la Recherche (MESR) et de Christel Fiorina, Patrick Degeorges, Elen Lemaître-Cury et Philippe Puydarrieux pour le ministère de l'Environnement, du Développement durable et de l'Énergie (MEDDE). Nous avons bénéficié d'un soutien scientifique et logistique sans faille de la part de la FRB sans lequel ce séminaire n'aurait jamais pu avoir lieu et nous remercions chaleureusement Bénédicte Herbinet, directrice de la FRB, Flora Pellegrin, Claire Salomon, Cécile Blanc, Élisabeth Paymal, Marie-Michèle Digue et Martine Morteau.

Enfin, nous tenons à remercier l'ensemble des participants au séminaire, qui, même si tous n'ont pas pu contribuer à l'ouvrage, ont apporté leurs connaissances et leurs idées lors du séminaire : Xavier Arnauld de Sartre (CNRS/SET), Estelle Balian (Median), Cécile Barnaud (Inra/Dynafor), Arnaud Béchet (Tour du Valat), Raphaël Billé (Iddri), Christophe Bonneuil (CNRS / Centre Koyré), Françoise Burel (CNRS/ Écobio), Stéphanie Carrière (IRD/Gred), Denis Couvet (MNHN/Cesco), Wolfgang Cramer (CNRS/Imbe), Élise Demeulenaere (CNRS / Éco-anthropologie Ethnobiologie),

Vincent Devictor (CNRS/Isem), Isabelle Doussan (Inra/Gredeg), Luc Doyen (CNRS/ Gretha), Driss Ezzine de Blas (Cirad/BSEF), Fanny Guillet (MNHN/Cesco), Romain Julliard (MNHN/Cesco), Pascal Marty (université de La Rochelle/LIENs), Philippe Méral (IRD/Gred), Rémi Mongruel (Ifremer/Amure), Jean-Louis Pham (IRD/Diade), Roel Plant (Irstea/Tetis), Anne-Caroline Prévot (MNHN/Cesco), Fabien Quétier (Biotope), Xavier Reboud (Inra/Agroécologie), Fanny Rives (Cirad/Green), Jean-Michel Salles (Inra/Lameta), François Sarrazin (Université Pierre et Marie Curie / Cesco) et Muriel Trichit (Inra/Sad-Adapt).

Ce séminaire a été financé par Irstea, la FRB et le MEDDE (*via* le programme de recherche Biodiser coordonné par Virginie Maris). La publication de l'ouvrage de synthèse a été financée par Irstea et la FRB dans le cadre d'Allenvi.

Nous tenons également à remercier Anna Guin (Les Éditions quotidiennes) qui a assuré les relectures et les corrections typographiques, grammaticales et de mise en forme de l'ouvrage avant transmission à l'éditeur.

Introduction
Regards croisés sur les valeurs de la biodiversité et les services écosystémiques

Virginie Maris, Philip Roche, Harold Levrel et Ilse Geijzendorffer

Nous assistons à une crise de la biodiversité dont l'intensité est comparable aux grands épisodes d'extinctions qui ponctuèrent l'histoire de la vie sur Terre, et dont le précédent remonte à la crise Crétacé-Tertiaire, il y a 65 millions d'années. Si la nécessité de protéger la biodiversité semble largement admise, les raisons et les moyens à mettre en œuvre pour y parvenir font débat. Certains invoquent des obligations morales envers la nature, d'autres y voient une responsabilité de legs vis-à-vis des générations futures, d'autres encore défendent des raisons esthétiques, culturelles ou économiques. Au-delà de ces divergences, la plupart des défenseurs de la biodiversité s'entendent sur le fait que la dégradation des milieux naturels a, de façon plus ou moins directe, un impact négatif sur le bien-être humain, et l'idée selon laquelle l'érosion de la biodiversité nous porte préjudice a pris une part de plus en plus importante dans les discours scientifiques, politiques et militants.

Le concept de *services écosystémiques* permet de rendre compte de cette dépendance des sociétés humaines vis-à-vis du bon fonctionnement des écosystèmes. Cette expression apparaît dès les années 1970 et 1980 dans la littérature scientifique. Dans un premier temps, elle est utilisée de façon interchangeable avec d'autres notions proches comme celles de *services de la nature*, de *services environnementaux* ou de *fonctions environnementales*. Il s'agit de souligner les bénéfices que les sociétés humaines tirent du bon fonctionnement des écosystèmes. Mais ce qui était tout d'abord une expression sans définition précise va progressivement se formaliser, se structurer, jusqu'à connaître lors des quinze dernières années un essor fulgurant. En 1997, deux publications majeures mettent la notion de services écosystémiques au cœur des questions scientifiques sur la biodiversité : l'ouvrage édité par Daily, intitulé *Nature's Services: Societal Dependence on Natural Ecosystems* et l'article de Costanza et ses collègues publié dans *Nature* : « *The value of world's ecosystem services and natural capital* ». Huit ans plus tard, en 2005, sont publiés les résultats de l'*Évaluation des écosystèmes pour le millénaire* (MEA). Dans cette grande étude commandée par l'ONU et rassemblant plus de 1 300 chercheurs, le cadre d'analyse de l'état et des tendances des écosystèmes à travers la planète s'appuie directement sur la notion de services écosystémiques, définis comme « les bénéfices que les êtres humains tirent du fonctionnement des écosystèmes ». Dès lors, bien au-delà de la seule sphère scientifique, la notion de service écosystémique se propage dans le monde des gestionnaires de la nature, dans le champ des politiques publiques et au sein des entreprises.

Aujourd'hui, il est rare qu'à la notion de biodiversité ne soit pas directement adjointe la référence aux services écosystémiques : dans les appels d'offres et les mots-clefs des publications scientifiques ; dans les politiques de conservation ; dans les institutions d'interface entre sciences et politique, comme le démontre le tout récent IPBES (*International Panel on Biodiversity and Ecosystem Services*), ou encore dans la plupart des outils de communication et de sensibilisation des ONG et des entreprises autour de la conservation. Ce succès doit cependant susciter une grande vigilance, car au-delà de la définition apparemment simple retenue par le MEA (« les bénéfices que les êtres humains tirent du fonctionnement des écosystèmes »), la notion de service écosystémique est complexe, et le sens qui lui est attribué varie selon les documents politiques, le contexte socioéconomique et les disciplines dont sont issus les auteurs qui mobilisent ce concept. Cette indétermination peut créer des incompréhensions et des malentendus, limitant l'intérêt du concept de service écosystémique pour la conservation de la biodiversité, la gestion durable de l'environnement et la reconnaissance nécessaire de la dépendance de l'humanité vis-à-vis de la nature.

Si la notion de service écosystémique se laisse difficilement appréhender, c'est, entre autres, parce qu'il s'agit d'un objet-frontière qui renvoie à la diversité des relations entre les communautés humaines et leur environnement naturel. Elle est irréductible à un fait strictement social autant qu'à un fait strictement écologique, et nécessite donc d'être appréhendée au-delà des divisions disciplinaires traditionnelles entre sciences humaines et sciences naturelles. Malgré le nombre important d'articles dans les revues scientifiques proposant une approche multidisciplinaire, les ouvrages adoptant une telle démarche restent encore peu nombreux au niveau international, et inexistants en langue française. En vue de pallier ce manque, mais également pour répondre à la nécessité de faire progresser la réflexion autour du concept de service écosystémique et de son usage dans les nouvelles règlementations internationales et nationales (par ex., Stratégie de l'Union européenne pour la biodiversité, SUEB 2011 ; Loi française sur la responsabilité environnementale, LRE 2009) ou les instruments de gouvernance et de gestion de la biodiversité (plan de gestion d'espaces protégés ou valorisation des actifs naturels dans les comptes nationaux), un séminaire interdisciplinaire a été organisé en novembre 2012 à Paris, sous l'égide d'Allenvi avec le soutien de la FRB, du CNRS et d'Irstea.

Ce séminaire a mobilisé plus de 40 scientifiques provenant d'une grande diversité de disciplines : écologie, philosophie, géographie, droit, économie, génétique, anthropologie, sciences politiques. Des groupes de travail ont été constitués afin de croiser les expertises et les regards disciplinaires sur des questions liées aux valeurs de la biodiversité et aux services écosystémiques, notamment leurs définitions, les concepts qu'ils mobilisent ou qu'ils induisent, la façon dont ils sont utilisés et les défis soulevés pour leur application future. Dans la continuité de ce séminaire, nous avons souhaité transmettre au-delà du cercle des participants une partie des échanges ouverts et stimulants qui ont eu lieu sous la forme d'un ouvrage.

Il s'agit d'un ouvrage de débat, et nous avons souhaité conserver une libre expression de perspectives parfois divergentes afin de restituer la dimension dynamique et vivante de l'avancée des connaissances. Les contributions ont été organisées en trois ensembles qui, sans former des sections, regroupent des chapitres abordant des thématiques connexes. Le premier aborde la question des valeurs de la nature en général, qu'il s'agisse de leur analyse conceptuelle (chap. 1), de leur place dans l'histoire de la protection de la nature (chap. 2), du rapport entre valeur et utilité (chap. 3) ou encore des limites de la division classique entre valeur intrinsèque et valeur instrumentale (chap. 4). Le deuxième ensemble se concentre sur les relations entre biodiversité et bien-être humain à travers leur formalisation dans la notion de service écosystémique, reliant ce concept à une conception de la justice fondée sur les « capabilités » (chap. 5), à un mécanisme d'offre et de demande de services écosystémiques (chap. 6), soulignant les limites d'une lecture trop littérale de la métaphore économique sur laquelle il se fonde (chap. 7) ou situant l'approche par services écosystémiques dans le cadre plus large d'une pensée évolutionniste (chap. 8). Le troisième et dernier ensemble interroge les différentes formes d'opérationnalisation de ce concept, et s'intéresse particulièrement aux défis que soulèvent leur évaluation en vue d'orienter les politiques publiques (chap. 9 et 10), leur modélisation (chap. 11) ou plus largement leur institutionnalisation dans différentes arènes de décision (chap. 12).

Si la protection de la biodiversité est devenue un objectif internationalement reconnu, notamment à travers la Convention sur la diversité biologique (CDB, 1992), c'est parce que cette biodiversité nous importe. De façon plus générale, le rapport à la nature a toujours été pétri des valeurs qui lui sont attribuées, la considérant tour à tour utile, sacrée, autonome, etc. Ces valeurs prennent des formes très variées à travers l'histoire et les cultures, et nous nous intéresserons dans un premier temps aux valeurs de la nature, et particulièrement à l'articulation de ces valeurs selon qu'elles sont ou non centrées sur les intérêts humains.

Dans le chapitre 1, Virginie Maris, Vincent Devictor, Isabelle Doussan et Arnaud Béchet analysent le concept de *valeur*, et la diversité de sens et de contenu qu'il peut prendre lorsqu'il est question des valeurs de la biodiversité. Ils insistent sur la polysémie du terme lui-même, qui peut tour à tour désigner une mesure, une préférence ou une norme sociale, puis décrivent la complexité des valeurs attribuées à la biodiversité, insistant sur la nécessité de prendre en compte leur dynamique et leur hétérogénéité dans les exercices d'évaluation. Dans le chapitre 2, Vincent Devictor, Stéphanie Carrière et Fanny Guillet retracent la place des valeurs dans l'histoire de la conservation de la nature, en soulignant notamment le passage d'une intuition morale forte et militante quant à la valeur intrinsèque de la nature chez les premiers conservationnistes, à une scientifisation et à une institutionnalisation de ces enjeux, deux formes de rationalisations qui sont, selon les auteurs, mises à mal par la complexité des écosystèmes et de leurs relations avec les sociétés humaines. Dans le chapitre 3, Jean-Michel Salles, Driss Ezzine de Blas, Romain Julliard, Rémi Mongruel, Fabien Quétier et François Sarrazin s'interrogent sur la perception de l'utilité et de l'inutilité de la nature, explicitant les racines philosophiques sur lesquelles se construisent différentes représentations de la nature dans l'histoire et soulignant la difficulté qu'il y a à rendre compte de l'ensemble des valeurs de la biodiversité exclusivement en termes d'utilité. Enfin, dans le chapitre 4, Michel Loreau analyse les limites des deux stratégies traditionnelles de valorisation de la nature. La première, relevant de la rationalité éthique, insiste sur la valeur intrinsèque de la nature alors que la seconde, relevant davantage de la rationalité économique, se concentre sur sa valeur instrumentale. Bien qu'opposées, ces deux approches ont en commun de perpétuer la frontière stricte entre les êtres humains et la nature. L'auteur suggère au contraire qu'il est essentiel de réintégrer les humains dans la nature et de réévaluer leurs besoins fondamentaux à la lumière de cette intégration pour tenter de résoudre les problèmes majeurs de la crise écologique globale.

Au cœur de l'approche par services écosystémiques réside la motivation de montrer la dépendance de l'humanité vis-à-vis de la biosphère et des écosystèmes qui la composent, soulageant en partie la tension qui pouvait résider entre des approches de la conservation strictement fondées sur les valeurs intrinsèques de la nature et des approches strictement fondées sur ses valeurs instrumentales. Il s'agit de proposer un cadre conceptuel et analytique susceptible de mieux représenter la multiplicité des biens et des services que la nature fournit aux êtres humains, mais également de prendre en compte la diversité des valeurs qui sous-tendent les relations entre les humains et leur environnement.

Le deuxième moment de cet ouvrage permet de mettre en évidence les liens entre la biodiversité et le bien-être humain à travers la notion de services écosystémiques, mais aussi de montrer qu'il reste beaucoup à comprendre de la nature et de l'état de ces liens. Dans le chapitre 5, Anne-Caroline Prévot et Ilse Geijzendorffer analysent ainsi l'impact de la biodiversité sur le bien-être humain, et en particulier la façon dont la notion de *capabilités*, développée par Sen (1985), permet d'enrichir la perception et les valeurs des services écosystémiques. Dans un contexte de déconnexion croissante des individus à la nature, encourager l'accès à la biodiversité au niveau institutionnel comme au niveau des préférences individuelles peut améliorer de façon juste et durable la liberté et l'épanouissement des individus. Dans le chapitre 6, Harold Levrel, Philip Roche, Ilse Geijzendorffer et Rémi Mongruel développent un cadre conceptuel dans lequel les analyses écologiques et économiques s'hybrident afin de conceptualiser les relations de dépendance des sociétés humaines vis-à-vis du fonctionnement des écosystèmes en termes d'offre et de demande de services écosystémiques. Ce croisement disciplinaire peut alors permettre de mieux identifier les attentes des individus au sein et en dehors du marché, ainsi que la capacité des écosystèmes à y répondre durablement. Dans le chapitre 7, Roel Plant, Philip Roche et Cécile Barnaud reviennent sur une métaphore primordiale de l'approche par services écosystémiques : l'idée d'une « fonction de production des écosystèmes ». Ils montrent comment cette métaphore, prise au pied de la lettre, peut s'avérer réductrice en ne rendant compte que d'une petite partie de la large gamme des dépendances entre les êtres humains et les milieux naturels. Ils invitent alors à penser davantage en termes de « bouquet de services » et à « resocialiser » la notion de services écosystémiques, les interdépendances entre humains et biosphère étant presque toujours intriquées dans un réseau complexe et dynamique d'interdépendances sociales et politiques. Finalement, dans le chapitre 8, François Sarrazin, Jean-Louis Pham, Xavier Reboud et Jane Lecomte invitent à restituer l'approche par services écosystémiques dans le cadre plus large de la biologie évolutive, en intégrant le point de vue fonctionnel communément adopté par les écologues qui travaillent sur les services écosystémiques dans une perspective évolutive. Un tel élargissement du cadre conceptuel à l'intérieur duquel sont considérées les interdépendances entre les êtres humains et leur environnement offre de nombreuses perspectives de recherche, et pourrait permettre à la fois de mieux comprendre ces interactions et de garantir une plus grande résilience des services écosystémiques, ainsi que des organismes et des systèmes écologiques qui les fournissent.

Si la notion de service écosystémique offre des perspectives conceptuelles prometteuses pour mieux rendre compte de l'interdépendance entre les humains et la nature, elle a également été développée dans le but de fournir des outils pratiques novateurs pour dépasser certains blocages dans la façon de concevoir la conservation de la biodiversité, et notamment dans le but de trouver des modes de gestion intégrée susceptibles de s'affranchir d'une opposition caricaturale entre d'une part des espaces protégés principalement dédiés à la nature, et d'autre part des espaces de développement principalement dédiés à la satisfaction des intérêts humains.

La dernière partie de cet ouvrage se concentre sur les défis d'une telle opérationnalisation de la notion de service écosystémique. Dans le chapitre 9, Denis Couvet, Xavier Arnauld de Sartre, Estelle Ballian et Muriel Tichit s'intéressent à l'évaluation des services écosystémiques et au rôle que peut jouer cette évaluation dans la gouvernance des territoires. Ils montrent la nécessité de raisonner non pas service par service, mais sur la base de bouquets de services, de considérer ces bouquets à des échelles spatiales et temporelles appropriées au contexte biophysique autant qu'au contexte sociopolitique dans lequel se placent ces évaluations, et de raisonner en termes de recherche de compromis et/ou de synergies au sein de ces bouquets. Dans le chapitre 10, Driss Ezzine de Blas, José Manuel Naredo et Erik Gómez Baggethun se penchent également sur les outils d'évaluation qui pourraient nous orienter vers des trajectoires de durabilité, mais ils mettent en évidence un angle mort de l'approche par service, qui n'intègre que difficilement les contraintes thermodynamiques des systèmes écologiques et qui, d'ailleurs, n'inclut pas de réflexion sur la consommation des énergies fossiles dans son cadre conceptuel. Dans un contexte d'économie de croissance fondée sur la consommation des ressources, la durabilité écologique ne serait, selon les auteurs, accessible qu'au prix d'une refonte plus radicale de la comptabilité environnementale, afin que celle-ci intègre pleinement les coûts de régénération de la biosphère dans une perspective de durabilité forte. En continuité avec cette réflexion, Luc Doyen, Philip Roche et Muriel Tichit s'intéressent dans le chapitre 11 à la gestion durable des écosystèmes, en proposant une approche conjointe de la conservation écologique et du développement économique et social. Ils explorent différents formalismes permettant d'analyser la durabilité des systèmes socioécologiques (équilibre, optimalité et viabilité), puis considèrent les défis que représentent la prise en compte de la résilience dans la gouvernance et la gestion de la biodiversité et des service écosystémique. Finalement, dans le chapitre 12, Rémi Mongruel, Philippe Méral, Isabelle Doussan et Harold Levrel retracent la récente institutionnalisation de la notion de service écosystémique à travers trois dimensions de ce processus d'institutionnalisation, dans les sphères scientifique, politique et enfin juridique. Soulignant les enjeux de consensus mais aussi de controverses qui entourent cette nouvelle approche, ils constatent qu'en dépit de la mention croissante de la notion de service écosystémique dans le contexte règlementaire et légal, l'approche par service écosystémique demeure peu prise en compte dans les processus de prise de décision.

Les travaux de recherche consacrés aux valeurs de la biodiversité et aux services écosystémiques se sont multipliés depuis une dizaine d'années, mais il reste encore beaucoup à apprendre, et plus encore à faire pour rendre ces connaissances utiles aux décideurs, aux gestionnaires et au public dans son ensemble. L'intérêt actuel pour le concept de service écosystémique peut s'expliquer par des facteurs à la fois externes et internes à la recherche scientifique. Externes, dans la mesure où les travaux sur les services écosystémiques répondent à une forte demande sociale. L'objectif de préserver la biodiversité tout en garantissant son usage durable et en favorisant le bien-être humain est aujourd'hui partagé par une large partie de la société. La biodiversité joue de nombreux rôles. Elle est à la fois cause et conséquence du bon fonctionnement des écosystèmes dont dépendent de nombreux services écosystémiques. Dans un contexte de pressions toujours croissantes sur les milieux naturels, les travaux sur les services écosystémiques peuvent tout d'abord aider à mieux comprendre les interactions entre nature et sociétés, à anticiper les bouleversements à venir et à concevoir des mesures de gestion appropriées. La gestion des écosystèmes et, plus largement, de l'environnement, doit en effet être éclairée par la reconnaissance de la multiplicité et de la complexité des fonctions, des interactions et des valeurs en jeu. D'autre part, les travaux sur les valeurs de la biodiversité et les services écosystémiques offrent des ressources conceptuelles et scientifiques nécessaires pour repenser les modèles dominants de développement et de gouvernance. Ils invitent notamment à prendre en compte la diversité des valeurs de la nature et à reconnaître la qualité de bien commun de la biodiversité et de notre environnement dans des politiques publiques et des trajectoires économiques qui ont jusqu'alors eu tendance à ignorer ou à minimiser ces valeurs.

Au sein de la recherche elle-même, le concept de service écosystémique a ouvert un nouveau champ d'investigation très stimulant, en faisant le pont entre plusieurs disciplines et plusieurs approches de la connaissance. Il est le point de convergence d'études et d'écoles de pensées très variées, à la croisée des sciences naturelles et des sciences humaines et sociales. Cet « objet frontière » représente une opportunité de développer de nouvelles connaissances sur le monde, mais également de s'interroger sur les méthodes scientifiques elles-mêmes. En effet, l'interdisciplinarité ne se décrète pas, elle se construit, se cherche, se modèle peu à peu au gré des expériences et des collaborations. Elle invite les chercheurs à remettre en question leur rapport au savoir, à développer des compétences dans des champs dont ils ne sont pas spécialistes, à dépasser les barrières conceptuelles et communicationnelles de leur formation pour permettre l'émergence d'un véritable champ commun de questionnements et de méthodes. Après une longue période de division disciplinaire et d'hyperspécialisation, la complexité des enjeux de société contemporains enjoint au démantèlement de la tour de Babel que la modernité scientifique avait érigée, dressant entre les disciplines des cloisons toujours plus hautes et hermétiques. Sans renoncer à l'excellence, l'heure est aux ponts, aux hybridations, à la circulation des concepts et des méthodes, à la collaboration entre disciplines et à l'invention de nouvelles interfaces. Les études sur les services écosystémiques en témoignent et participent par l'exemple à cette entreprise de décloisonnement des savoirs. Nous espérons qu'à sa mesure, cet ouvrage participera à la fois à alimenter le débat de société sur notre rapport à la nature et à promouvoir l'ouverture d'esprit nécessaire à une conception contemporaine de la recherche, affranchie des carcans disciplinaires.

Références

Chan K.M.A., Shaw M.R., Cameron D.R., Underwood E.C., Daily G.C., 2006. Conservation planning for ecosystem services. *PLoS Biology*, 4, 2138-2152.

Costanza R., d'Arge R., De Groot R., Farber S., Grasso M., Hannon B., Naaem S., Limburg K., Paruelo J., O'Neill R.V., Raskin R., Sutton P., Van den Belt M., 1997. The value of the world's ecosystem services and natural capital. *Nature*, 387, 253-260.

Daily G.C., 1997. *Nature's Services: Societal Dependence on Natural Ecosystems*, Island Press, Washington D.C., USA, 392 p.

Daily G.C., 2003. What are ecosystem services? *In : Global environmental challenges for the twenty-first century: Resources, Consumption and Sustainable Solutions*, Lorey D.E., Rowman and Littlefields Publishers, Lanham, USA, 227-231.

Daily G.C., Alexander S.E., Ehrlich P.R., Goulder L., Lubchenco J., Matson P.A., Mooney H.A., Postel R., Schneider H., Tilman D., Woodwell G.M., 1997. Ecosystem services: Benefits supplied to human societies by natural ecosystems. *Issues in Ecology*, 2, 1-18.

De Groot R.S., 1987. Environmental functions as a unifying concept for ecology and economics. *Environmentalist*, 7, 105-109.

Ehrlich P.R., Ehrlich A.H., Holdren J.P., 1977. *Ecoscience: Population, resources, environment*, W.H. Freeman and Co., San Francisco, USA, 1 051 p.

Hoekstra J.M., Boucher T.M., Ricketts T.H., Roberts C., 2004. Confronting a biome crisis: Global disparities of habitat loss and protection. *Ecology Letters*, 8 (1), 23-29.

Koh L.P., Dunn R.R., Sodhi N.S., Colwell R.K., Proctor H.C., Smith V.S., 2004. Species co-extinctions and the biodiversity crisis. *Science*, 305, 1632-4.

Kosoy N., Corbera E., 2010. Payments for ecosystem services as commodity fetishism. *Ecological Economics*, 69, 1228-1236.

Mace G.M., Norris K., Fitter A.H., 2012. Biodiversity and ecosystem services: A multilayered relationship. *Trends in Ecology and Evolution*, 27, 19-25.

MEA, 2005. *Ecosystems and Human Well-Being: Synthesis*, Millennium Ecosystem Assessment Series, Island Press, Washington D.C., USA, 160 p.

Nicholson E., Mace G.M., Armsworth P.M., Atkinson G., Buckle S., Clements T., Ewers R.M., Fa J.E., Gardner T.A., Gibbons J., Grenyer R., Metcalfe R., Mourato S., Muûls M., Osborn D., Reuman D.C., Watson C., Milner-Gulland E.J., 2009. Priority research areas for ecosystem services in a changing world. *Journal of Applied Ecology*, 46, 1139-1144.

Sen A., 1985. Well-being, agency and freedom: The Dewey lectures 1984. *The Journal of Philosophy*, 82 (4), 169-221.

Westman W.E., 1977. How much are nature's services worth? Measuring the social benefits of ecosystem functioning is both controversial and illuminating. *Science*, 197, 960-964.

Chapitre 1
Les valeurs en question

Virginie MARIS, Vincent DEVICTOR, Isabelle DOUSSAN et Arnaud BÉCHET

« Pour les anthropologues, les Valeurs sont les catégories d'une prodigieuse topologie, d'une cosmogonie propre à chaque culture, qui dit ce qui est bien ou mal, propre ou sale, sacré ou profane, consommable ou non, beau ou laid. Le système de valeurs d'une société est son système de classement de l'univers, du monde, des choses, des êtres et des relations entre les êtres et les choses. Cette grandiose typologie, propre à chaque culture, constitue le système de référence du regard et des attitudes des individus et des groupes de cette société. L'honnêteté, l'honneur, la fidélité, la patrie, la compassion ainsi que le drapeau ou la Constitution constituent des Valeurs au sens des anthropologues. Or ces valeurs ne se vendent pas, ne se donnent pas, ne se prêtent pas : elles se partagent. Les valeurs ainsi définies ne sauraient être appréhendées par des consentements à payer. Les valeurs n'ont pas de prix. »

Jacques Weber, 2002.

Pourquoi les valeurs de la biodiversité nous importent-elles ?

L'étude des valeurs de la biodiversité est cruciale pour penser les enjeux de la conservation de la biodiversité et la façon dont s'est constituée ce que l'on a qualifié d'« approche par services écosystémiques ». En effet, l'idée même de conserver la biodiversité implique que lui soient attachées certaines valeurs et nous allons essayer dans ce chapitre de faire le point sur celles-ci. Mais auparavant, il convient d'expliquer pourquoi une compréhension fine et une meilleure connaissance des valeurs de la biodiversité sont importantes, tant pour les chercheurs qui travaillent sur la biodiversité que pour les décideurs et les différents acteurs de la conservation. Nous pouvons évoquer ici au moins quatre familles de raisons justifiant de la nécessité d'un travail sur les valeurs de la biodiversité : la connaissance, la communication, la sensibilisation et l'aide à la décision.

Le fait de mieux connaître les valeurs de la biodiversité et la manière dont elles évoluent dans le temps est une façon de rendre compte des phénomènes socioécologiques à l'œuvre dans le déclin de la biodiversité. Les valeurs constituent en effet l'une des données du problème, et elles peuvent mettre en évidence des effets écologiques complexes. La valeur joue alors un rôle d'indicateur. Cela peut être le cas par exemple dans l'évaluation et le suivi dans le temps d'un service écosystémique tel que la pollinisation. S'il est pour le moment impossible de comprendre toutes les interactions à l'œuvre dans le déclin des pollinisateurs, la mesure directe du taux de pollinisation dans différents milieux livre une information déterminante pour appréhender ce phénomène. Du point de vue des sciences humaines et sociales, l'évaluation et le suivi des valeurs que les individus et les communautés attribuent à la biodiversité ou à certains de ses éléments constituent d'excellents outils à mettre en œuvre dans la perspective d'une meilleure compréhension des relations unissant les sociétés et leur environnement.

Connaître et comprendre les valeurs de la biodiversité peut également aider à communiquer sur ce thème. Pour le grand public, un discours sur la perte de pollinisateurs en milieu agricole met en évidence la complexité des relations écologiques, et en particulier l'intrication des causalités en jeu dans certains phénomènes, comme l'usage de pesticides, la propagation de maladies émergentes, etc. Au-delà de cette dimension strictement pédagogique, les processus participatifs d'évaluation permettent d'engager un processus de valorisation. En effet, pour appréhender la façon dont les gens perçoivent et valorisent la nature, certains chercheurs en sciences humaines et sociales développent des modes de recherche participatifs avec les communautés locales ou les parties prenantes, qui offrent des occasions de partage des connaissances, mais aussi de délibération collective. La communication perd alors le sens unidirectionnel d'un savoir scientifique qui serait « communiqué » à un public profane pour devenir réciproque, au sens fort d'une « mise en commun », scientifiques et public se trouvant alors collectivement engagés dans l'exercice d'évaluation et de valorisation.

Bien souvent, la communication est un préalable à un agenda plus normatif qui dépasse la seule transmission de connaissances ou l'échange à propos des valeurs. Travailler sur les valeurs de la biodiversité et témoigner de leur importance est en effet un moyen de plaider en faveur de la conservation. Plus grandes seront ces valeurs, plus fortes seront les incitations à conserver la nature. Lorsqu'en 1997 Costanza et ses collègues publient dans *Nature* leur fameux article sur la valeur des services écosystémiques et du capital naturel (Costanza *et al.*, 1997), qui estime cette valeur à trois fois celle du produit mondial brut, ils produisent un puissant argument en faveur de la conservation.

Enfin, les travaux portant sur les valeurs de la biodiversité peuvent offrir des outils utiles à la prise de décision dans des contextes complexes, où il est nécessaire d'établir des compromis entre différents enjeux en compétition (par ex., lorsqu'il faut faire la part entre des demandes simultanées de croissance économique, de santé publique et de protection de l'environnement), ou encore lorsqu'il s'agit de trancher entre différentes politiques de conservation. Laurans et ses collègues (2013) ont montré qu'en dépit du nombre croissant d'évaluations monétaires de la biodiversité et des services écosystémiques, on trouve finalement très peu de traces, dans la littérature, de contextes dans lesquels ces évaluations ont effectivement été invoquées dans la prise de décision politique. Selon les auteurs, même lorsque ces travaux ne sont pas totalement ignorés par les décideurs, ils servent manifestement davantage de justification *ad hoc* à des décisions prises en amont sur la base d'autres critères. Il serait en effet naïf de penser que les processus politiques puissent se réduire à des fonctions mécaniques de calcul de type coût-bénéfices. Cependant, qu'il s'agisse de répartir des ressources limitées entre différents projets de conservation ou d'évaluer l'impact de certains projets de développement destructeurs de biodiversité, les décideurs, et de façon plus générale la diversité des acteurs confrontés à un enjeu de conservation, ont un intérêt pour agir à appréhender les valeurs en question.

Pour toutes ces raisons, des attentes croissantes se font jour de la part du public, des décideurs et des acteurs de la conservation en termes d'évaluation de la biodiversité et des services écosystémiques. Nous allons montrer à présent que, s'il semble *a priori* utile d'en savoir davantage sur les valeurs de la biodiversité, la notion même de valeur se prête à des interprétations très variées et soulève un certain nombre de problèmes conceptuels, qu'il convient de garder à l'esprit lorsqu'on entend produire ou utiliser des évaluations de la biodiversité ou des services écosystémiques.

Polysémie du terme « valeur »

Au terme même de « valeur » correspondent plusieurs définitions, dont trois au moins entrent en jeu lorsque sont évoquées les valeurs de la biodiversité : la valeur peut dans ce contexte être comprise comme mesure, comme préférence, et comme norme.

La valeur peut désigner la mesure d'un attribut quantifiable. C'est en ce sens que l'on peut tenter par exemple de déterminer la valeur de l'indice de diversité *alpha* d'un écosystème alpin, la diversité *alpha* représentant la richesse spécifique (donc le nombre d'espèces présentes) observée dans un habitat donné. C'est également cette acception du terme qui est mobilisée lorsqu'on s'interroge sur la valeur monétaire d'un service écosystémique. Déterminer la valeur monétaire de la fonction pollinisatrice des insectes, estimée à 153 milliards d'euros en 2005 (Gallai *et al.*, 2009), c'est mesurer quelle part des revenus agricoles est dans les faits directement dépendante de cette fonction.

La valeur peut également désigner la *préférence* accordée par les individus à certaines choses, entités ou états. Lorsque quelqu'un affirme qu'il attache une grande valeur aux paysages de sa région, il manifeste une préférence personnelle qui peut être liée à ses goûts esthétiques, à ses souvenirs d'enfance, à son intérêt naturaliste, etc.

Enfin, la valeur peut référer à certains biens collectivement reconnus, qui induisent certaines *normes*, elles-mêmes prenant généralement la forme d'un respect ou d'attitudes particulières à l'égard de la valeur en question. Ces normes peuvent être politiques, morales, religieuses ou basées sur la tradition. On retrouve de telles valeurs utilisées dans différentes formes d'institutions comme la Déclaration universelle des droits de l'homme, les Constitutions des États, les codes de déontologie, les Églises, les rites, etc. Par exemple, lorsque dans le préambule de la Convention sur la diversité biologique (CDB, 1992), les parties signataires reconnaissent « la valeur intrinsèque de la diversité biologique », elles affirment collectivement que la biodiversité a une valeur en soi et, ce faisant, qu'il faut la protéger.

Lorsqu'on considère les valeurs de la biodiversité, on a généralement affaire à ces trois types de valeurs. On pourrait se satisfaire de lever l'ambiguïté en précisant systématiquement s'il est question de « valeur-comme-mesure », de « valeur-comme-préférence » ou de « valeur-comme-norme ». Si cette contrainte paraît trop malcommode, il faut à tout le moins s'efforcer de rester vigilant, par exemple en s'abstenant de comparer ou d'agréger des valeurs qui ne seraient pas de même nature. Malheureusement, la réalité est complexe et il peut être difficile de démêler rigoureusement ces différentes significations de la valeur qui, souvent, s'imbriquent les unes dans les autres.

Les valeurs quantitatives sont généralement des valeurs-comme-mesures. Elles peuvent être biophysiques, lorsqu'on compte des espèces ou qu'on estime des quantités de CO_2, des hectares de forêts ou des flux d'énergie. Elles peuvent aussi être monétaires, lorsqu'on s'intéresse à la valeur monétaire de tel service écosystémique ou de telle entité naturelle. Ces évaluations monétaires sont souvent les premières qui viennent à l'esprit quand il s'agit d'évaluer la biodiversité et les services écosystémiques. Ce sont également celles qui ont donné lieu à la plus grande quantité d'évaluations. Il faut donc bien garder à l'esprit que la valeur monétaire d'une entité naturelle ou d'une fonction écologique n'est rien d'autre que la mesure d'une certaine quantité d'argent. Selon la méthode choisie, il peut s'agir de la quantité d'argent que la fonction écologique évaluée rapporte à la société, de la quantité d'argent nécessaire pour remplacer la fonction évaluée par un artefact de substitution, ou encore de la quantité d'argent que des individus seraient prêts à payer pour maintenir telle situation ou telle fonction en l'état.

Mais si la valeur monétaire réfère à une mesure, ce qu'elle entend mesurer n'est pas indépendant des autres types de valeurs ci-dessus évoqués. Le cas est criant s'agissant des évaluations contingentes. Ces méthodes d'évaluation monétaire reposent sur des enquêtes dans lesquelles il s'agit de « révéler » les préférences des individus interrogés en leur demandant par exemple quel serait leur consentement à payer pour maintenir tel ou tel type de biodiversité, ou, à l'inverse, à hauteur de quelle rémunération ils seraient prêts à accepter tel ou tel changement de biodiversité. Indépendamment des limites méthodologiques de l'exercice (Maris et Réverêt, 2010), l'objectif d'une évaluation contingente est de fournir les valeurs (comme mesures) de valeurs (comme préférences). Pour compliquer encore la situation, il y a fort à parier que les préférences individuelles seront elles-mêmes en partie dépendantes des valeurs comme norme. Par exemple, quelqu'un qui considère que nous avons un devoir moral de protéger les espèces (reconnaissant donc une valeur-comme-norme aux espèces) sera probablement enclin à accorder une grande valeur d'existence à telle ou telle espèce (exprimant alors une valeur-comme-préférence), ce qui pourra se traduire par un consentement à payer élevé pour la conservation de cette espèce (et engage donc *in fine* une valeur-comme-mesure).

Cette intrication des différents types de valeurs n'est cependant pas toujours aussi indémêlable, et il ne faudrait pas conclure de la difficulté qu'il peut parfois y avoir à distinguer ces différents sens d'un même terme, que leur distinction elle-même devient caduque. Lorsqu'on souhaite rendre compte de l'ensemble des valeurs de la biodiversité, il faut accepter d'avoir à considérer des valeurs hétérogènes plutôt que d'ignorer cette hétérogénéité, ou de tenter de la réduire en exprimant toutes les valeurs dans un seul et même type, comme le font par exemple certains économistes lorsqu'ils prétendent évaluer la « valeur totale de la biodiversité » en traduisant en termes monétaires des valeurs aussi diverses que les valeurs d'usage, d'option, de legs ou d'existence. L'objectif de ce chapitre est de mettre en relief cette complexité, non pas pour la réduire ou pour en faire un frein définitif à tout exercice d'évaluation, mais pour permettre au contraire d'adapter le plus finement possible les méthodes d'évaluation aux buts visés par l'exercice.

La notion de valeur intrinsèque

Nous venons de le montrer, le concept de valeur renvoie à bien davantage qu'à la seule valeur monétaire ou, plus largement, à l'idée de bénéfice, d'avantage ou d'utilité. Les valeurs économiques et, plus largement, les valeurs instrumentales, n'épuisent pas la notion de valeur, qui prend un sens beaucoup plus large en philosophie ou en anthropologie par exemple. Les valeurs et les systèmes de valeurs structurent la façon dont des choses ou des états de fait peuvent être considérés comme bons, justes, désirables et, ce faisant, elles surplombent la manière dont s'expriment, à travers les comportements individuels et les arrangements institutionnels, les valeurs économiques. Une première façon de dessiner l'épaisseur du concept de valeur consiste à présenter certaines clarifications empruntées à la philosophie morale, à propos notamment de la notion de valeur intrinsèque.

La notion de valeur intrinsèque est polysémique et peut faire l'objet de différentes interprétations (O'Neill, 1992), dont deux au moins méritent d'être distinguées lorsqu'on s'intéresse aux valeurs de la nature. Si cette clarification est cruciale, c'est parce que les ambiguïtés entourant la notion de valeur intrinsèque sont sources de nombreux malentendus, et il n'est pas rare que des discussions sur l'éventuelle prise en compte de la valeur intrinsèque de la biodiversité dans les évaluations opposent des arguments qui portent en réalité sur des acceptions différentes de cette notion.

Premièrement, la notion de valeur intrinsèque peut référer à une valeur *inhérente*, c'est-à-dire à la valeur que possède quelqu'un ou quelque chose en propre, indépendamment de tout évaluateur externe. Pour certains auteurs, le fait qu'un organisme vivant possède sa propre finalité, qu'il mette en œuvre, par les moyens qui sont les siens, différentes stratégies pour survivre, s'épanouir, transmettre ses traits, est une manifestation de sa valeur inhérente (Taylor, 1986). Dans cette perspective, la valeur est objective et n'est pas dépendante d'une quelconque reconnaissance par les êtres humains. Des auteurs comme Rolston (2012) ou Taylor (1986) défendent des éthiques environnementales dans lesquelles de telles valeurs inhérentes deviennent le socle sur lequel se fondent les responsabilités morales des êtres humains à l'égard de la nature ou des entités naturelles. Il faut cependant admettre que le passage d'une telle valeur objective (ce qui est) à une valeur morale (ce qui devrait être) est très délicat à défendre philosophiquement, et donne lieu à de vifs débats depuis la formulation par Moore (1903) de ce que l'on qualifie de « sophisme naturaliste », et qui consiste à déduire fallacieusement ce qui doit être de ce qui est. Lorsque de telles valeurs inhérentes sont évoquées au sujet d'entités non humaines, on peut dire qu'il s'agit de valeurs non anthropogéniques : elles ne sont pas générées par les êtres humains, elles résident dans le monde naturel indépendamment de toute reconnaissance par un esprit humain.

Deuxièmement, la notion de valeur intrinsèque peut référer à une valeur *non instrumentale*, c'est-à-dire à la valeur que l'on attribue à quelqu'un ou à quelque chose en tant qu'il est à lui-même sa propre fin, et non pas un moyen pour une autre finalité que lui-même. Attribuer à quelque chose ou à quelqu'un une valeur instrumentale, c'est le valoriser à la mesure de son intérêt dans la poursuite d'autres biens que lui-même ; ces autres biens peuvent alors à leur tour être valorisés pour eux-mêmes, ou en tant que moyens pour d'autres fins, etc. On peut par exemple considérer que l'argent a une valeur instrumentale, dans la mesure où il représente un moyen d'obtenir d'autres biens que lui-même (du temps, du plaisir, du pouvoir, etc.). En philosophie morale et politique, de nombreux biens ont été envisagés comme valables pour eux-mêmes, variant en nature et en nombre d'une théorie à l'autre : la vie, la conscience, la santé, le plaisir, le bonheur, la vérité, la connaissance, la beauté, l'harmonie, les expériences esthétiques, la vertu, l'affection mutuelle, l'amour, la justice, la démocratie, la liberté, l'autonomie, la dignité humaine, l'honneur, etc. Dans la philosophie occidentale, hormis quelques exceptions historiques comme l'utilitarisme de Jeremy Bentham pour qui les intérêts des animaux devaient être pris en compte dans la délibération morale, la majorité des théories morales n'ont attribué de valeurs non instrumentales qu'aux êtres humains eux-mêmes, ou à certaines finalités proprement humaines. On dit de telles théories qu'elles sont anthropocentristes, c'est-à-dire centrées sur les êtres humains, qu'elles ne reconnaissent de valeur intrinsèque qu'aux seuls humains. Cependant, depuis les années 1970, de nombreux auteurs remettent en cause cette exclusivité qui relèverait d'un privilège indu accordé aux membres de notre propre espèce (Routley, 1973). Divers arguments sont avancés en faveur de l'attribution par les agents moraux (donc par les êtres humains) d'une valeur non instrumentale à des patients moraux qui peuvent être des entités non humaines, qu'il s'agisse des êtres sensibles, des êtres vivants, de certaines entités collectives comme les espèces, les éco-systèmes, les paysages ou, de façon plus globale, à des communautés biotiques comprenant les humains et les autres êtres vivants mais également le sol, l'eau, les montagnes, etc. Ces théories, qui élargissent la sphère de considération morale au-delà des seuls êtres humains, sont qualifiées de non anthropocentrées. Elles n'impliquent pas que les valeurs soient indépendantes de leur attribution par des agents moraux humains, elles peuvent donc bel et bien être anthropogéniques, mais elles refusent l'idée que nous puissions considérer l'ensemble du monde qui nous entoure et des entités qui le composent comme de simples moyens à la disposition des humains.

Dans les débats sur les valeurs de la biodiversité, ce type de valeurs non anthropocentrées est crucial car il correspond à des intuitions très largement partagées, particulièrement par les conservationnistes (Takacs, 1996) et les défenseurs de la nature, intuitions selon lesquelles la nature, les espèces ou encore la biodiversité méritent d'être protégées pour elles-mêmes, et pas seulement parce qu'elles nous sont utiles. Une objection commune (mais fallacieuse) consiste à répondre que seuls les êtres humains étant susceptibles d'attribuer une valeur morale, seuls les humains pouvant donc *générer* des valeurs morales, il ne saurait y avoir de valeur en dehors des êtres humains. Or cette objection profite justement de la polysémie de la notion de valeur intrinsèque. Si l'on peut admettre que les valeurs morales sont proba-blement toutes anthropo*géniques* (bien que la question de formes rudimentaires de moralité chez certains animaux, et en particulier chez les animaux domestiques, reste ouverte), cela ne signifie en rien qu'elles doivent pour autant être toutes anthropo*centriques*. De la même façon qu'il est possible, pour un agent moral, de reconnaître à l'extérieur de lui-même la valeur non instrumentale d'une autre personne humaine, rien n'empêche qu'il reconnaisse également une valeur non instrumentale à un être vivant non humain.

Les différentes valeurs de la biodiversité

Nous attachons à la biodiversité des valeurs nombreuses et hétérogènes, dont il serait impossible de dresser ici une liste exhaustive. Faute de cela, nous présenterons quatre grandes familles de valeurs régulièrement évoquées dans la littérature consacrée aux valeurs de la biodiversité et qui font l'objet, à différents niveaux, de tentatives d'évaluation : les valeurs écologiques, les valeurs instrumentales, les valeurs culturelles et les valeurs non anthropocentrées.

Les valeurs écologiques

Les valeurs écologiques de la biodiversité peuvent être considérées comme des valeurs biophysiques, qui ne possèdent pas en elles-mêmes de contenu normatif mais qui permettent de décrire l'état de la biodiversité. En ce sens, elles sont davantage liées à ce que l'on a identifié en tant que « valeur-comme-mesure », mais, ainsi que nous l'avons d'emblée signalé, cette dimension descriptive n'est pas étrangère à une certaine forme de normativité, ne serait-ce que parce que l'on ne mesure que ce qui nous intéresse et que l'on s'intéresse bien souvent aux choses dans la mesure où on les considère comme favorables ou défavorables au regard d'une certaine conception du bien. Même lorsqu'il s'agit de décrire des phénomènes naturels ou de rechercher une explication à des processus écologiques, les valeurs structurent la production des connaissances. De fait, en écologie et en biologie de la conservation, les entités et les processus envisagés constituent rarement des faits bruts, dénués de toute dimension normative. La stabilité, la diversité, le potentiel évolutif, la maturité, la pérennité, l'harmonie, l'intégrité, l'adaptation ou la complexité sont des notions valorisées, explicitement ou implicitement, par les écologues et les biologistes de la conservation. Ces prétendus « faits » ou « processus » sont en réalité pétris de valeurs.

Parmi les grands débats qui ont occupé et préoccupé l'écologie scientifique, la question du rôle de la diversité dans le fonctionnement des écosystèmes est révélatrice. Dans les années 1960, les observations des écologues (notamment d'Elton et des frères Odum) suggéraient que les systèmes les plus simples étaient aussi les plus instables. En 1974, May publie un ouvrage intitulé *Stability and Complexity in Model Ecosystems*, qui tente de formaliser ce problème par une approche mathématique. Les modèles de May suggèrent que, structurellement, la diversité tend au contraire à diminuer la stabilité des systèmes. L'accumulation des articles consacrés à la controverse sur la question de l'effet stabilisateur ou déstabilisateur de la diversité, qui a encore cours aujourd'hui, est l'occasion d'un déploiement de données empiriques, de modèles théoriques ou d'expériences. Mais la rhétorique employée est aussi jalonnée de valeurs scientifiques, voire morales, en ce qu'elles contiennent bien souvent des références explicites à ce qui est « bon » ou « mauvais ». Le point de départ de l'étude de cette relation entre diversité et stabilité est presque toujours celui d'un constat alarmant du déclin de la biodiversité et de la menace que fait peser ce déclin sur la « stabilité » des systèmes. Cette valorisation de la stabilité est ensuite liée à une utilité possible des écosystèmes, ou encore à l'idée d'un ordre naturel ou d'une harmonie de la nature. Les travaux originaux sur le sujet s'ancrent d'ailleurs explicitement dans une recherche de « bonne » gestion de la nature, pour laquelle la stabilité est une finalité. May, par exemple, débute ses recherches en s'inspirant d'un ouvrage de Watt intitulé *Ecology and Ressource Management* et publié en 1968. L'étude de la sémantique associée à ces travaux illustre bien combien il est difficile de considérer les « faits » comme le reflet d'une réalité qui serait moralement neutre. Les termes « stress », « effondrement », « assaut », « violence », « explosion », « dramatique », « équilibre », « esthétique », « assurance », « sacré » rythment l'article publié par McCann en 2000, qui fait la synthèse de ce débat.

Si l'on peut appréhender la biodiversité et ses changements à travers un ensemble de valeurs biophysiques comme la richesse spécifique ou différents indices de biodiversité, il convient donc de garder à l'esprit qu'en dépit de leur apparente neutralité, la recherche et la production de ces valeurs à prétention strictement descriptive sont déjà chargées de normes, et révèlent un souci pour ce qui devrait être bien plus qu'une simple curiosité de ce qui est.

Les valeurs instrumentales

La notion de services écosystémiques, définie par le *Millenium Ecosystem Assessment* (MEA, 2005) comme « les bénéfices que les êtres humains tirent du fonctionnement des écosystèmes », met en évidence la diversité des valeurs instrumentales de la biodiversité, c'est-à-dire des valeurs que la biodiversité et les écosystèmes représentent en tant que moyens permettant d'obtenir d'autres fins, proprement humaines, comme le bien-être, la sécurité, la liberté de choix, etc. Certains de ces bénéfices sont reconnus, valorisés et évalués depuis longtemps, notamment ceux que la classification du MEA qualifie de « services d'approvisionnement ». Les services d'approvisionnement représentent l'ensemble des ressources naturelles renouvelables qui fournissent aux sociétés humaines leur alimentation (chasse, pêche, agriculture) mais aussi de nombreuses ressources essentielles comme le bois, l'eau potable, les fibres, etc. Au-delà des seules ressources naturelles, le bien-être humain dépend également du fonctionnement des écosystèmes pour des services qui ne sont pas directement utilisés ou consommés, mais permettent la régulation de certains processus naturels dont les humains dépendent. C'est ce que le MEA qualifie de « services de régulation ». Ils comprennent les grands processus écologiques qui contribuent à la régulation des pollutions, des maladies, au cycle de l'eau ou encore à la stabilisation du climat. Enfin, une troisième catégorie de bénéfices liés au fonctionnement des écosystèmes est généralement considérée comme relevant des « services culturels ». Il s'agit d'inclure, sous cette notion, l'ensemble des bénéfices intangibles que les êtres humains tirent des écosystèmes, tant aux plans éducatif ou récréatif que sous des aspects plus profonds, comme les dimensions esthétiques, spirituelles ou morales qui nous lient à la nature.

Les valeurs culturelles

Le MEA fournit une liste de prétendus « services culturels » : la diversité ou l'identité culturelle, les valeurs spirituelles et religieuses, les systèmes de savoirs, les valeurs éducatives, l'inspiration, les valeurs esthétiques, les relations sociales, le sens du lieu, les valeurs du patrimoine culturel, les loisirs, l'écotourisme. Si les loisirs et l'écotourisme peuvent dans une certaine mesure être considérés à juste titre comme des services, les autres éléments de cette liste ne sont pour la plupart pas à proprement parler des bénéfices. En effet, ce n'est pas parce que quelque chose produit des bénéfices que cette chose peut elle-même être réduite à la notion de bénéfice. Ce n'est pas parce que l'amitié peut à de nombreux égards nous paraître utile, parce que nos amis nous rendent des services justement, que sa valeur est réductible à la somme des intérêts qu'elle représente. Au contraire, quelqu'un qui ne chercherait des amis que dans le but d'en tirer profit serait incapable de créer de véritables liens d'amitié, qui sont par essence des relations désintéressées, dans lesquelles l'autre nous importe pour lui-même et non pas pour ce qu'il nous apporte. De même, si le lien à la nature peut avoir un effet positif sur notre bien-être parce qu'il enrichit notre vie spirituelle ou qu'il exalte nos émotions esthétiques, ce lien lui-même est irréductible à un simple service. Les valeurs culturelles en jeu dans notre rapport à la nature sont bien davantage la trame enchevêtrée sur laquelle se dessinent les identités et les préférences des êtres humains dans leur rapport à eux-mêmes et au monde naturel. Il s'agit de valeurs irréductibles, et bien mal capturées par la simple notion de service écosystémique.

Les valeurs non anthropocentrées

Enfin, comme nous l'avons déjà mentionné, il est possible de reconnaître à la nature ou aux entités naturelles des valeurs indépendantes de toute utilité, des valeurs non anthropocentrées. Différentes théories morales se sont développées autour de ce décentrement depuis les années 1970, et constituent le cœur de l'éthique environnementale. Ces théories tentent de justifier l'attribution d'une valeur intrinsèque à des êtres non humains : parce que tout être sensible a un intérêt au moins minimal à ne pas souffrir (Singer, 1993) ; parce que tout être vivant peut bénéficier ou pâtir de nos actions, selon qu'elles entravent ou non sa capacité à se maintenir et à s'épanouir selon sa propre nature (Taylor, 1986) ; parce que certaines entités supra-individuelles, comme les espèces ou les écosystèmes, ont un bien qui leur est propre, qu'il s'agisse de leur persistance dans le temps ou du maintien de leur identité, de leur stabilité, de leur intégrité (Callicott, 1989) ; parce que la vie dans son ensemble est mue par un principe qui nous dépasse, celui de l'évolution, et que nous faisons communauté avec le reste du vivant, dont nous ne sommes ni maîtres ni possesseurs mais seulement, comme le disait Leopold, « les compagnons de voyages des autres espèces dans cette grande Odyssée qu'est l'évolution » (1949/2000).

Penser les valeurs de la biodiversité sans rendre compte de la possibilité d'intégrer ce qu'elle vaut pour elle-même, ou la façon dont elle bénéficie à d'autres entités que les seuls êtres humains, serait faire preuve d'un « chauvinisme » difficilement justifiable (Routley, 1973). Ce serait également passer à côté des intuitions fortes qui sont à l'origine de nombreux mouvements environnementalistes et de la biologie de la conservation. Dans l'article qui fait office d'acte de naissance de cette discipline, Soulé (1986) affirmait en effet que le cœur normatif de ce nouveau champ de recherche résidait dans la reconnaissance de la valeur intrinsèque de la biodiversité, l'expression « valeur intrinsèque » étant ici à entendre comme la valeur non instrumentale, la valeur attribuée à une chose en soi, indépendamment de son utilité pour d'autres choses qu'elle-même.

Diversité des moyens d'appréhender les valeurs de la biodiversité

Les valeurs de la biodiversité sont donc nombreuses et hétérogènes. Certaines relèvent plutôt de la mesure, comme les valeurs biophysiques associées à la richesse spécifique, à la complexité des interactions ou encore à la diversité phylogénétique. Cependant, comme nous l'avons vu, l'appréhension de ces valeurs intègre malgré tout, de façon souvent implicite, des préférences ou des normes. Les services écosystémiques, qui sont depuis une dizaine d'années le point focal de l'attention portée aux valeurs de la biodiversité, représentent l'ensemble des bénéfices que l'on tire individuellement ou collectivement de nos interactions avec le monde naturel, et renvoient assez bien à la notion de valeur-comme-préférence. Enfin, les valeurs culturelles et les valeurs non anthropocentrées sont irréductibles à de simples préférences individuelles mais vont plutôt, en amont, structurer nos systèmes de représentations et de préférences vis-à-vis du monde naturel, et peuvent être considérées comme des valeurs-comme-normes. Face aux menaces qui pèsent sur la biodiversité, il est important de pouvoir rendre compte de ces valeurs, que ce soit pour comprendre le phénomène d'érosion de la diversité biologique, pour sensibiliser le public à sa conservation, ou encore pour fournir des outils d'aide à la décision.

Les indicateurs de biodiversité

La biodiversité est devenue le siège d'un paradoxe : son étude scientifique cherche à comprendre sa complexité, alors que sa gestion cherche à la réduire à un ensemble d'éléments simples que l'on peut traduire en indicateurs faciles à mesurer et à communiquer. Une double tendance à la fois à la simplification et à la complexification de la biodiversité structure ainsi l'écologie scientifique et la conservation de la nature. L'écologie de ces deux dernières décennies est par conséquent animée en partie par la recherche « d'indicateurs » sous la forme de métriques utilisables, interprétables, et qui répondent aux attentes de la sphère décisionnelle. L'appel formel de certains scientifiques à la construction d'indicateurs de biodiversité comparables aux indicateurs économiques et susceptibles de s'intégrer à la sphère politique confirme cette tendance (Balmford *et al.*, 2005). Plus largement, il devient central de ne pas seulement comprendre les systèmes écologiques, mais de pouvoir quantifier rapidement leur « état », et d'être en mesure d'établir des recommandations simples aux décideurs et aux gestionnaires. Autrement dit, la performativité politique et sociale (les indicateurs sont pensés comme des outils de communication compréhensibles par tous) des objets et des théories que l'écologie propose pour gérer la biodiversité est favorisée et valorisée en tant que telle sous la forme d'indicateurs, comme en témoigne par exemple la naissance d'un journal scientifique explicitement dédié à cette recherche nommé *Ecological Indicators*. La Convention pour la diversité biologique est ainsi le théâtre de la sélection, du tri, de la définition et de la publication des principaux « indicateurs » de la biodiversité. Ces indicateurs ne sont en aucun cas des reflets fidèles de l'état écologique des écosystèmes, mais des constructions normatives de ce qui « compte » et de ce que leurs tendances à la hausse ou à la baisse signifient (une « amélioration », une « dégradation »). Aussi les indicateurs de biodiversité sont-ils mieux décrits comme des objets frontières, façonnés par et pour des valeurs aussi bien scientifiques que politiques, économiques ou sociales (Turnhout, 2009). À ce titre, les indicateurs présupposent toujours un certain modèle de valorisation.

Les évaluations monétaires

C'est dans les années 1990 que se sont multipliées les initiatives d'évaluation monétaire de la biodiversité et des services écosystémiques, à différentes échelles et selon différentes méthodes (voir par ex., Costanza et Daly, 1992 ; Pearce et Moran, 1994). En France, un rapport du Conseil d'analyse stratégique dirigé par Chevassus-au-Louis se chargeait, en 2009, de faire le point sur les méthodes d'évaluation économique de la biodiversité et des services écosystémiques, et de produire des valeurs monétaires de référence, au moins pour les écosystèmes forestiers métropolitains. À l'échelle internationale, la Commission européenne a mandaté le banquier indien Pavan Sukhdev pour diriger une étude de grande envergure sur *l'Économie des écosystèmes et de la biodiversité* (TEEB, 2010).

Puisqu'il s'agit de rendre visibles des valeurs le plus souvent cachées, l'économie écologique a dû se doter d'outils méthodologiques divers qui sont largement exposés et discutés dans de nombreuses publications (voir par ex., les états de l'art extrêmement détaillés produits par le Conseil d'analyse stratégique [Chevassus-au-Louis *et al.*, 2009] ou par le TEEB, 2010) et qui peuvent être regroupés en plusieurs grandes familles selon qu'elles s'expriment directement ou indirectement sur des marchés réels ou fictifs.

Certaines valeurs, qui correspondent à des services faisant déjà l'objet d'échanges marchands, s'expriment directement sur le marché. Il est alors possible de s'appuyer sur des prix réels : prix des ressources naturelles, tarifs d'entrée dans les parcs et réserves, etc. D'autres informations disponibles à partir de l'observation de marchés réels peuvent permettre, de façon indirecte, d'estimer la valeur que les agents accordent à tel ou tel service écologique. C'est ce que l'on fait lorsque l'on utilise les coûts de transport pour accéder à un site écotouristique ou que l'on s'appuie sur la variation des prix d'un bien sur le marché en fonction d'une certaine qualité environnementale, comme dans le cas du marché immobilier relativement à l'environnement naturel (proximité d'un parc, beauté d'un paysage, etc.). D'autres méthodes d'évaluation s'attachent à estimer les coûts qu'engendrerait la substitution d'un service écosystémique par un artifice technique. Il faut cependant garder à l'esprit que les résultats de ce type d'évaluations dépendent très fortement du contexte économique et technologique. Un service écosystémique rentable en 1997 pourrait très bien ne plus l'être vingt ans plus tard, et inversement. Certaines valeurs enfin ne peuvent être appréhendées par l'observation de marchés réels, et les économistes tentent alors de simuler des marchés fictifs pour les révéler. C'est ce qui se fait par exemple dans les évaluations contingentes, qui prennent la forme de sondages dans lesquels on interroge un panel de répondants sur leur consentement à payer pour protéger tel ou tel élément de biodiversité, ou, inversement, leur consentement à accepter une certaine somme en compensation de la destruction ou de la dégradation de tel ou tel élément de biodiversité.

De nombreuses critiques se sont élevées contre ces différentes méthodes d'évaluation, tant du point de vue méthodologique que conceptuel (Maris et Revéret, 2010). Il n'est pas lieu ici de rendre compte de la diversité et de la force de ces critiques. Il est cependant possible de noter que le principe même de la quantification inhérent aux évaluations monétaires présuppose, sans presque jamais discuter sérieusement ce présupposé, que les différentes valeurs peuvent être exprimées dans une unité commune, autrement dit, qu'elles sont commensurables. Une fois admis que la notion de « valeurs de la biodiversité » regroupe des choses aussi différentes que des mesures, des préférences et des normes, l'idée que toutes les formes de valeurs puissent s'exprimer dans un même langage et selon une même unité pour être ensuite agrégées et ne former qu'une seule mesure est pour le moins peu vraisemblable. D'où l'intérêt de recourir également à des modes d'évaluation qualitatifs, qui, s'ils ne sont pas aussi pratiques que les évaluations monétaires puisqu'ils ne permettent pas d'agréger ou de comparer facilement différentes valeurs ou différentes situations, ont en revanche le mérite de donner de l'épaisseur et de la justesse aux objets dont il est question lorsque l'on tente d'appréhender les valeurs de la biodiversité.

Les évaluations qualitatives

Parce que les évaluations monétaires sont mal adaptées pour rendre compte de certaines préférences pour des biens intangibles ainsi que des valeurs-comme-normes (Chan, 2012), et parce qu'elles doivent faire le pari de la commensurabilité de valeurs qui sont pourtant fondamentalement hétérogènes, il est important de pouvoir appréhender les valeurs que les individus et les groupes sociaux attribuent à la nature sur des bases plus fines et par des modes plus qualitatifs que les seules évaluations monétaires. Il existe pour cela un ensemble de méthodes issues de différents champs disciplinaires et qui peuvent être plus ou moins adaptées selon les contextes et les enjeux de l'évaluation. Il est impossible dans le cadre du présent article d'en faire un compte-rendu détaillé, et l'on peut se reporter à l'article de Chan et ses collègues (2012). Grâce à des enquêtes sociologiques et anthropologiques, à des jeux de rôles, à des dispositifs de cartographie participative, en étudiant des objets culturels variés comme les productions artistiques ou littéraires, en recensant les dispositions légales et réglementaires qui protègent certains éléments de biodiversité, il est possible de rendre compte des valeurs de la nature de multiples façons et dans des registres adaptés aux valeurs en jeu. Ces approches qualitatives sont extrêmement riches, et permettent de rendre compte de l'épaisseur et de la complexité des formes de valeurs ainsi que de leur mode de production. Selon le contexte et les objectifs de l'évaluation, il convient d'identifier les méthodes les plus appropriées et de tirer bénéfice de leur complémentarité.

Dynamique de production et d'évolution des valeurs

Les distinctions entre valeurs anthropogéniques et non anthropogéniques d'une part, et entre valeurs anthropocentriques et non anthropocentriques d'autre part, reposent sur une représentation du monde dans laquelle il existerait une séparation claire entre sujets moraux et objets moraux, entre agents et patients, la moralité prenant essentiellement la forme d'une attribution par des agents moraux de valeurs non instrumentales à des patients moraux. Ce n'est cependant pas la seule façon possible de concevoir la valeur morale, et certains auteurs ont proposé de considérer les processus de valorisation d'une manière plus dynamique, la valeur relevant moins de l'attribution d'une propriété morale à certaines entités par certains agents que d'une forme de co-production émergeant de certains types de relations moralement significatives (Gouinlock, 1994). Dans de telles conceptions relationnelles, les valeurs dépendent beaucoup plus du contexte que dans les approches rationalistes et universalistes que nous avons évoquées plus haut, et il conviendra donc de les « traquer » dans une diversité de manifestations sociales et culturelles propices à leur expression. Faute d'embrasser l'ensemble de ces processus de production de valeurs, nous nous attacherons à trois d'entre eux particulièrement importants dans le contexte des valeurs de la biodiversité et des services écosystémiques : le droit, la culture, et la lutte.

Production de valeurs par le droit

Le droit est certainement la modalité la plus visible et la plus explicite de la production sociale de valeurs-comme-normes ainsi que de leur manifestation dans l'espace public, qu'il s'agisse d'affirmer certaines valeurs, d'adopter des mesures visant à les protéger, de sanctionner les atteintes qui leur sont portées ou encore d'exiger la réparation de telles atteintes.

Il existe un ensemble de textes légaux qui affirment ou proclament certaines valeurs de la biodiversité ou des services écosystémiques. C'est le cas par exemple du préambule de la Convention sur la diversité biologique, dans lequel les parties signataires se déclarent « conscientes de la valeur intrinsèque de la diversité biologique et de la valeur de la diversité et de ses éléments constitutifs sur les plans environnemental, génétique, social, économique, scientifique, éducatif, culturel, récréatif et esthétique » (CDB, 1992). C'est également le cas de plusieurs textes européens ou français qui affirment certaines valeurs dans leurs « considérants », comme le fait la Constitution française depuis 2005 en « considérant que les ressources et les équilibres naturels ont conditionné l'émergence de l'humanité ; Que l'avenir et l'existence même de l'humanité sont indissociables de son milieu naturel ; Que l'environnement est le patrimoine commun des êtres humains ; [...] Que la préservation de l'environnement doit être recherchée au même titre que les autres intérêts fondamentaux de la Nation ». Au-delà de ces grands textes, au sujet desquels il faut remarquer que la valeur proclamatrice est relative et ne s'accompagne généralement pas de mesures contraignantes fortes, il est possible de trouver des affirmations du même genre en dehors de l'autorité publique, dans des textes tels que les codes de bonne conduite ou les chartes des entreprises. Dans tous les cas, ce type d'affirmations de valeurs, qui sont souvent le fruit d'une réaction à des menaces perçues à un moment donné dans la société mais qui ne sont pas nécessairement consensuelles, renvoie à la fonction performatrice du droit, qui n'est pas seulement le reflet de ce qui est. Il instancie aussi ce que l'on voudrait qu'il soit, ce que l'on estime bon qu'il advienne, comme le décrit François Ost pour qui « la fonction principale du droit est performative : elle consiste à faire advenir dans la réalité une certaine représentation valorisée par l'auteur de la norme » (Ost, 1995).

Le droit peut également révéler les valeurs d'une société lorsqu'il adopte des mesures spécifiques de protection de certaines valeurs. C'est ce qui se passe dans la réglementation ou l'interdiction de certaines activités, de certains produits ou de certains comportements présentant des risques pour la valeur protégée, qui entraîne alors la limitation de certains droits ou de certaines libertés individuelles. C'est le cas par exemple des textes législatifs interdisant le commerce ou la destruction d'espèces protégées, ou encore la dégradation de milieux naturels spécifiques, comme les zones humides et les habitats classés au titre de Natura 2000. Ce faisant, ces réglementations ont généralement pour effet de porter atteinte à d'autres droits, libertés ou valeurs, par exemple à la liberté du commerce ou au droit de propriété foncière en ce qui concerne les mesures de protection de l'environnement. Dans de tels contextes, ces réglementations sont soumises au principe de proportionnalité, au nom duquel les mesures de protection doivent être proportionnées à l'objectif visé et les atteintes à d'autres droits, libertés ou valeurs doivent être justifiées par cet objectif. Cela soulève donc la question de la place accordée à la nature dans la hiérarchie des valeurs protégées par le droit, notamment au regard de la liberté de la concurrence et des échanges commerciaux, de la propriété privée, de la santé humaine, etc. Ici, la valeur-comme-norme doit aussi, d'une certaine façon, se considérer au regard de la valeur-comme-mesure, puisqu'il est nécessaire d'évaluer les valeurs en question et éventuellement de comparer entre elles différentes valeurs.

La reconnaissance et la protection des valeurs par le droit se manifestent également dans les sanctions pénales prononcées à l'encontre d'infractions portant atteinte à la biodiversité, par exemple en matière de chasse ou de destruction d'espèces protégées. Il faut cependant reconnaître qu'aujourd'hui, le droit pénal de l'environnement est encore mal connu des juges et des avocats, et reste peu appliqué, en particulier du fait du manque d'agents susceptibles de contrôler et de rapporter de telles infractions. Cela manifeste certainement une hiérarchie de valeurs dans laquelle l'environnement et la nature peinent à se faire une place. On remarque notamment qu'au niveau international, alors que l'Organisation mondiale du commerce s'est dotée d'un organe de règlement des différends spécifique susceptible de condamner les États en cas de violation des règles sur le commerce, il n'en existe pas d'équivalent pour la protection de la biodiversité, dans le cadre de la CDB par exemple.

Au-delà du droit pénal, les valeurs attribuées à la biodiversité apparaissent lorsque sont exigées des réparations d'atteintes portées à la nature au nom de la responsabilité civile. Alors qu'elles sont traditionnellement restreintes aux dommages à des personnes, par exemple aux professionnels du tourisme ou aux membres des associations de protection de la nature à la suite à d'une marée noire, l'affaire de l'Erika a donné lieu à des réparations au titre du dommage à l'environnement, intégrant au-delà des seuls intérêts humains une considération directe pour le milieu naturel impacté.

Production de valeurs par la culture : le sens du lieu

Au-delà ou indépendamment de la reconnaissance formelle ou légale de la valeur de la biodiversité ou de certaines entités naturelles, la façon dont les individus valorisent la nature est souvent intimement liée à l'expérience particulière qu'ils en font. Une forme d'attachement de ce type a été désignée dans la littérature par la notion de « sens du lieu » (*sense-of-place*, voir Relph, 1976). Notre attachement aux lieux, et particulièrement à certains types de paysages ou d'écosystèmes, relève bien souvent d'une relation qui ne peut pas se traduire en termes de valeurs instrumentales ou non instrumentales, valorisation qui suppose une certaine séparation entre l'agent qui évalue et l'entité qui est évaluée. Notre identité personnelle et notre identification à un groupe culturel sont en partie déterminées par notre sentiment d'appartenance ou d'attachement à certains lieux et à certains paysages. En retour, ces espaces sont investis de représentations personnelles et sociales, devenant justement de véritables lieux, dotés de noms, de significations, d'histoires, qui excèdent largement leur seule étendue physique ou leur simple fonctionnement écologique. Les valeurs qui surgissent de cette relation entre les personnes et les lieux se révèlent déterminantes lorsqu'on s'intéresse à la conservation de la biodiversité, car elles renvoient de façon immédiate aux raisons que l'on a de vouloir la protéger, avant même une médiation par le calcul des intérêts ou l'intervention de la délibération morale. Vouloir protéger la biodiversité, bien souvent, c'est avant tout vouloir préserver le monde dans lequel nous nous sommes constitués en tant qu'individus et en tant que société, un monde qui en cela est plein de sens, de liens, d'expériences partagées et d'attachements.

Production de valeurs par la lutte

La valeur peut aussi advenir dans la lutte, et ce de plusieurs façons. Les mobilisations contre le projet d'aéroport à Notre-Dame-des-Landes en Loire-Atlantique en constituent une illustration récente. S'inquiétant de la faiblesse de l'étude d'impact présentée par le bureau d'étude en charge du dossier, des naturalistes ont lancé en décembre 2012 un appel à la mobilisation pour effectuer un complément d'inventaire sur le secteur devant être détruit par le projet d'aéroport. Plus de 200 personnes ont répondu à l'appel, et continuent plusieurs années plus tard à parcourir le bocage nantais de façon quasi hebdomadaire pour en caractériser les éléments paysagers, hydrologiques et naturalistes. Cette contre-expertise citoyenne a permis de découvrir la présence d'espèces ignorées par l'étude d'impact (les plus emblématiques étant la loutre *Lutra lutra* et le campagnol amphibie *Arvicola sapidus*). Les services de l'État ont alors été contraints de reconsidérer la valeur écologique de la zone et les propositions de mesures compensatoires ont été adaptées en conséquence. Une telle mobilisation n'est pas rare. On peut par exemple citer le cas de l'association naturaliste Nacicca dans le golfe de Fos, qui a permis de redécouvrir une espèce de plante aquatique qu'on croyait éteinte en France depuis les années 1980 (*Tolypella salina*) dans une lagune menacée de destruction par la construction d'une darse contribuant à l'agrandissement du Grand port maritime de Marseille. Dans ce cas précis, la découverte de cette plante, puis celle d'autres espèces protégées par la suite ont entravé la poursuite du projet de développement du port de Marseille.

Au-delà de la plus-value écologique générée par la mobilisation de naturalistes contre la destruction de la biodiversité, c'est la lutte solidaire d'une diversité de personnes mobilisées contre la destruction d'un territoire qui donne sa valeur à la nature. À Sivens, dans le Tarn, le projet de construction d'un barrage a mobilisé un large collectif d'opposants. La répression violente de cette opposition par les forces de l'ordre a culminé avec la mort tragique de Rémi Fraisse, tué le 26 octobre 2014 par une grenade offensive lancée par les forces de l'ordre. Dans les zones à défendre (ZAD) de Notre-Dame-des-Landes, de Sivens ou de Roybon en Isère, tout comme sur le causse du Larzac dans les années 1970, la convergence des luttes de naturalistes, de paysans, de citoyens s'opposant à ce qu'ils considèrent être de grands projets inutiles (aéroport, barrage, centre de loisir ou, à l'époque, camp militaire) constitue le ferment d'une nouvelle forme de valorisation d'un territoire dont on ne se préoccupait pas de la même façon avant que pointent les menaces de destruction. Citoyens occupant la zone, naturalistes menant des contre-expertises, avocats et juristes contrecarrant l'instruction des dossiers, manifestants et pétitionnaires venus des quatre coins de l'Europe contribuent à forger dans leur lutte la valeur d'un espace.

En décembre 2014, France nature environnement a publié une carte de France des projets contestés sur la base de leur impact écologique. Il y a actuellement en France 104 projets d'autoroutes, de barrages, d'incinérateurs, de mines et de forages, de zones commerciales contre lesquels se battent habitants, agriculteurs et associations naturalistes au nom de leur impact sur la biodiversité. Dans presque toutes ces luttes, on assiste à une véritable requalification écologique du milieu et à une appropriation par des militants de divers horizons des valeurs naturalistes. Dans les bois du Testet, la cordulie à corps fin, l'agrion de Mercure, la grenouille agile, la couleuvre à collier, le pouillot véloce, le campagnole amphibie sont les compagnons de lutte des « ZADistes ». Et si ces espèces protégées « rendent service » aux militants parce qu'elles représentent des atouts réglementaires et administratifs pour mettre en défaut la légalité de décisions publiques quand la preuve de leur illégitimité est insuffisante, humains et non-humains deviennent du même coup solidaires d'un destin commun, faisant ici et là, dans des configurations souvent innovantes et imprévisibles, véritablement communauté.

Conclusion

Les valeurs de la biodiversité sont multiples et doivent nécessairement être considérées dans les prises de décision qui concernent la conservation et l'aménagement. Parce que la notion de valeur est polysémique, il est souvent difficile de savoir exactement ce qui est en jeu dans les évaluations de la biodiversité et des services écosystémiques. Du point de vue de l'action publique, il est important de prendre en compte les préférences des individus ainsi que les normes qui ont cours dans la société. Si l'attention portée aux évaluations monétaires de la biodiversité est encourageante, puisqu'elle manifeste un intérêt pour des valeurs qui pouvaient être auparavant purement et simplement ignorées, il convient de rester très prudent dans l'interprétation qu'on en fait, car de nombreuses valeurs sont intraduisibles en termes économiques. Selon les contextes et les objectifs de ces évaluations, des approches qualitatives peuvent compléter, ou se substituer aux approches strictement quantitatives, qui peuvent notamment s'avérer plus pertinentes lorsqu'il est question de révéler des préférences pour des biens intangibles ou des valeurs partagées sous diverses formes, qu'il s'agisse de valeurs culturelles ou de normes juridiques et morales.

Au-delà de cet aspect méthodologique, il faut également reconnaître que les valeurs que les individus et les groupes attachent à la nature sont dynamiques, et s'inscrivent dans un réseau complexe de représentations et de normes. Face à la crise de la biodiversité, il convient donc de se demander si les valeurs-comme-préférences et les valeurs-comme-normes qui ont cours actuellement sont appropriées. Autrement dit, il est nécessaire d'interroger de façon critique les modes de représentation, de valorisation et de protection de la nature, et éventuellement de contribuer à les faire évoluer de façon à pouvoir mieux prendre en charge les nombreux problèmes qui se posent déjà, et qui tendront certainement à s'amplifier dans l'avenir, dans nos interactions avec le monde naturel. Le grand défi que pose aujourd'hui l'érosion de la biodiversité n'est pas simplement un enjeu comptable, dans lequel il suffirait de dresser le tableau le plus précis possible des valeurs portées dans la société, mais il invite également tous ceux qui veulent œuvrer à la protection de la biodiversité à favoriser l'évolution de la perception, de la reconnaissance et de la protection de ces valeurs. Pour cela, l'évaluation n'est que le point de départ, plus ou moins nécessaire, d'un projet plus ambitieux de défense et de propagation de formes nouvelles de valorisation de la biodiversité.

Références

Balmford A., Bennun L., ten Brink B., Cooper D., Côté I.M., Crane P., Dobson A., Dudley N., Dutton I., Green R., Gregory R., Harrison J., Kennedy E.T., Kremen C., Leader-Williams N., Lovejoy T.E., Mace G., May R., Mayaux P., Morling P., Phillips J., Redford K., Ricketts T.H., Rodríguez J.P., Sanjayan M., Schei P., Van Jaarsveld A.S., Walther B.A., 2005. The Convention on biological diversity's 2010 target. *Science*, 307 (5707), 212-13.

Callicott J.B., 1989. *In Defense of the Land Ethics: Essays in Environmental Philosophy*, State University of New York Press, New York, USA, 325 p.

CDB, 1992. *Convention sur la diversité biologique*, Organisation des Nations unies.

Chan K.M.A., Satterfield T., Goldstein J., 2012. Rethinking ecosystem services to better address and navigate cultural values. *Ecological Economics*, 74, 8-18.

Chevassus-au-Louis B., Salles J.-M., Pujol J.-L., eds., 2009. Approche économique de la biodiversité et des services liés aux écosystèmes : Contribution à la décision publique, rapport du Centre d'analyse stratégique, La documentation française, Paris, 376 p.

Costanza R., d'Arge R., De Groot R., Farber S., Grasso M., Hannon B., Limburg K., Naeem S., Oneill R.V., Paruelo J., Raskin R.G., Sutton P., Van den Belt M., 1997. The Value of the world's ecosystem services and natural capital. *Nature*, 387, 253-60.

Costanza R., Daly H.E., 1992. Natural capital and sustainable development. *Conservation Biology*, 6, 37-46.

Gallai N., Salles J.-M., Settele J., Vaissière B.E., 2009. Economic valuation of the vulnerability of world agriculture confronted with pollinator decline. *Ecological Economics*, 68 (3), 810-21.

Gouinlock J., ed., 1994. *The Moral Writings of John Dewey*, Prometheus Books, Amherst, USA, 336 p.

Laurans Y., Rankovic A., Billé R., Pirard R., Mermet L., 2013. Use of ecosystem services economic valuation for decision making: Questioning a literature blindspot. *Journal of Environmental Management*, 119, 208-19.

Leopold A., 2000. *Almanach d'un comté des sables suivi de quelques croquis*, Flammarion, Paris, 289 p.

Maris V., Revérêt J.-P., 2010. L'évaluation économique de la biodiversité et des biens et services écologiques : Regards croisés économiques et philosophiques. *In : La Convention internationale sur la biodiversité : Enjeux et mise en œuvre* (C. Nègre, ed.), La Documentation française, Paris, 53-76.

May R., 1974. *Stability and Complexity in Model Ecosystems*, Princeton University Press, Princeton, USA, 300 p.

McCann K.S., 2000. The diversity-stability debate. *Nature*, 405, 228-33.

Moore G.E., 1903. *Principia Ethica*, trad. fr. M. Gouverneur, PUF, Paris, 1998, 370 p.

O'Neill J., 1992. The varieties of intrinsic value. *The Monist*, 75, 119 -137.

Ost F., 1995. *La Nature hors la loi, l'écologie à l'épreuve du droit*, La Découverte, Paris, 336 p.

Pearce D.W., Moran D., 1994. *The Economic Value of Biodiversity*, Earthscan, Londres, UK, 186 p.

Relph E., 1976. *Place and Placelessness*, Pion, Londres, UK, 176 p.

Rolston III H., 2012. *A New Environmental Ethics: The Next Millennium for Life on Earth*, Routledge, USA, 256 p.

Routley R.S., 1973. Is there a need for a new, an environmental, ethic? *In : XVth World Congress of Philosophy*, Sofia, Bulgarie.

Singer P., 1993. *Practical Ethics*, Cambridge University Press, Cambridge, UK, 353 p.

Soulé M.E., 1986. What is conservation biology? *BioScience*, 35 (1), 727-34.

Takacs D., 1996. *The Idea of Biodiversity : Philosophies of Paradise*, Johns Hopkins University Press, Baltimore, USA, 500 p.

Taylor P., 1986. *Respect for Nature*, Princeton University Press, Princeton, USA, 360 p.

TEEB, 2010. Mainstreaming the Economics of Nature: A Synthesis of the Approach, Conclusions and Recommendations of TEEB, United Nations Environment Programme, Bonn, Allemagne, 39 p.

Turnhout E., 2009. The effectiveness of boundary objects: The case of ecological indicators. *Science and Public Policy*, 36, 403-412.

Watt K., 1968. *Ecology and Resource Management*, McGraw Hill, New York, USA.

Weber, J., 2002. L'évaluation contingente : Les valeurs ont-elles un prix ? *Comptes rendus de l'Académie d'agriculture de France*, 88 (7), 55-66.

Chapitre 2
Protection de la nature et valeurs

Vincent DEVICTOR, Stéphanie CARRIÈRE et Fanny GUILLET

Introduction

La plupart des réflexions sur la protection de la nature et les valeurs qu'elle véhicule commencent par une question simple : pour quelles « raisons », pour quoi, ou pourquoi, faut-il protéger la nature ? Formulée ainsi, cette question légitime et récurrente dans les sphères politiques, sociales, économiques ou scientifiques a néanmoins le défaut de préparer le type de réponses possibles. Le problème de la protection de la nature ainsi posé doit recevoir une justification rationnelle, fût-ce celle rattachée à l'existence de valeurs spirituelles ou religieuses. En guise de réponse, il suffirait de proposer une liste plus ou moins exhaustive de « bonnes raisons », en prenant soin de distinguer ces valeurs selon d'autres critères, par exemple les valeurs instrumentales ou non instrumentales. La protection de la nature serait ainsi « justifiée » par des valeurs.

Avec une telle justification, chacun n'aurait plus qu'à se positionner dans une typologie de valeurs prédéterminée, les auteurs classiques et emblématiques de la protection de la nature (Muir, Leopold, etc.) pouvant aussi être épinglés, souvent malgré eux, à cette carte des valeurs. Les services écosystémiques et la classification qui les accompagne offrent à cet égard un outil réconfortant, une justification « prête-à-penser », admise, quasi conventionnelle, qui autorise certes la discussion et les débats autour des définitions des notions auxquelles elle a recours, mais qu'il serait trop laborieux de remettre en cause une fois qu'elle s'est imposée et a été adoptée par les décideurs, les scientifiques, les étudiants et le grand public. Cette approche par catégories de valeurs projette la protection de la nature dans des classes discrètes reconstruites *a posteriori* et fixes, en dehors de ce qui est vécu et de ce qui a initialement orienté la protection de la nature.

Prenons donc l'occasion de ce chapitre pour tenter un détour, un écart, à côté de la tentation de classification que nous venons d'évoquer. Reformulons plutôt la question des valeurs en nous attachant à ce que ceux qui protègent la nature (ou simplement revendiquent la nécessité de le faire) tentent de valoriser, sans figer au préalable la réflexion dans une liste de valeurs préétablie. Considérons que les valeurs ne sont pas des principes abstraits ou les éléments d'une liste, mais plus simplement ce qui pousse une personne à protéger la nature au moment où elle le fait. En somme, plutôt que de nous interroger sur les valeurs et sur leur mobilisation dans la protection de la nature, interrogeons les acteurs de la protection de la nature « tout court ».

Car enfin, n'y a-t-il pas quelque chose de redondant à vouloir identifier les valeurs en jeu dans ce qui, fondamentalement, constitue un acte de valorisation : la protection. Protéger signifie « défendre quelque chose contre un danger ». On protège la nature parce qu'on y tient. L'acte de protection est lui-même, déjà, la manifestation d'un désir de valorisation. Justifier, *a posteriori*, cet acte par une liste de valeurs qui en constituent de potentielles causes n'informe pas nécessairement sur (et en fait dénature probablement) ce que cet acte signifie.

Nous chercherons ainsi à concevoir la valorisation comme un processus dynamique et situé. Selon cette approche, la notion de valeur émerge des interactions entre les humains, et entre les humains et la nature. Cette compréhension se démarque d'une approche cherchant à définir la valeur de façon absolue et universelle, indépendamment de ses usages.

Comment mener une telle analyse ? Une façon de procéder consiste à interroger ces fameux « protecteurs de la nature ». Qui sont-ils ? À quoi tiennent-ils ? Mais cette reformulation ouvre un premier abîme. Car comment définir les « protecteurs » de la nature, justement ? S'il s'agit de tous ceux qui ont manifesté, au cours de leur vie, qu'ils « tenaient à la nature », le projet est vain. On trouverait en outre probablement dans toutes les cultures que certains espaces et certaines espèces ont été protégés en vertu de compromis esthétiques, culturels, agronomiques, par tradition religieuse ou simplement par usage.

Coupons plutôt court à l'étude anthropologique, religieuse ou mythologique qui stipulerait que « depuis toujours » l'homme a protégé la nature pour telle ou telle raison, pour privilégier une analyse historiquement et géographiquement située. Un point d'ancrage de la réflexion sur les valeurs peut se situer précisément là où la nature devient porteuse de problème, de vulnérabilité. On considère à ce titre généralement que la prise de conscience de la dimension planétaire des problèmes écologiques commence dans les années 1970 et part des États-Unis. Cette décennie restera pour certains la décennie « environnementaliste » (Lechevrel, 2011). Cette période est une période de mutation et de transformation dans laquelle la nature américaine se conçoit désormais comme vulnérable, comme devant être protégée des humains. À ce titre, l'adoption à l'unanimité par le Congrès américain, en 1973, de l'*Endangered Species Act* rédigé spécifiquement pour protéger les espèces menacées de disparition, constitue un évènement clé.

Partons donc de cette période, qui a également vu naître la « biologie de la conservation » dont les prémisses sont posées par Dasmann (*Environmental Conservation*, 1968) et Ehrenfeld (*Biological Conservation*, 1970), puis qui se constitue véritablement à la suite d'une conférence d'écologues et de biologistes tenue à l'université du Michigan et restituée dans l'ouvrage de Soulé et Wilcox paru en 1980 et intitulé *Conservation Biology: An Evolutionary-Ecological Perspective*.

Il faudra également être conscient du fossé probable qui sépare les valeurs affichées des motivations réelles dans la protection de la nature. Évitons pour cela que l'ancrage historique et géographique ne corresponde à une restriction académique. Une telle restriction, qui identifierait les « protecteurs de la nature » aux biologistes de la conservation américains des années 1970, aurait certes le mérite de délimiter un ensemble d'ouvrages, d'auteurs et d'évènements sur lesquels s'appuyer. Mais nous verrons que la littérature populaire dénonçant la destruction de la nature et les mouvements environnementalistes engagés dans sa protection sont des manifestations tout aussi essentielles que les traces laissées par quelques scientifiques contraints par le souci d'objectivité, et la difficulté de manifester quoi que ce soit qui sorte des plates-bandes de la science. S'intéresser aux valeurs qui président à la protection de la nature doit tenir compte de ceux qui, par leurs actions, leurs écrits ou leur art, plus ou moins silencieux, protègent la nature ou sont porteurs d'une exigence de protection.

Dans ce chapitre, nous proposons donc d'étudier brièvement dans une première partie « ce à quoi tiennent les protecteurs de la nature », en partant de cette période clé des années 1970. Nous nous demanderons si, en filigrane, ne se dessinait déjà pas, à cette époque, l'approche par services écosystémiques.

Dans un deuxième temps, nous étudierons en quoi la recherche d'opérationnalité s'accompagne d'un découpage, d'une spatialisation et d'une standardisation qui orientent les valeurs engagées dans la protection de la nature. Nous nous demanderons à ce titre quelles ont été les conditions d'émergence et de diffusion de la notion de service écosystémique, et les conséquences de la professionnalisation et de l'institutionnalisation de ce concept. Nous envisagerons enfin quelques pistes pour penser la protection de la nature aujourd'hui.

Ces deux premiers temps de l'analyse permettront de discuter dans une troisième partie l'existence d'un problème majeur dans la dynamique de valorisation dans le domaine de la protection : le problème de la substitution. Un habitat détruit est-il remplaçable ? Ses fonctions sont-elles équivalentes ? La protection de la nature s'articule finalement autour de cette question centrale, à laquelle l'approche par services écosystémiques donne l'illusion de répondre. Nous discuterons de la tension qui en résulte sur les utilisations possibles de la notion de service écosystémique en écologie et en conservation.

Que valorisent les protecteurs de la nature ?

Pour répondre à cette question, une étude historique fine de la naissance de la biologie de la conservation n'est ici pas nécessaire, tant les traces laissées par les mouvements environnementalistes des années 1970 sont révélatrices de ce qui est en jeu dans la protection de la nature.

La genèse de la biologie de la conservation est à ancrer, selon Takacs, dans la popularisation des idées et des préoccupations de quelques personnalités du mouvement environnementaliste d'après-guerre (Takacs, 1996). Un détour par les années qui précèdent l'internationalisation de l'environnementalisme, marquée par les grandes figures de la protection de la nature et qui deviendront (et qui restent encore) des icônes de la conservation, est ainsi nécessaire.

Parmi ces figures, Aldo Leopold, Charles Elton, Rachel Carson, David Ehrenfeld et leurs ouvrages respectifs (*A Sand County Almanac*, 1946 ; *The Ecology of Invasions by Animals and Plants*, 1958 ; *Silent Spring*, 1962 ; *Conserving Life on Earth*, 1972) ont proclamé l'importance de la diversité de la vie, l'ampleur des menaces qui pèsent sur cette diversité, et l'urgence qu'il y a à la protéger.

Les écrits de Leopold sont encore aujourd'hui cités comme étant particulièrement visionnaires, et son ouvrage considéré comme la « bible » de la conservation. Ces auteurs et leurs ouvrages sont eux-mêmes les héritiers de poètes et d'écrivains ayant, au XIXe siècle, glorifié la nature comme source d'inspiration (Henry D. Thoreau, Ralph W. Emmerson, John Muir). Ce que les auteurs d'après-guerre ajoutent à ces écrits poétiques, c'est l'identification puis la dénonciation d'une menace légitimée par des connaissances scientifiques.

Dans l'*Almanach d'un comté des sables* (*A Sand County Almanac*), citons un passage relevant du registre émotionnel, dans lequel Leopold relate l'inauguration d'un monument dressé pour commémorer l'extinction d'une espèce, le pigeon migrateur :

> « Nous avons érigé un monument pour commémorer la disparition d'une espèce. Il symbolise notre chagrin. Nous pleurons parce qu'aucun homme vivant ne verra plus l'ouragan d'une phalange d'oiseaux victorieuse ouvrir la route du printemps dans le ciel de mars et chasser l'hiver des bois et des prairies du Wisconsin. Un siècle a passé depuis que Darwin nous livra les premières lueurs sur l'origine des espèces. […] Cette découverte aurait dû nous donner, depuis le temps, un sentiment de fraternité avec les autres créatures ; un désir de vivre et de laisser vivre ; un émerveillement devant la grandeur et la durée de l'entreprise biotique. […] Qu'une espèce porte le deuil d'une autre, voilà une nouveauté sous le soleil. » (Leopold, 1949, p. 144-145.)

Retenons de ce passage que Leopold ne se réfère pas à une liste de valeurs établies pour justifier son désarroi. On pourrait bien entendu argumenter, *a posteriori*, que c'est pour des raisons récréatives ou esthétiques empreintes de romantisme que Leopold chérissait l'existence du pigeon migrateur. On pourrait proposer une analyse « coût-bénéfice » de l'existence du pigeon pour Leopold, pour les naturalistes ou pour les agriculteurs. Mais ce passage comme tout le contenu de l'ouvrage montre plus directement et plus simplement que Leopold est affecté par la disparition de cette espèce, qu'il y tenait comme on tient à un être cher, et porte un deuil qu'il qualifie de « fraternel ». Cette dimension est de surcroît en accord avec la connaissance scientifique apportée par Darwin. Faits et valeurs ne sont pas séparés mais au contraire rapprochés.

On retrouvera ce souci de la nature dans la littérature plus engagée des pionniers de l'environnementalisme. Edward Abbey, dont les ouvrages ont déchaîné les passions, a en ce sens également joué un rôle clé dans la montée des mouvements pour la protection de la nature. À la fin des années 1950, il travaille deux saisons comme *ranger* dans le parc national des Arches, dans le désert de l'Utah. Lorsqu'il y retourne, dix ans plus tard, il y constate l'impact des activités humaines. Il publie sa colère sur la transformation des parcs pour le tourisme en 1968 dans *Désert solitaire* (*Desert Solitaire*). Il relate ensuite dans *Le Gang de la clef à molette* (*The Monkey Wrench Gang*) une fiction dans laquelle les activités de sabotage menées par quatre écologistes engagés entendent protester contre la destruction de l'environnement et des espaces sauvages par l'urbanisation, les promoteurs et les bulldozers. On voit à ce moment-là déjà se préparer une hiérarchisation des valeurs attribuées aux différents habitats, en faveur de la *wilderness* et des habitats charismatiques.

Ces auteurs et leurs écrits indignés et de mise en garde ont permis à de nombreux protecteurs de la nature (qu'on a pris l'habitude de désigner sous le terme générique de « grand public ») de s'exprimer et de s'accorder. Abbey, Carson et les idées portées par Leopold ont directement inspiré l'organisation radicale écologiste Earth First![2], apparue

---

2. www.earthfirst.org.

dans le Sud-Ouest des États-Unis en 1980. Dave Forman, fondateur de Earth First!, est par ailleurs le proche collègue de Michael Soulé, considéré comme l'un des pères de la biologie de la conservation, et de Reed Noss, éditeur de la revue *Conservation Biology*. Cette association radicale compte aujourd'hui plusieurs milliers de membres, et s'est déployée dans le monde entier.

Le versant plus académique de la défense de la nature des années 1970 n'est pas moins engagé et impliqué pour la nature. Des valeurs « justificatrices » bien définies ne sont pas non plus clairement isolables de la simple inquiétude de voir disparaître la biodiversité. Cette intrication de valeurs caractérise explicitement la cristallisation des enjeux de protection de la nature que constitue le terme de « biodiversité ». Selon Takacs, qui a étudié les idées des premiers conservationistes et des écologues (pro)moteurs de la « biodiversité » (dont Soulé et Wilson) en les interrogeant directement, ce terme connaît un succès qui témoigne en réalité de la volonté qu'avaient ces scientifiques de protéger la diversité, la faune et la flore, la vie sauvage, ou simplement la nature en elle-même ou en tant qu'objet de savoir. Mais leurs motivations n'étaient manifestement pas le résultat d'une valorisation bien réfléchie :

> « *At times, however, they have openly promoted a set of values, a worldview, that may strike us as most unscientific. For those who would preserve diversity, and who understand and feel the full range of values diversity hold for humans, these choices are deliberate and crucial for shaping an idea of nature and a corresponding ethic that will nurture and protect the entities and processes they have held most dear. Today, we call these entities end processes biodiversity, but they have gone by other names: natural variety, flora and fauna, wildlife, fellow creatures, wilderness, or, simply, nature.*[3] » (Takacs, 1996, p. 11).

À l'instar de Leopold (1949), il s'agit là encore de protéger la nature sans nécessairement distinguer de « valeurs » précises.

Ce bref panorama permet de formuler l'hypothèse suivante : parler des valeurs dans la conservation de la nature ne peut se limiter à faire une liste *a posteriori* de ce que l'on juge froidement comme méritant un intérêt aujourd'hui.

Bien entendu, la relecture de ces pages a permis à certains auteurs d'insister sur la coexistence ancienne de valeurs « anthropocentrées » ou « non anthropocentrées ». Les services écosystémiques ne seraient, sous cet angle, que l'expression moderne de motivations anciennes. Des valeurs qui « opposeraient » Muir à Gifford Pinchot par exemple, célèbres pour leurs oppositions concernant la question de la valeur intrinsèque de la nature. Mais les manifestations nombreuses du « souci environnementaliste », lorsqu'on le regarde de près, s'enferment mal dans ce genre de dualisme.

Osons conclure qu'il n'y a pas les valeurs d'un côté et la protection de la nature de l'autre. Altérité, *wilderness*, harmonie, découverte, fascination, complexité, bon sens, patrimoine, étonnement, curiosité, agacement, coup de gueule, et une pluralité de jugements et de sentiments vagues ou clairs, cohérents ou contradictoires ont déterminé des engagements audacieux pour la protection de la nature, sans réelles autres « justifications ».

---

3. « À ce jour, ils n'ont proposé qu'un ensemble de valeurs, une vision du monde qui nous choque par son aspect non scientifique. Pour ceux qui souhaitent préserver la diversité, qui comprennent et qui ressentent l'ensemble des valeurs que la diversité revêt pour les hommes, ces choix doivent être faits en conscience car ils sont fondamentaux pour la formation d'une pensée de la nature et d'une éthique correspondante qui visent à développer et à protéger ces entités et les fonctions qu'ils chérissent. Aujourd'hui, nous nommons ces entités et fonctions "biodiversité", mais elles ont eu d'autres noms : flore et faune, vie sauvage, compagnons, nature vierge ou simplement, nature. »

Ce détour permet aussi de mieux comprendre que le terme de biodiversité et sa valorisation moderne ne sont pas un produit scientifique, ni même la simple expression de valeurs clairement définies. Ce qui comptait dans la décennie environnementaliste était de convaincre de l'urgence de protéger, sans vraiment dire pourquoi :

> « *As a result of a determined and vigorous campaign by a cadre of ecologists and biologists over the past decade, biodiversity has become a focal point for the environmental movement. [...] The term* biodiversity *is a tool for a zealous defense of a particular social construction of nature that recognizes, analyses, and rues this furious destruction of life on Earth. When they deploy the term, biologists aim to change science, conservation, cultural habits, human values, our ideas about nature, and, ultimately, nature itself.*[4] » (Takacs, 1996, p. 1).

Cette brève analyse permet de supposer que la naissance de la biologie de la conservation est caractérisée par une valorisation de la nature qui se manifeste d'abord comme *devant* être protégée. La conservation n'est que le déploiement d'une stratégie pour faire reconnaître cette exigence, puis le besoin de compétences et enfin de moyens pour la satisfaire. Le moteur de la protection de la nature, c'est la protection elle-même, l'exigence de faire quelque chose, de le lire, de le dire, et de l'écrire. La justification par des valeurs « bien pensées » pour un public « bien pensant » apparaît très vite, mais après coup. On protège d'abord, on justifie après. En ce sens, dès 1980, dans l'ouvrage de Wilson, une réflexion sur les valeurs économiques de la biodiversité est bien présente (Wilson, 1988). Mais cette justification n'explique en rien l'ampleur et la détermination du mouvement environnementaliste. Les justifications économiques et utilitaristes qui constellent la littérature scientifique lorsque celle-ci cherche à établir une liste de justifications cherchent au mieux à rendre audibles par d'autres acteurs l'importance et l'urgence de protéger.

Il est probable que la protection de la nature poursuive aujourd'hui, dans une certaine mesure, cet élan de valorisation spontanée des années 1970. Mais y a-t-il autre chose ? Que s'est-il passé depuis cette décennie environnementaliste ? Les « protecteurs de la nature » valorisent-ils toujours la nature de la même façon ? Y a-t-il eu des mutations importantes dans les sphères scientifiques, politiques, sociales dont il faut tenir compte pour penser la protection de la nature aujourd'hui ?

Conséquences de l'institutionnalisation et de la professionnalisation de la protection de la nature sur les valeurs

Classification, quantification, numérisation

Nous avons proposé en introduction de ne pas donner au mot « valeur » une définition figée et autoritaire, pour privilégier une approche flexible en considérant que la valeur désigne « ce à quoi nous tenons ». Mais justement, à quoi tenons-nous quand il s'agit

---

4. « Fruit d'une campagne déterminée et vigoureuse menée par un ensemble d'écologues et de biologistes dans la dernière décennie, la biodiversité est devenue une question fondamentale pour le mouvement environnementaliste. [...] Le terme *biodiversité* est un outil pour une défense zélée d'une construction sociale de la nature qui reconnaît, analyse et s'oppose à la destruction furieuse de la vie sur Terre. Quand ils utilisent ce terme, les biologistes visent à changer la science, la conservation, les habitudes culturelles, les valeurs humaines et notre vision de la nature et, au final, la nature elle-même. »

de protection de la nature aujourd'hui ? Cette question pourtant fondamentale disparaît souvent derrière des enjeux quantitatifs ou sémantiques dont nous proposons ici d'étudier les conséquences.

Certaines transformations de l'écologie scientifique ont en effet changé les rapports des défenseurs de la nature à leur objet d'étude ou de protection. Identifier ces transformations permet de mieux comprendre l'ambiguïté du positionnement contemporain en matière de protection de la nature. Cette ambiguïté vient d'une double transformation concernant la nature de la « nature », la première pouvant se décrire comme la traduction de la nature en classification.

L'urgence de la protection dont s'empare la biologie de la conservation (définie par Soulé comme une science « de crise ») se solde par une nécessité de « classer » et de « suivre » les systèmes naturels avant leur disparition programmée. Il s'agit de faire vite, en favorisant les inventaires, l'identification des zones prioritaires, l'analyse des tendances de cette nature en péril. Il s'agit, de plus, d'être capable de proposer des scénarios sur l'évolution de cette nature en danger pour évaluer, anticiper son devenir, pour mieux la protéger. L'institutionnalisation de la définition du mot « biodiversité » incarne ce tournant. La biodiversité désigne dans la Convention sur la diversité biologique (CBD) de 1992 « la variabilité des organismes vivants de toute origine y compris, entre autres, les écosystèmes terrestres, marins et autres écosystèmes aquatiques et les complexes écologiques dont ils font partie ; cela comprend la diversité au sein des espèces et entre espèces ainsi que celle des écosystèmes ».

La nature à protéger est une nature que l'on doit pouvoir classer. Bowker et Star fournissent ici une analyse précieuse de ce qu'implique une classification de ce type. Ces auteurs ont montré comment tout système de classification (utilisé par exemple pour classer des maladies, des virus, etc.) n'est qu'une représentation, qui résulte de positions éthiques et politiques en tension (Bowker et Star, 2000). Pour qu'elle puisse fonctionner, une classification doit être constituée d'une suite d'objets appropriés par différentes communautés de praticiens et qui satisfont à leurs besoins respectifs de description, d'information et de communication (*ibid.*).

La « liste rouge » qui désigne les espèces considérées comme prioritaires selon leur appartenance à neuf catégories de vulnérabilité, mise en place dès 1963 par l'Union internationale pour la conservation de la nature (IUCN), est à ce titre exemplaire. L'institutionnalisation de la notion de biodiversité s'accompagnera de la généralisation de la classification à toutes les composantes du vivant. La biodiversité se décline en composantes « à suivre » ou « à protéger », découpage qui n'est bien entendu pas « naturel » et simplement relayé par une convention, mais bien un outil organisationnel et informationnel en conformité avec les besoins pratiques des « classificateurs », à savoir les scientifiques mais aussi des instances politiques comme la CBD et l'IUCN. La genèse du système d'information et de suivi de l'état de la biodiversité est ainsi nourrie par des valeurs environnementalistes et politiques, modulées par des procédures administratives.

Cette transformation pourrait paraître anodine sur le plan scientifique, mais elle ne l'est pas. Elle s'accompagne en réalité d'un nouvel enjeu : l'écologie de ces quatre dernières décennies est ainsi animée en partie par la recherche « d'indicateurs » sous la forme de métriques utilisables, interprétables, et qui répondent aux attentes de la sphère décisionnelle. L'appel formel de certains scientifiques à la construction d'indicateurs de biodiversité comparables aux indicateurs économiques et susceptibles de s'intégrer à la sphère politique confirme cette tendance à la standardisation et à l'institutionnalisation (Balmford *et al.*, 2010 ; Carrière *et al.*, 2013).

La classification de la « nature » en composantes de « biodiversité » et sa catégorisation en « indicateurs standard à suivre » favorise remarquablement l'informatisation et la gestion, non plus de la nature, mais des indicateurs eux-mêmes. La traduction de la nature en biodiversité ne se résume donc pas à l'invention d'un mot, mais elle entraîne aussi l'évolution progressive et concrète des objectifs poursuivis. L'objectif initial de « protection de la nature » est progressivement remplacé par celui de « pilotage de la biodiversité » (Blandin, 2009), et s'accompagne de l'adoption des logiques managériales appliquées à une « biodiversité gérable » (Génot, 2008).

L'interaction entre la sphère scientifique et politique a donc changé de centre de gravité (dans tous les sens de ce terme) depuis les années 1970. Il ne s'agit plus de rendre politiquement acceptable une inquiétude portée par des mouvements environnementalistes et formalisée par une poignée de scientifiques. En matière de biodiversité, la définition, l'organisation et l'intérêt d'une évaluation et d'une protection de la nature constituent désormais un agenda qui se veut « d'abord » politique (Watson, 2012). Cette évaluation va servir la libéralisation politique et économique de différents secteurs, orchestrée par la Banque mondiale à Washington. L'évaluation de la biodiversité est désormais conditionnée par une exigence particulière de données, conforme à la demande politique (Carrière et Bidaut, 2012).

Il devient central pour l'écologie scientifique et la conservation de ne pas seulement comprendre les systèmes écologiques, mais de pouvoir quantifier rapidement leur « état », et d'être en mesure d'établir des recommandations simples et manipulables par les décideurs et les gestionnaires. La performativité politique des objets et des théories que l'écologie propose pour gérer la biodiversité est favorisée et valorisée en tant que telle.

Ces changements terminologiques qui remplacent progressivement la « nature » par la « biodiversité » et la notion « de protection » par celle de « gestion » ne sont donc pas de simples jeux de mots. Ces transformations ne résultent pas non plus d'une simple accumulation de connaissances sur la nature. C'est la représentation de la nature qui a elle-même été transformée. Cette mutation est en partie le résultat d'une demande faisant face à un problème, et non d'une meilleure description du monde naturel, ni d'un changement de conception scientifique. Il s'agit d'une transformation socialement provoquée qui consiste à répartir et/ou à partitionner la nature en différentes composantes de biodiversité isolables, mesurables, quantifiables, dans l'objectif de mieux la maîtriser pour mieux la gérer. Bien entendu, la mise en forme de la nature en catégories gérables ne constitue pas un facteur de la destruction de la nature. Sans qu'elle soit un moteur de la crise environnementale, on peut se demander néanmoins si elle ne constitue pas le prolongement d'une volonté de maîtrise de la nature.

En fait, les conséquences de cette transformation sont multiples et difficiles à percevoir. Au niveau international, on constate que les indicateurs de biodiversité s'institutionnalisent et s'officialisent (Balmford *et al.*, 2010). Au niveau local, la transformation de la nature en biodiversité gérable a certainement favorisé (sinon entraîné) le développement de l'ingénierie écologique et des projets de restauration des écosystèmes, un élément de biodiversité donné (les espèces) devenant un outil pour en traiter un autre (la restauration de tout un écosystème).

La catégorisation de la biodiversité a aussi probablement rendu possible (puis nécessaire) le mariage entre l'écologie scientifique et les nouvelles technologies pour « traiter » l'avalanche de données récoltées sur la biodiversité (Edwards, 2000). L'étude de la « crise de la biodiversité » et celle des impacts des « changements globaux » se sont traduites par l'entrée de la science de l'écologie dans l'ère de la donnée, de la mise en réseau, de l'image et du virtuel (Bisby, 2000).

Cette évolution a certainement des conséquences tant positives que négatives, qu'il faut étudier. Cette (co)ordination de la nature en éléments de diversité gérables et quantifiables par des outils standardisés correspond à une simplification de la nature, provoquée par une préoccupation scientifique et sociale. La dimension « vivante » de la biodiversité (et ce que cette dimension a de dynamique, d'imprévisible et de spontané) s'efface au profit de sa dimension comptable. D'autre part, les naturalistes et les environnementalistes ne se retrouvent pas non plus nécessairement dans cette classification et dans l'approche par indicateurs qui en est dérivée. Mais curieusement (et heureusement), cette simplification coexiste avec une tendance scientifique inverse, celle de la complexification de la représentation des systèmes écologiques.

Le retour du complexe

Parallèlement à ce qui semble être une tendance à la simplification de la nature, l'écologie scientifique et la conservation sont en train de revisiter leur façon d'aborder les systèmes vivants en accordant de plus en plus d'importance à la complexité et à la dynamique des systèmes. Après avoir été très influencée par l'étude des systèmes vivants « à l'équilibre », semblable à la mécanique newtonienne, l'étude des dynamiques transitoires s'est progressivement imposée comme incontournable pour comprendre la dynamique des systèmes vivants (Hastings *et al.*, 1993). C'est la deuxième transformation majeure de la protection de la nature depuis les années 1970, celle qui cherche à intégrer les changements globaux (réchauffement climatique et grandes modifications de l'usage des terres) et la complexité des systèmes écologiques.

Les recherches en cours sur les façons de prendre en compte cette complexité représentent autant de nouveaux défis, tant sur le plan fondamental qu'au niveau des enjeux de protection (Green *et al.*, 2005). Ces recherches montrent que le comportement d'un système écologique observé à une échelle donnée peut être différent à une échelle supérieure ou inférieure, et que chaque niveau écologique possède des propriétés complexes et dynamiques qui lui sont propres (Denny et Benedetti-Cecchi, 2012). Par exemple, les propriétés des communautés écologiques se déduisent mal de notre connaissance des populations, et celles des populations de celles des individus. De plus, la plupart des systèmes vivants ne se décrivent ni ne se comprennent sans inclure une composante évolutive, aussi bien à long terme (les propriétés des espèces, des communautés, des écosystèmes ne sont pas fixes sur une échelle de temps géologique) qu'à court terme (ces propriétés changent vite à la suite de la transformation des conditions biotiques et abiotiques). D'autre part, la réponse des systèmes écologiques aux perturbations n'est souvent pas linéaire, mais montre des points de ruptures difficiles à anticiper (Scheffer *et al.*, 2001).

Voilà un apport majeur de la notion de biodiversité : celui d'avoir souligné l'importance des interactions en tout genre (entre niveaux et entre échelles de temps et d'espaces) qui structurent et animent le vivant. La « biodiversité » perçue en un lieu donné se comprend aujourd'hui comme une partie seulement de la biodiversité potentiellement présente. En effet, une part importante de la biodiversité n'est tout simplement pas encore connue (on estime connus environ 95 % des mammifères et des oiseaux, mais seulement 10 % des insectes et 1 % des bactéries et des virus, et les méthodes d'estimation sont elles-mêmes controversées — voir May, 1992). Plus généralement, une partie des espèces absentes représente une « biodiversité manquante » (*dark diversity*), qu'il faudrait également prendre en compte (Pärtel *et al.*, 2011). De plus, une partie des espèces présentes dans un habitat fragmenté est vouée à l'extinction. L'inertie de la réponse des espèces à certaines perturbations entraîne en effet une « dette d'extinction » dont les conséquences ne sont pas visibles à court terme (Kuussaari *et al.*, 2009). Quant à la dynamique des écosystèmes, elle est également mal connue, et présente des comportements non linéaires difficiles à prévoir (Scheffer *et al.*, 2001).

Ainsi, utiliser des indicateurs synthétiques de biodiversité ne s'avère pas forcément satisfaisant pour rendre compte de ces propriétés dynamiques, non linéaires et évolutives des différents niveaux d'organisation du vivant. Ces propriétés ont des conséquences directes qui sont la marginalisation d'espèces, d'espaces voire d'outils (Carrière *et al.*, 2013) : la « biodiversité » d'un assemblage d'espèces peut être faible ou forte, augmenter ou décliner, être correctement protégée ou non selon qu'elle est envisagée d'une façon ou d'une autre. Par exemple, une augmentation du nombre d'espèces peut cacher une homogénéisation des communautés si l'on tient compte du changement de leur composition (Le Viol *et al.*, 2012). De même, le réseau d'aires protégées français peut s'avérer représenter correctement les zones à forte diversité en espèces, mais incapable de contenir les zones à forte diversité fonctionnelle (Devictor *et al.*, 2010). La prise en compte des changements climatiques peut altérer à son tour ces conclusions (Hannah *et al.*, 2007).

Dès lors, penser la biodiversité comme une somme d'éléments juxtaposés et isolés rend difficile la prise en compte de ces propriétés complexes inhérentes aux systèmes écologiques.

Les approches qui permettent de rendre compte des propriétés émergentes et dynamiques des systèmes écologiques nécessitent des concepts et des outils pratiques qui sont aujourd'hui en chantier dans la sphère scientifique. Ce retour de la complexité scientifique coexiste avec la simplification de la nature à des fins de gestion en biodiversité mesurable, simplifiable et communicable.

Aussi, sur le plan des valeurs, la protection de la nature prendra des tournures différentes selon le degré de complexité admis pour mesurer la biodiversité et l'efficacité des pratiques de gestion. L'écologie scientifique peut être au service d'une approche « simplifiante » ou au contraire « complexifiante » de la conservation, selon l'importance prêtée aux propriétés complexes et dynamiques des systèmes vivants. Les valeurs mobilisables dépendront de l'intérêt porté aux propriétés autonomes, dynamiques et complexes des systèmes vivants.

Au-delà de ces courants scientifiques, un problème structure toujours plus ou moins explicitement la réflexion sur les valeurs qui se trouve en jeu en matière de protection de la nature : le problème de la substitution. Ce problème, qui traverse la conservation depuis les années 1970, est l'expression de valorisations différentes et même parfois opposées, qu'il faut mettre en lumière.

L'impossibilité de mettre au pas les valeurs dans la protection de la nature : le problème de la substitution

En conservant encore notre approche flexible et réaliste de la notion de « valeur » nous trouverons dans les écrits des années 1970, comme dans les lois récentes, qu'il y a « quelque chose » que la protection de la nature valorise et qui résiste à son approche managériale.

Pour Leopold, qui assiste à l'artificialisation rapide du Wisconsin, le « sauvage », le non artificiel est essentiel. Il écrira en ce sens en introduction à l'*Almanach d'un comté des sables* :

> « Il y a des gens qui peuvent se passer des êtres sauvages et d'autres qui ne le peuvent pas. Ces essais sont les délices et les dilemmes de quelqu'un qui ne le peut pas. Tout comme le vent et les couchers de soleil, les êtres sauvages faisaient partie du décor jusqu'à ce que le progrès se mette à les supprimer. Nous sommes maintenant confrontés à la question de savoir si un "niveau de vie" encore plus élevé justifie son prix en êtres sauvages, naturels et libres. Pour nous, minorité, la possibilité de voir des oies est plus importante que la télévision, et la possibilité de trouver une anémone est un droit aussi inaliénable que la liberté d'expression. »

Il ne s'agit donc pas pour Leopold, comme cela est souvent suggéré par les positions cherchant à caricaturer les mouvements de protection de la nature, d'endosser une position « fixiste », mais au contraire de tenir et de respecter ce que la nature peut avoir de « non fixable ». Ce respect de l'altérité, de la non-conformité aux désirs humains, de cette « autre chose » que l'artificiel, anime les naturalistes et les protecteurs de la nature depuis que celle-ci est menacée.

Le problème de la substitution est aussi un point clé des approches plus classiques de l'éthique environnementale. L'éthique utilitariste cherche autant à préserver la nature qu'à la restaurer ou à l'enrichir en vue du bien-être des générations présentes et futures. Dans cette optique, la disparition des espèces n'est pas l'enjeu fondamental, seules peuvent l'être les conséquences de ces disparitions sur le bien-être global. Certaines espèces assurent des « fonctions » de maximisation potentielle du bien-être interchangeables et substituables. Inversement, les prescriptions qui découlent des éthiques non anthropocentriques sont instruites par le respect de la nature pour ce qu'elle est en elle-même, et rejettent la possibilité de toute substitution.

Écologiquement, le retour du complexe montre que les écosystèmes suivent des trajectoires uniques et difficiles à prévoir, et que la substitution d'une espèce ou d'un habitat peut avoir des conséquences majeures sur le fonctionnement des écosystèmes, précisément car les interactions entre espèces sont souvent non substituables (Estes *et al.*, 2011). Aussi, quelles que soient les implications éthiques de la notion même de substituabilité, l'écologie des réseaux et des communautés s'accorde mal avec les usages des évaluations économiques qui (pré)supposeraient une substituabilité des fonctions et des valeurs.

Or, curieusement, la possibilité de substitution est admise dans l'approche par « service ». Le cadre du *Millenium Ecosystem Assessment* définit ces services comme représentant « les bienfaits, directs et indirects, que retire l'homme de la nature » (MEA, 2005). La plupart des valeurs ainsi attribuées à la nature se sont progressivement assimilées à des notions d'utilité, et de recherche du bien-être humain issues de propositions formulées par le monde académique, aussi bien dans les sphères économiques qu'écologiques (Méral, 2012). Même si des perspectives très ambitieuses concernant le bien-être, la liberté de choix et l'importance des valeurs intangibles de la biodiversité sont souvent évoquées, les valeurs véhiculées par le concept de service écosystémique sont souvent réduites à un utilitarisme anthropocentrique qui se fonde sur la substituabilité des valeurs, des fonctions et des entités vivantes.

À cet égard, on peut s'étonner du peu de connaissance véhiculé par le champ sémantique des services écosystémiques, qui ne dit rien sur le fonctionnement des écosystèmes ou la dynamique des populations que ne dise déjà l'écologie scientifique. La certitude véhiculée par les approches comptables de la biodiversité contraste de façon étonnante avec les incertitudes avouées par l'écologie scientifique concernant le fonctionnement des écosystèmes. Ce contraste entraîne certains scientifiques à reconfigurer la notion de biodiversité en adoptant des définitions plus simples, qui omettent la dimension écosystémique plus difficile à étudier, pour s'aligner avec le discours dominant (Cardinale *et al.*, 2012).

La notion de « service écosystémique » s'est ainsi vite traduite par une identification, une quantification et une mise en correspondance des « services » avec les éléments de la biodiversité (Carpenter *et al.*, 2009). La sphère académique s'est par conséquent employée à séparer, classer, calibrer les services potentiellement disponibles, jusqu'à y inclure les relations sociales et culturelles elles-mêmes (Chan *et al.*, 2012). Loin de clarifier et de rendre opérationnelle cette mise en adéquation, c'est plutôt une confusion et une pluralité d'approches, de définitions et de méthodes qui a été engendrée. Cette confusion explique peut-être la difficulté d'utiliser concrètement ce concept au-delà de la rhétorique (Laurans *et al.*, 2013).

Sur le plan pratique, l'idée de favoriser une domestication de la nature basée sur une exploitation rationnelle de ses services est également portée avec enthousiasme par plusieurs scientifiques ou conservationistes, comme Peter Kareiva, président de *The Nature Conservancy*, une des plus grosses ONG de protection de la nature (Kareiva *et al.*, 2007). Plus largement, les mouvements de protection de la nature qui tiennent à la notion de non substituabilité sont dénoncés par d'autres comme campant sur des positions naïves, qu'il serait temps d'abandonner au profit d'une conservation révisionniste dans un monde « post-sauvage ». Selon cette perspective, il serait devenu dérisoire de lutter contre les écosystèmes nouveaux créés par l'homme et il ne tiendrait qu'à nous de rendre cette domestication joyeuse et lucrative. Le sauvage, la *wilderness* seraient des fantasmes dont il faudrait se passer une fois pour toutes. De même, ce courant suggère que les extinctions d'espèces ont souvent été exagérées, et que la nature est plus résiliente que les conservationistes ne le prétendent (Marvier *et al.*, 2012). L'extinction du pigeon migrateur qui a touché Leopold n'a, selon Kareiva, eu aucune conséquence. Ce qu'il faut, selon cette approche, c'est bien gérer et bien organiser cette nouvelle nature, et considérer la croissance économique basée sur les services écosystémiques comme une opportunité offerte à la création de richesses économiques.

Les multiples limites de cette rhétorique technoscientifique (car ces mouvements appellent au déploiement de solutions technologiques à la crise de la biodiversité, à l'utilisation des OGM et à la création de techno-écosystèmes au service du développement économique) qui se prétend porteuse d'un nouveau paradigme plus « réaliste » étaient pourtant déjà analysées et anticipées dans les années 1970. L'approche managériale de la protection de la nature poussée à l'extrême n'est pas un projet nouveau mais ne fait qu'accomplir l'agenda de domination de l'humain sur la nature porté par la modernité. Ce qui l'est davantage, c'est la prétention de cette nouvelle tendance à s'affranchir de la question de la substituabilité en prônant sa caducité. Nous serions entrés dans l'ère de l'Anthropocène, exigeant une conservation nouvelle et progressiste (Marvier *et al.*, 2012). Les mouvements environnementalistes réticents sont taxés de romantisme ou de radicalité idéologique, et on leur reproche de s'accrocher à une idée de « sauvage » aujourd'hui dépassée.

Outre que cette approche est elle-même porteuse d'une idéologie néolibérale et technoscientifique implicite (Wynne-Jones, 2012), elle rend difficilement compte des manifestations populaires et engagées contre cette logique même. Ainsi la conférence du dernier sommet de la Terre organisé par les Nations unies à Rio (nommée RIO+20), qui cherchait à mettre à l'ordre du jour la *green economy* comme paradigme clé pour sortir de la crise de la biodiversité, a vu défiler plusieurs milliers de manifestants s'opposant aux approches comptables et marchandes appliquées à la nature. La conservation de la nature mise en avant par ce néo-environnementalisme passe donc à côté de la nature, de la biodiversité et de la société civile (Carrière *et al.*, 2013).

Pour en revenir à la question du « sauvage », il ne suffit pas de proclamer sa disparition pour en finir avec la nature en tant que réalité (nous ne sommes justement pas devenus maîtres et possesseurs de la nature) ni en tant que représentation (abolir la nature sauvage en tant qu'environnement biologique indépendant et réalité biophysique n'a aucun sens). On ne se débarrasse pas du dualisme entre culture et nature d'un revers de la main mais on peut au contraire s'en servir pour qualifier ce que la nature apporte à la culture et inversement (Larrère et Larrère, 2015). En somme, le courant soucieux de vanter les mérites d'une protection de la nature débarrassée de ses références classiques et de ses préoccupations initiales majeures exploite, en réalité, la difficulté d'accepter une remise en cause plus radicale du mode de développement des sociétés occidentales. Cette nouvelle tendance, et les résistances qu'elle rencontre, montrent en tout cas la richesse qu'offre une réflexion ouverte et sans cesse renouvelée sur les valeurs de la protection de la nature.

Conclusion

Protéger est en soi un acte de valorisation. Nous n'avons pas eu besoin d'établir une typologie des valeurs pour expliquer la naissance et le déploiement de l'exigence de protection de la nature lorsque celle-ci est considérée comme menacée. Les valeurs sont multiples, difficiles à démêler, à isoler et à enfermer dans des définitions abstraites valables partout et pour tous. La nature a évidemment une valeur intrinsèque, celle conférée par tous ceux qui admettent que la protection de la nature ne se réduit pas à son exploitation durable. La nature a évidemment une valeur instrumentale, celle qui permet notre existence. Dériver la nature de ce que nous faisons et utilisons est un exercice qui montre toujours la même chose : nous ne sommes pas « dans » la nature, notre monde est « naturel ». Répéter que nous dépendons des biens et des services rendus par la nature, pour nos vêtements, notre nourriture ou la régulation des inondations et du climat n'épuise pas la question des valeurs. La diffusion de la notion de « service éco-systémique » résulte en réalité d'une construction sociale et culturelle bien particulière :

la professionnalisation, la normalisation et l'institutionnalisation d'un discours. Mais au-delà du discours, que reste-t-il ? La mise en œuvre concrète des politiques de protection et de gestion de la nature ne semble pas bouleversée par l'existence du concept de « service écosystémique » prétendument nouveau et « plus efficace ». Cette approche permet-elle « d'internaliser les externalités négatives » ? Peut-être. Pour relever le défi posé par la crise de la biodiversité et les changements globaux, il faudra quelque chose de plus audacieux qu'un mot nouveau au service d'un discours. Le questionnement éthique a, en ce sens, quelque chose qui peut décevoir. Il ne fournit aucune solution toute prête. Mais il autorise et impose une réflexion essentielle sur le sens de nos actions, qui ne se limite pas à la protection de la nature mais qui concerne nos vies individuelles et collectives.

Références

Abbey E., 1968. *Désert solitaire*, Gallmeister, Paris, 2010, 337 p.

Abbey E., 1975. *Le Gang de la clé à molette*, Gallmeister, Paris, 2006, 547 p.

Balmford A., Bennun L., Brink B., Cooper D., Côté I.M., Crane P., Dobson A., Dudley N., Dutton I., Green R.E., Gregory R.D., Harrison J., Kennedy E.T., Kremen C., Leader-Williams N., Lovejoy T.E., Mace G., May R., Mayaux P., Morling P., Phillips J., Redford K., Ricketts T.H., Rodríguez J.P., Sanjayan M., Schei P.J., Van Jaarsveld A.S., Walther B.A., 2010. The convention on biological diversity's 2010 target. *Science*, 307, 212-213.

Bisby F.A., 2000. The quiet revolution: Biodiversity informatics and the Internet. *Science*, 289, 2309-2312.

Blandin P., 2009. *De la protection de la nature au pilotage de la biodiversité*, Quæ, Versailles, 124 p.

Bowker G.C., Star, S.L., 2000. *Sorting Things Out: Classification and Its Consequences*, MIT Press, USA, 389 p.

Cardinale B.J., Duffy J.E., Gonzalez A., Hooper D.U., Perrings C., Venail P., Narwani A., Mace G.M., Tilman D., Wardle D.A., Kinzing A.P., Daily G.C., Loreau M., Grace J.B., Larigauderie A., Srivastava D.S., Naeem S., 2012. Biodiversity loss and its impact on humanity. *Nature*, 486 (7401), 59-67.

Carpenter S.R., Mooney H.A, Agard J., Capistrano D., Defries R.S., Díaz S., Dietz T., Duraiappah A.K., Oteng-Yeboah A., Pereira H.M., Perrings C., Reid W.V, Sarukhan J., Scholes R.J., Whyte A., 2009. Science for managing ecosystem services: Beyond the Millennium Ecosystem Assessment. *Proceedings of the National Academy of Sciences of the United States of America*, 106, 1305-1312.

Carrière S.M., Bidaud C., 2012. En quête de naturalité : Représentations scientifiques de la nature et conservation de la biodiversité. *In : Géopolitique et environnement : Les leçons de l'expérience malgache* (R. Rakoto, C. Blanc-Pamard, F. Pinton, eds.), coll. Objectifs Suds, IRD Marseille, 43-71.

Carrière S.M., Rodary E., Méral P., Serpantié G., Boisvert V., Kull C.A., Lestrelin G., Lhoutellier L., Moizo B., Smektala G., Vandevelde J.-C., 2013. Rio+20, biodiversity marginalized. *Conservation Letters*, 6, 6-11.

Carson R., 1962. *Silent Spring*, Houghton Mifflin, New York, USA, 155 p.

Chan K.M.A., Guerry A.D., Balvanera P., Klain S., Satterfield T., Basurto X., Bostrom A., Chuenpagdee R., Gould R., Halpern B.S., Hannahs N., Levine J., Norton B., Ruckelshaus M., Russell R., Tam J., Woodside U., 2012. Where are cultural and social in ecosystem services? A framework for constructive engagement. *BioScience*, 62, 744-756.

Dasmann R.F., 1968. *Environmental Conservation*, John Wiley & Sons, New York, USA, 375 p.

Denny M., Benedetti-Cecchi L., 2012. Scaling up in ecology: Mechanistic approaches. *Annual Review of Ecology, Evolution, and Systematics*, 43, 1-22.

Devictor V., Mouillot D., Meynard C., Jiguet F., Thuiller W., Mouquet N., 2010. Spatial mismatch and congruence between taxonomic, phylogenetic and functional diversity: The need for integrative conservation strategies in a changing world. *Ecology Letters*, 13, 1030-1040.

Edwards J.L., 2000. Interoperability of biodiversity databases: Biodiversity information on every desktop. *Science*, 289, 2312-2314.

Ehrenfeld D.W., 1970. *Biological Conservation*, Holt, Rinehart & Winston, Inc., New York, USA, 226 p.

Ehrenfeld D.W., 1972. *Conserving Life on Earth*, Oxford University Press, New York, USA, 378 p.

Elton C.S., 2000. *The Ecology of Invasions by Animals and Plants*, University of Chicago Press, Chicago, USA, 196 p.

Estes J.A., Terborgh J., Brashares J.S., Power M.E., Berger J., Bond W.J., Carpenter S.R., Essington T.E., Holt R.D., Jackson J.B.C., Marquis R.J., Oksanen L., Oksanen T., Paine R.T., Pikitch E.K., Ripple W.J., Sandin S.A., Scheffer M., Schoener T.W., Shurin J.B., Sinclair A.R.E., Soulé M.E., Virtanen R., Wardle D.A., 2011. Trophic downgrading of planet Earth. *Science*, 333, 301-306.

Génot J.-C., 2008. *La Nature malade de la gestion*, Le Sang de la Terre, Paris, 239 p.

Green J.L., Hastings A., Arzberger P., Ayala F.J., Cottingham K.L., Cuddington K., Davis F., Dunne J.A., Fortin M.-J., Gerber L., Neubert M., 2005. Complexity in ecology and conservation: Mathematical, statistical, and computational challenges. *BioScience*, 55, 501.

Hannah L., Midgley G., Andelman S., Araújo M., Hughes G., Martinez-Meyer E., Pearson R., Williams P., 2007. Protected area needs in a changing climate. *Frontiers in Ecology and the Environment*, 5, 131-138.

Hastings A., Hom C.L., Ellner S., Turchin P., Godfray H.C.J., 1993. Chaos in ecology: Is Mother Nature a strange attractor? *Annual Review of Ecology and Systematics*, 24, 1-33.

Kareiva P., Watts S., McDonald R., Boucher T., 2007. Domesticated nature: Shaping landscapes and ecosystems for human welfare. *Science*, 316, 1866-1869.

Kuussaari M., Bommarco R., Heikkinen R.K., Helm A., Krauss J., Lindborg R., Ockinger E., Pärtel M., Pino J., Rodà F., Stefanescu C., Teder T., Zobel M., Steffan-Dewenter I., 2009. Extinction debt: A challenge for biodiversity conservation. *Trends in Ecology & Evolution*, 24, 564-571.

Larrère C., Larrère R., 2015. *Penser et agir avec la nature : Une enquête philosophique*, La Découverte, Paris, 374 p.

Laurans Y., Rankovic A., Billé R., Pirard R., Mermet L., 2013. Use of ecosystem services economic valuation for decision making: Questioning a literature blindspot. *Journal of Environmental Management*, 119C, 208-219.

Le Viol I., Jiguet F., Brotons L., Herrando S., Lindström A., Pearce-Higgins J.W., Reif J., Van Turnhout C., Devictor V., 2012. More and more generalists: Two decades of changes in the European avifauna. *Biology Letters*, 8, 780-782.

Lechevrel N., 2011. *Les Approches écologiques en linguistique : Enquête critique*, Éditions Academia, Louvain-la-Neuve, Belgique, 210 p.

Leopold A., 1949. *A Sand County Almanac*, Oxford University Press, Oxford, USA, 240 p. / *Almanach d'un comté des sables*, Flammarion, Paris, 2010, 290 p.

Marvier W.M., Lalasz R., Kareiva P., 2012. Conservation in the Anthropocene beyond solitude and fragility. *The Breakthrough Journal*, 6-11.

May R.M., 1992. How many species inhabit the Earth? *Scientific American*, 18-24.

MEA, 2005. *Ecosystems and Human Well-Being: Synthesis*, Millennium Ecosystem Assessment Series, Island Press, Washington D.C., USA, 160 p.

Méral P., 2012. Le concept de service écosystémique en économie : Origine et tendances récentes. *Natures Sciences Sociétés*, 20, 3-15.

Pärtel M., Szava-Kovats R., Zobel M., 2011. Dark diversity: Shedding light on absent species. *Trends in Ecology & Evolution*, 26, 124-128.

Scheffer M., Carpenter S., Foley J.A., Folke C., Walker B., 2001. Catastrophic shifts in ecosystems. *Nature*, 413, 591-596.

Soulé M.E., Wilcox B.A., 1980. Conservation Biology: An Evolutionary Ecological Perspective, Sinauer Associates, Sunderland, USA, xv + 395 p.

Takacs D., 1996. *The Idea of Biodiversity: Philosophies of Paradise*, Johns Hopkins University Press, Baltimore, USA, 500 p.

Watson R.T., 2012. *The Science-Policy Interface: Scientific Assessments, What Have We Learnt Science in Policymaking*, ECCB 2012, 28 août - 1er sept. 2012, Glasgow, UK.

Wilson E.O., 1988. *Biodiversity*, Harvard University, National Academies Press, USA, 538 p.

Wynne-Jones S., 2012. Negotiating neoliberalism: Conservationists' role in the development of payments for ecosystem services. *Geoforum*, 43, 1035-1044.

Chapitre 3

Biodiversité utile *vs* nature inutile : argumentaire écologique et économique

Jean-Michel SALLES, Driss EZZINE DE BLAS, Romain JULLIARD,
Rémi MONGRUEL, Fabien QUÉTIER et François SARRAZIN

> « Ajoutez à cela l'orgueil insupportable des humains, qui leur persuade que la nature n'a été faite que pour eux ; comme s'il était vraisemblable que le soleil… n'eût été allumé que pour mûrir ses nèfles, et pommer ses choux. »
>
> Savinien Cyrano de Bergerac, *L'Autre monde
> ou les États et empires de la Lune*, 1657.

Introduction

La notion de *services écosystémiques*, définie comme les avantages que les sociétés humaines retirent du fonctionnement des écosystèmes (Mace *et al.*, 2012), s'est largement répandue et presque imposée depuis le *Millenium Ecosystem Assessment* (MEA, 2001-2005) ou l'étude *The Economics of Ecosystems and Biodiversity* (2007-2011) (Kumar, 2010) pour décrire et analyser les relations entre la nature et l'humain ou, plus précisément, pour analyser en quoi nos sociétés dépendent des écosystèmes (Daily, 1997 ; De Groot *et al.*, 2002). Si l'expression est assez récente[5], il ne s'agit pas vraiment d'une idée nouvelle : Mooney et Ehrlich (1997) en situent l'origine dans l'ouvrage de Marsh (1864) et, dans une perspective plus actuelle, l'article de Westman (1977) s'interroge sur la valeur sociale des « services de la nature ». Penser les relations entre nature et société en termes de *services* soulève cependant de multiples interrogations, soit, dans une perspective écologique, parce que la focalisation sur les services finaux dont bénéficient les sociétés humaines risque de faire oublier la complexité du tissu du vivant dont

---

5. Les premières occurrences de l'expression *ecosystem services* seraient dans Ehrlich et Ehrlich (1981) et Ehrlich et Mooney (1983), mais elle ne prend d'importance qu'à la fin des années 1990.

le bon fonctionnement est nécessaire (Limburg *et al.*, 2002 ; Norgaard, 2010) ; soit, dans une perspective philosophique, parce que le cadre utilitariste et la « commodification » de la nature qu'il induit, nous enferment dans une vision qui subordonne la nature dans un rôle de ressource du développement, excluant de multiples interrogations sur les finalités poursuivies (Maris, 2014).

Aucun analyste sérieux ne semble plus pouvoir considérer que la conservation des écosystèmes est une préoccupation passagère, ou qu'elle ne concerne que quelques militants (Cardinale *et al.*, 2012). La question des motivations sous-jacentes à cet objectif reste ouverte, plurielle et, depuis longtemps, controversée et parfois caricaturée sous la forme : faut-il protéger la nature *pour* l'homme, ou *de* l'homme ? Cette formulation est sans doute ambiguë, car elle semble sous-entendre que l'espèce humaine ne ferait pas partie de la nature, mais, si l'on écarte ce débat quelque peu scolastique, il reste que la question des raisons qui motivent la protection de la nature est une interrogation utile dans un contexte où de multiples indicateurs nous alertent sur les menaces dont elle est l'objet.

On peut rappeler que cette question a structuré la pensée et les débats sur la conservation, sans doute depuis les origines et sans ambiguïté depuis la complicité puis l'affrontement entre John Muir et Gifford Pinchot, aux origines des mouvements conservationniste nord-américains. Le premier, fondateur du Sierra Club, voulait préserver la nature sauvage, la *wilderness*, reflet de la création divine ; alors que le second, forestier, fondateur de l'US Forest Service, voulait conserver les ressources naturelles pour qu'elles soient durablement exploitables par l'homme (Blandin, 2009). Le débat reste d'actualité : doit-on conserver la nature parce qu'elle nous sera utile plus tard, ou parce qu'elle le mérite au regard d'autres considérations ?

Peut-être n'est-il pas inutile d'évoquer brièvement les raisons qui mènent à la destruction de la nature. Elles sont potentiellement multiples : quand on s'imagine que la nature est surabondante (au début de l'ère industrielle) ; quand on peut externaliser les nuisances (comme aux débuts du développement de la pêche industrielle en Californie dans les années 1910, lorsque, anticipant que la mécanisation pourrait aboutir à la surexploitation des stocks de thonidés, les associations de pêcheurs sportifs recommandent de cantonner les senneurs, les bateaux de pêche les plus perfectionnés de l'époque, dans les eaux mexicaines — où ils opèrent déjà — et de réserver les eaux américaines aux pêcheurs récréatifs[6]) ; quand la destruction de la nature devient délibérément un instrument d'appropriation de ressources ou de territoires, voire de soumission ou même d'éradication des populations locales, comme en témoignent certains épisodes de l'histoire du colonialisme en Afrique et en Amérique (notamment l'exemple du massacre des bisons dont dépendaient entièrement les tribus amérindiennes). Nature harmonieuse, nature hostile, nature utile : quelle est la question ?

L'importance de l'existence d'écosystèmes fonctionnels en bon état est au cœur des conclusions du MEA qui souligne, d'une part, qu'un nombre croissant d'écosystèmes sont dégradés ou menacés par les activités humaines et, d'autre part, que la demande sociale pour un ensemble de services liés à ces écosystèmes s'accroît également. L'idée générale est clairement que la double croissance démographique et socioéconomique se

---

6. La proposition, dans un rapport de la Banque mondiale datant du début des années 1990, d'exporter des déchets vers des pays à bas revenus allait dans le même sens.

traduit par deux tendances fortes et contradictoires : davantage de pressions sur la nature qui limitent sa capacité à être utilisable, et un besoin accru de l'utiliser comme facteur de production ou de bien-être (à quoi s'ajoute en outre une déconnexion entre des populations de plus en plus urbaines et les services de production — voir Cheval, 2013 —, et une demande davantage orientée vers des usages récréatifs). Cette analyse, désormais largement admise, a abouti à une focalisation des analyses des relations nature-société sur la catégorie de « services écosystémiques ».

Mais la question de l'utilité de la nature est ancienne. Une première tension, comme le rappelle Maris (2014), oppose la vision d'une nature harmonieuse, comme on la trouve dans le *Critias* de Platon au IVe siècle avant notre ère, et la perception d'une nature hostile qu'il est tentant de rapprocher du mythe judéo-chrétien de la Chute originelle. Cette opposition est encore très présente au XVIIIe siècle. Gouyon (2001) la met en évidence en opposant les écrits de Rousseau (« Le tableau de la nature ne m'offrait qu'harmonie et proportions ; celui du genre humain que confusion, désordre ! ») et ceux de Buffon (1764), qui perçoit la nature sauvage comme désorganisée et hostile, alors que la nature transformée par l'homme est plus belle. Comme souvent, lorsque des personnes intelligentes et qualifiées tiennent des discours opposés sur un même objet, c'est qu'elles ne le regardent pas dans le même objectif.

Cette opposition entre une nature bonne et harmonieuse et une nature hostile qu'il faut transformer pour la domestiquer se retrouve dans la dichotomie légale entre « espèces utiles » et « espèces nuisibles » qui, bien qu'elle suscite désormais des sourires, perdure encore aujourd'hui, par exemple dans le Code rural. L'idée d'une nature nuisible n'est d'ailleurs pas un monopole de la ruralité, et des travaux récents ont étudié les nuisances liées à la nature en ville (Barles, 2007 ; Lyytimäki *et al.*, 2008, 2009). L'opposition utile/ nuisible n'a pas cours en écologie, qui étudie les relations entre les espèces et leur environnement sans chercher à porter ce type de jugement (la question est cependant posée pour les espèces dites envahissantes ou invasives, qui perturbent les dynamiques des écosystèmes, et on reviendra sur ce point).

On peut noter que l'étymologie du verbe *domestiquer* le rattache au latin *domesticus*, qui signifie « de la maison » (*domus*), et peut être rapprochée de celle de l'*écologie* (de οἶκος [oïkos], « la maison » en grec ancien). La nature qui intéresse les hommes est celle qu'ils habitent, et veulent maîtriser. L'histoire de cette « domestication » mériterait d'être approfondie. L'intention initiale est simplement d'affranchir l'homme des aléas de la nature pour qu'il puisse se protéger et se développer (grâce à l'agriculture, à l'urbanisation et même à la médecine chez Descartes, dans le célèbre texte qui enjoint l'homme à se comporter « comme maître et possesseur de la nature »). Au-delà d'un certain niveau de transformation (intensification agricole, artificialisation des terres, perte de diversité, etc.), effets externes et irréversibilités aboutissent à la perte de certains mécanismes de régulation, perte qui compromet la pérennité de cette nature domestiquée. Le basculement de la domestication à la transformation irréversible a conduit Crutzen (2002, 2006) à considérer que les activités humaines sont devenues le premier facteur de transformation, avant même les phénomènes géologiques, et à proposer de le qualifier d'« Anthropocène ». Elle serait une ère dont il associe le début à la Révolution industrielle, ou à la période d'accélération de la reconstruction et de la prédation qui a suivi la seconde guerre mondiale (les « Trente Glorieuses »). Pour l'anecdote, il pourrait être intéressant d'étudier la dimension métaphorique du statut des énergies fossiles (charbon, puis pétrole et gaz) dans ce basculement des relations homme-nature. Quoi qu'il en soit, aussitôt que l'homme s'est affranchi de la relation « naturelle » à la nature apparaît le malthusianisme : puisque l'homme ne cherche plus à vivre en harmonie avec elle mais à la domestiquer, entre eux les désajustements seront désormais plus forts, et les réajustements plus brutaux. Il y a donc bien une continuité possible entre le sauvage, modifié, domestiqué, surexploité et disparu. Les écologues des services écosystémiques présentent volontiers l'agriculture intensive comme *fossil fuel subsidized*. La question économique ici est d'apprécier la productivité réelle des écosystèmes et celle des techniques qui permettent de les exploiter.

Bien en aval des harmonies de la nature, mais peut-être tout aussi ancienne, la notion d'*espèce utile* renvoie plutôt au domaine de l'agronomie et, s'il en existait des traces, nous accompagnerait peut-être jusqu'à la révolution néolithique. Sans nous prétendre historiens, nous pouvons retrouver ces notions à différents moments de la pensée et de l'éducation agricoles qui ont souvent opposé les espèces nuisibles, qui menacent les récoltes, aux espèces utiles qui les constituent, ou leur sont favorables. Les agronomes préfèrent aujourd'hui parler d'*espèces auxiliaires de l'agriculture*, peut-être pour éviter un vocabulaire trop manifestement manichéen[7], et l'enjeu de la protection intégrée est de favoriser ces espèces (par des actions sur le milieu environnant), afin que leur action bénéfique permette de limiter le recours à des intrants jugés problématiques.

Il existe une littérature abondante sur l'histoire de la protection de la nature et, comme le souligne Barnaud (1997), il n'est pas aisé de savoir si l'intérêt pour des sanctuaires de nature vierge, éléments de paysages spectaculaires ou pittoresques, décrits comme des équivalents de patrimoine artistique ou culturel, a précédé la préoccupation envers le maintien et l'amélioration de la qualité des habitats pertinents pour des espèces et des populations menacées. Si l'on écarte les réserves de chasse dont on trouve des traces depuis le haut Moyen Âge, la première réserve a avoir été créée semble être la portion de la forêt de Fontainebleau protégée en 1853 à l'initiative du mouvement des peintres de l'École de Barbizon, soucieux de préserver leur source d'inspiration. On pourrait aussi citer en France la protection, à la fin du XIXe siècle, du site du cirque de Gavarnie ou de la forêt de Paimpont, vestige de la mythique forêt de Brocéliande. Aux États-Unis, les premiers parcs nationaux, comme ceux de Yellowstone (1872), de Yosemite ou de Sequoia (1890), s'inscrivent dans cette perspective de préservation de paysages grandioses, de monuments naturels. Mais on peut suivre à rebours la trace de l'intérêt accordé à la préservation de ressources (autres que le gibier) jusqu'à l'ordonnance « sur le fait des eaux et forêts » imposée par Colbert en 1669, qui vise à conserver des ressources pour alimenter la création d'une marine royale. Blandin (2009) montre que les choix en matière de vocabulaire (protection, préservation, conservation, gestion) sont parfois lourds de sens.

À ce point, il n'est sans doute pas inutile de rappeler que l'idée de fonder les choix et la gestion des choses, naturelles ou pas, sur leur utilité a fait l'objet d'une pensée systématique qui trouve ses sources dans la philosophie du droit. Les arguments ont varié et évolué, mais la question de l'utilité de la nature se pose *a priori* dans des contextes où il s'agit de faire des choix, et où les différentes options envisagées impliquent des niveaux

---

7. Mais il est toujours question des « ravageurs » des cultures que les pesticides visent à éliminer ou à contrôler, de même que des « adventices ».

différents de conservation. L'idée de justifier des actions par leur utilité rejoint la doctrine éthique de l'utilitarisme.

La doctrine utilitariste

Initié à la fin du XVIIIe siècle par Jeremy Bentham, qui cherchait à fonder le droit sur d'autres sources que l'usage ou la coutume, l'utilitarisme se fixe comme objectif « le plus grand bonheur du plus grand nombre ». Il est donc une forme de conséquentialisme (les actions sont évaluées uniquement en fonction des conséquences escomptées) qui se distingue de la morale rationnelle (notamment kantienne). Il s'oppose également au concept du *droit naturel* et se veut au départ individualiste : l'utilitarisme veut émanciper l'*individu*. Le droit doit servir le bien, et éviter le mal. Il est un instrument et non un but en soi. Dans son *Introduction aux principes de la morale et de la législation*, Bentham (1789) affirme :

> « *Nature has placed mankind under the governance of two sovereign masters, pain and pleasure. It is for them alone to point out what we ought to do, as well as to determine what we shall do. On the one hand the standard of right and wrong, on the other the chain of causes and effects, are fastened to their throne. They govern us in all we do, in all we say, in all we think...*[8] »

Il propose une méthode pour évaluer le statut moral de toute action, qu'il appelle le « calcul hédoniste » ou *felicific calculus*. La mesure de l'utilité résulte d'une arithmétique « des plaisirs et des peines », qui peuvent être physiques ou spirituels. Le critère utilitariste préconise de choisir les options qui maximisent le surplus des plaisirs sur les peines, et il est divisé en sept catégories : intensité (un plaisir est d'autant plus utile qu'il est intense), durée (un plaisir est d'autant plus utile qu'il est long et durable), certitude (un plaisir est d'autant plus utile que l'on est assuré de sa réalisation), proximité (un plaisir immédiat est plus utile qu'un plaisir éloigné dans le futur), productivité ou fécondité (un plaisir est d'autant plus utile qu'il en entraîne d'autres), pureté (un plaisir est d'autant plus utile qu'il n'implique pas de souffrance), étendue (un plaisir est d'autant plus utile qu'un plus grand nombre en bénéficie). Ce dernier point souligne que l'utilitarisme fonde les choix sur le bien-être de tous, et non le bien-être du seul agent acteur.

L'utilitarisme sera plus tard révisé et étendu par Mill (1863) qui en fera un élément essentiel de la conception libérale des objectifs des politiques publiques. Mill s'est également attaché à distinguer des formes supérieures et inférieures de bonheur en s'appuyant sur l'argument que ceux qui avaient connu les deux formes préféraient la première (il donne davantage de poids au jugement des personnes les plus cultivées), mais il fonde aussi sa distinction sur le fait que certaines formes de bonheur tendent à profiter à un plus grand nombre que d'autres plaisirs, plus individuels. En matière de conservation de la nature, on retrouve cette voie de pensée dans le crédit accordé au jugement des experts ou, mieux encore, des comités d'expertise, jugés plus aptes que l'opinion — fût-elle exprimée dans un cadre démocratique — à orienter les décisions vers l'intérêt bien

---

8. « La Nature a placé l'humanité sous la gouvernance de deux maîtres : la douleur et le plaisir. Il leur revient et à eux seuls de déterminer ce qui doit être fait et comment. D'un côté, les notions de bien et de mal, de l'autre la chaîne des causes et des effets, sont attachées à leurs trônes. Ils nous gouvernent dans tout ce que nous faisons, disons, pensons... »

compris des populations. Mais les « experts » peuvent évidemment développer des argumentaires intégrant des considérations qui ne relèvent pas de l'utilitarisme, même étendu (voir par ex., Cafaro et Primack, 2014).

Il est désormais classique de reprocher à l'utilitarisme que le critère de maximisation de l'utilité ne soit sensible qu'à la somme des utilités, et pas à leur distribution entre les sujets concernés. L'utilitarisme souffrirait donc de l'absence d'une véritable théorie de la justice distributive. On peut noter avec Kelly (1990) que Bentham disposait d'une théorie de la justice qui lui permettait d'échapper à ces objections. Pour lui, le droit civil délimitait et sécurisait une sphère privée au sein de laquelle les sujets pouvaient former des anticipations et poursuivre leurs projets. Or divers arguments conduisent à penser que l'utilité dérivée de cette possibilité est bien supérieure à celle qui pourrait être retirée d'une analyse des effets distributifs et de politiques de redistribution. La critique conserve cependant une certaine portée, qu'on peut retrouver chez un ensemble d'auteurs comme John Rawls, Robert Nozick ou Amartya Sen, souvent qualifiés de *post-welfaristes* au sens où ils proposent des critères s'efforçant de dépasser la seule agrégation des utilités[9].

Dans le domaine des relations à la nature, le fait que l'évaluation économique de la nature entre en conflit avec les principes de la justice environnementale a récemment été analysé par Matulis (2014), qui considère que parmi les raisons qui motivent l'opposition à l'évaluation monétaire de la nature, les enjeux de justice sont sans doute plus forts que le débat, davantage médiatisé, entre valeurs économiques et valeurs culturelles.

Utilité et valeur économique de la nature

Certains économistes se sont confrontés depuis assez longtemps au constat qu'une conception trop simple de la philosophie utilitariste était en contradiction avec le sens de leur discipline, souvent définie après Robbins (2007) comme la science qui étudie le comportement humain en tant que relation entre des fins et des moyens rares ayant des usages alternatifs. Les « fins » ne peuvent se limiter à maximiser des actifs monétaires, et le bien-être humain dépend de bien autre chose que de la satisfaction retirée de la consommation immédiate. On ne peut brosser ici un panorama de l'histoire de la pensée économique, mais on peut en rappeler quelques étapes.

On sait que l'école physiocrate plaçait la nature à l'origine de toute valeur économique, qualifiant de « stériles » les classes sociales dont l'activité ne consistait qu'à transformer, pour les adapter à nos besoins, les valeurs produites par la nature (certes domestiquée par les fermiers). Comme le rappelle Mark Sagoff (2005), la valeur économique de la nature était pourtant considérée comme peu significative par John Locke[10]

---

9. Certains auteurs distinguent le *welfarisme* de l'*utilitarisme*. L'utilitarisme raisonne sur une simple addition des utilités (supposant donc une approche cardinale), alors que le welfarisme accepte d'autres formes d'agrégation, par exemple en surpondérant le bien-être de catégories bénéficiant d'une attention particulière (les plus défavorisés, les plus fragiles, etc.). Pour d'autres, le welfarisme désigne le fondement conceptuel de l'État-providence (forme de l'État qui se dote de compétences élargies lui permettant d'assurer un ensemble de fonctions sociales et de formes de redistribution), et les auteurs qui s'efforcent de dépasser l'agrégation des utilités comme fondement de l'action publique sont qualifiés de *post-welfaristes*.
10. John Locke (1632-1704) était un philosophe anglais. Sa théorie politique est l'une de celles qui fondèrent le libéralisme et la notion d'État de droit.

qui, presque un siècle avant Adam Smith[11], considérait que l'homme avait l'obligation spirituelle et morale de respecter et de préserver la nature — création divine — indépendamment de ses (faibles) contributions économiques.

Les économistes classiques ont introduit la distinction entre *valeur d'échange* et *valeur d'usage*. La valeur d'échange est le taux auquel les marchandises doivent être échangées les unes contre les autres (à l'origine de la théorie de la valeur-travail chez les classiques), ou leur prix quand la transaction implique la monnaie. La valeur d'usage est liée à la nature et à la quantité des biens, et renvoie à leur utilité pour leur bénéficiaire[12], utilité qui dépend de son identité, de ses besoins et de ses connaissances ; ce que les économistes traduisent par la notion de *préférences*. Pour les écosystèmes et l'environnement naturel, on distingue une valeur d'usage *direct* pour les usages impliquant une interaction directe avec ces éléments, et une valeur d'usage *indirect* qui correspond aux avantages dérivés des fonctions écologiques, recouvrant assez largement ce que le MEA a qualifié de « services de régulation ». Mais les valeurs d'usage récréatif, esthétique, voire même scientifique sont des valeurs d'usage réel direct ; ce qui n'implique ni que cet usage soit immédiat, ni que ces usages fassent l'objet d'échanges marchands, ni même qu'ils soient marchandisables. On doit donc introduire ici les notions de *bien public* (pour les situations de non-exclusion et de non-rivalité d'usage) et d'*externalité*, qui caractérise le fait que l'activité d'un agent ait un impact sur d'autres agents sans faire l'objet d'une compensation.

Au début des années 1960, répondant à l'apologie du libéralisme défendu par Friedman (1962) qui présentait les parcs nationaux comme des entreprises dont les pertes s'expliquaient par une mauvaise allocation des ressources, Weisbrod (1964) introduit l'idée que la préservation d'options futures de choix a une valeur en soi, qui peut s'interpréter comme un consentement à payer pour se garantir la possibilité de pouvoir visiter le parc dans le futur[13]. Il nomme cette valeur la *valeur d'option*. Cette notion est aujourd'hui séparée en deux concepts : une valeur dite *statique*, car elle reflète le prix d'un mécanisme d'assurance, et une valeur dite *dynamique*, à la base de la théorie des options réelles en finance, qui traduit le fait que, avec le temps, les agents bénéficient d'une meilleure information et feront ainsi de meilleurs choix. Dans ce dernier cas, la

---

11. Adam Smith a écrit le fameux « *nature does nothing; man does it all* ». Cette idée sera largement reprise par les Classiques qui considèrent que la valeur des ressources naturelles ne reflète que la peine que les hommes ont pris à les rendre disponibles et, de ce fait, utiles.

12. On doit préciser ici une ambiguïté. La notion d'*utilité* mobilisée par la théorie économique de la valeur est une notion individuelle, alors que la doctrine utilitariste se réfère à l'utilité pour l'ensemble de la société (voire des êtres sensibles). Cette différence est évidemment importante, et sa conséquence est que la théorie économique de la valeur moderne est une théorie positive : elle décrit les conditions pour que le système de prix, en arbitrant entre les utilités individuelles, alloue efficacement les ressources (voir Figuières et Salles, 2014). Concernant la nature ou la biodiversité, qui sont largement non appropriées, le débat se situe ici dans une perspective d'évaluation sociale à visée normative, et c'est donc au bien-être social que se réfère la suite de notre discussion.

13. Weisbrod accepte l'hypothèse — peu réaliste, mais importante pour bien comprendre l'argument — que le gestionnaire du parc peut agir comme un monopole discriminant, et tarifer à chaque usager du parc (visiteur, observateur, etc.) la totalité de la valeur (du consentement à payer) qu'il en retire. Si même ainsi, il ne peut couvrir ses coûts (y compris les coûts d'opportunité de l'espace qui pourrait être alloué à d'autres usages, notamment productifs), alors la rationalité financière (implicitement défendue par Friedman) conduit à fermer le parc et à allouer l'espace aux usages les plus avantageux.

valeur d'option peut donc être interprétée comme une mesure de la valeur de l'amélioration espérée de l'information.

Une étape importante de cette évolution conceptuelle est marquée par l'article de Krutilla (1967) qui propose de reconsidérer la question de la conservation de la nature en élargissant la conception économique de sa valeur à deux autres considérations : la satisfaction de léguer à nos descendants des écosystèmes en bon état (la *valeur de legs*) d'une part, et d'autre part ce qu'il qualifie de « valeur sentimentale » et qui reste désigné dans l'analyse économique comme *valeur d'existence* ; c'est-à-dire la valeur accordée à des actifs en dehors de toute perspective d'usage, présente ou future. On peut noter que Krutilla ne fait pas référence à la « nature », mais essentiellement à deux de ses attributs : les opportunités qu'elle offre aux consommateurs d'activités récréatives de plein air (*outdoor recreation*) et le maintien de « la plus grande diversité biologique » (le néologisme de *biodiversité* n'existait pas alors), dans lequel il voit avant tout — davantage que les « valeurs sentimentales », qui ne sont qu'évoquée — une opportunité pour la recherche scientifique et les objectifs éducatifs (voir Meinard et Quétier, 2014). L'article se conclut par ces mots :

> « *We need a policy and a mechanism to ensure that all natural areas peculiarly suited for specialized recreation uses receive consideration for such uses. A policy of this kind would be consistent both with maintaining the greatest biological diversity for scientific research and educational purposes and with providing the widest choice for consumers of outdoor recreation.*[14] » (p. 786)

Ces notions ont depuis été intégrées dans la catégorie des *valeurs de non-usage,* dénomination assez provocante favorisant un élargissement des valeurs d'usage et qui reste controversée (Cicchetti et Wilde, 1992 ; Kahneman et Knetsch, 1992 ; Cummings et Harrison, 1995) ; mais elles font désormais partie de la panoplie classique des concepts présentés dans les manuels d'évaluation économique des actifs non marchands.

La distinction entre *valeurs de non-usage* et *valeurs intrinsèques* reste une source d'ambiguïtés dans de nombreux textes (voir Thompson, 2010). Un premier niveau de clarification peut résider dans le fait que les valeurs de non-usage sont liées à une éthique anthropocentrée, alors que les valeurs intrinsèques ne le sont pas. Du point de vue du sujet qui invoque ces valeurs, l'ambiguïté se résout en distinguant la perspective anthropocentrée du constat que ses valeurs sont nécessairement anthropogènes. On pourrait considérer ici que les valeurs de non-usage sont le reflet, dans le cadre utilitariste, de valeurs intrinsèques qui ne peuvent être utilitaristes, mais que les individus mobilisent lorsqu'ils doivent faire un arbitrage entre des intérêts contradictoires.

Utilité, prix et dignité

Maris (2010) a choisi d'introduire sa *Philosophie de la biodiversité* par une proposition simple : « À ceux qui demandent "pourquoi protéger la biodiversité", il faudrait répondre "pourquoi la détruire ?" ». Les réponses habituellement apportées à cette ques-

---

14. « Nous avons besoin de règles et de mécanismes qui garantissent que toutes les zones naturelles particulièrement adaptées à des pratiques récréatives spécialisées soient considérées pour de tels usages. Une politique de cette nature serait adéquate pour le maintien d'une plus grande biodiversité pour la recherche scientifique et l'éducation, tout en proposant un large choix pour les amateurs des activités de plein air. »

tion sont les raisons classiquement invoquées en faveur des politiques de développement économique. Or, les actions humaines, d'autant plus qu'elles résultent de choix et de choix impliquant le niveau collectif, se fondent au moins partiellement sur des valeurs[15] qui permettent de fonder des hiérarchies et de justifier les actions.

La notion de valeur est mobilisée par de très nombreux cadres conceptuels. Parmi les multiples lignes de partage, on peut retenir l'opposition opérée par Kant (1785) entre *prix* et *dignité* : « Dans le règne des fins, tout a un prix ou une dignité. Ce qui a un prix peut tout aussi bien être remplacé par quelque chose d'autre à titre d'équivalent. Au contraire, ce qui est supérieur à tout prix, ce qui par suite n'admet pas d'équivalent, c'est ce qui a une dignité. » Cette opposition, pour claire qu'elle paraisse, n'implique pas que dans les situations concrètes les personnes soient toujours capables de situer la frontière de ce qui peut être mis en équivalence. Il ne s'agit pas ici de discuter de la qualité de l'information (incertitudes, controverses, réversibilité) nécessaire pour permettre la mise en équivalence sous-jacente à la monétisation, mais bien de reconnaître l'existence d'une frontière éthique.

Pour les relations nature-société, ces valeurs et leurs fondements ont été longuement analysées dans le cadre des éthiques environnementales, qui discutent notamment de ce à quoi peut être assignée une valeur intrinsèque : les seuls humains, l'ensemble des êtres sensibles, toute la « communauté biotique » (Leopold, 1949). On ne peut évoquer en quelques phrases des débats complexes au sein desquels les lignes d'affrontement sont en mouvement. On peut cependant mentionner ici qu'un auteur aussi important que Peter Singer, auteur d'*Animal Liberation* (1975), se situe dans une optique clairement utilitariste (pour une clarification récente, voir Singer, 2011). L'utilitarisme est d'ailleurs désormais souvent défini en référence à l'ensemble des êtres sensibles, la sensibilité étant un prérequis pour manifester des préférences.

En pratique, ces valeurs non utilitaristes s'expriment dans la société et en particulier :
– au niveau individuel, par des intuitions qui se traduisent par un sentiment de respect qui se révèle, par exemple, dans des comportements volontaires d'autolimitation (qui peuvent d'ailleurs aller au-delà de ce que le jugement expert validerait) ;
– au niveau collectif, par le fait que le droit dans ses multiples formes (Constitution, lois, règlements, etc.) protège des espaces ou des espèces sans référence à une quelconque utilité, par exemple en exigeant le maintien ou la restauration d'un « bon état écologique[16] ».

En droit international, les premières conventions internationales (Convention pour la protection de la faune sauvage en Afrique, en 1900 ; Convention de Paris pour la protection des oiseaux utiles à l'agriculture, en 1902 ; Convention internationale pour la

---

15. « Les valeurs jouent un rôle primordial dans les systèmes comportant des actions humaines, car les agents humains eux-mêmes, les gens, déterminent en partie au moins leurs comportements en s'appuyant sur des valeurs. » (Meinard, 2014.)

16. On doit d'ailleurs souligner que cette exigence laisse de nombreux écologues perplexes car, s'il est possible d'identifier un écosystème perturbé, la notion de « bon état écologique », malgré la référence pragmatique à l'historique des perturbations humaines et à des hypothèses sur le fonctionnement à l'état non perturbé, apparaît comme un objectif sociopolitique. Il est considéré comme réalisé lorsque la demande de conservation est satisfaite et que les impacts résiduels sont jugés supportables. Compte tenu de l'incomplétude de l'information nécessaire et de la complexité du processus d'arbitrage, c'est une négociation. Un commentaire équivalent peut d'ailleurs être consacré à la maximisation de l'utilité, dont les évaluations ne fournissent qu'une appréciation controversée.

réglementation de la chasse à la baleine, en 1946) sont clairement utilitaristes. Après les années 1950, cette utilité est conçue de manière élargie, soulignant, à côté des avantages économiques, sociaux et récréatifs, l'utilité scientifique, entendue à la fois comme la mesure du rôle joué dans les écosystèmes et de l'importance représentée pour les travaux scientifiques. On observe ainsi que dans la Convention de Paris pour la protection des oiseaux de 1950, la distinction entre espèces « utiles » et « nuisibles » disparaît : toutes les espèces sont reconnues avoir une utilité (pour qui ?). La convention de Ramsar relative aux zones humides d'importance internationale (1971) apprécie cette « importance » « au point du vue écologique, botanique, zoologique, limnologique ou hydrologique ». Plusieurs textes traduisent explicitement la reconnaissance d'une valeur intrinsèque, comme la convention de Berne (1979) relative à la conservation de la vie sauvage et du milieu naturel en Europe, ou la Charte mondiale de la nature (1982) qui rejette toute subordination de la nature à l'homme, qui doit se référer à un code moral. Mais la Charte fait figure d'exception et, ailleurs, la référence à une valeur intrinsèque apparaît systématiquement comme un surcroît de justification, en plus du caractère utile. Comme le souligne Maljean-Dubois (2015), l'intrinsèque par lui-même ne semble pas porteur de conséquences juridiques particulières. Si le plan stratégique 2011-2020 de la CDB tend à hiérarchiser les objectifs en donnant la priorité aux considérations utilitaires, en général, les États refusent de hiérarchiser, et les textes mentionnent des listes de valeurs[17], plus ou moins utilitaires, mais dépourvues de subordination[18] entre elles.

À l'échelle nationale, les politiques publiques cherchent d'ailleurs à mobiliser des valeurs dites « tutélaires », qui visent à dépasser la seule estimation des valeurs économiques pour intégrer, comme guide et justification de l'action publique, l'ensemble des enjeux à prendre en considération (de Palma et Fontan, 2001 ; Quinet, 2009). La notion de *bien tutélaire* renvoie en effet à des biens pour lesquels il est admis que les préférences des agents, soit ne peuvent s'observer du fait que le dispositif institutionnel ne le permet pas (biens publics, absence de marché) ; soit, de façon plus subtile, ne correspondent pas à la réalité de leurs intérêts (comme pour la consommation de drogues créant des dépendances[19]). La seconde explication revêt une importance particulière pour les relations à la nature ou à la biodiversité, pour lesquelles les valeurs non utilitaires renvoient à un ordre différent de préférences, qui ne sont pas celles d'un consommateur, mais celles d'un citoyen, éventuellement engagé dans une réflexion sur le rapport que la société dans laquelle il souhaite vivre entretient avec la nature. En outre, on ne peut faire l'hypothèse que les agents ont une connaissance complète des enjeux liés à ces relations.

Utilité et connaissance

Les catégories de *ressources naturelles* et même de *milieux naturels* ont traduit depuis longtemps ce rapport utilitaire à la nature. La notion d'*environnement*, encore

---

17. En revanche, les conventions rejettent toute conception patrimoniale (notamment la CDB, pour laquelle la biodiversité n'est pas un patrimoine commun de l'humanité) qui soulèverait la question du titulaire de ce patrimoine, et donc créerait une source inextricable de contentieux.

18. L'ensemble de ce paragraphe reprend des éléments tirés de la conférence tenue par Maljean-Dubois au séminaire des Treilles sur les valeurs de la biodiversité, en septembre 2014.

19. On s'autorisera ici une comparaison avec la dépendance de nos économies à la croissance qui, du fait de multiples rigidités, apparaît comme la seule solution pour « dégager des marges de manœuvre ».

qualifiée d'« environnement humain » dans l'intitulé de la Conférence des Nations unies à Stockholm en 1972, a introduit l'idée d'une relation plus complexe entre des sociétés qui ont conscience que l'homme appartient à la nature, à la biodiversité, et une nature qui n'est plus naturelle, car partout plus ou moins anthropisée. Les débats actuels sur la valeur de la biodiversité et les services écosystémiques traduisent un retour à l'instrumentalisation de la nature. Et beaucoup de critiques adressées à ces notions reposent fondamentalement sur l'idée que nous ne sommes pas capables de répondre aux questions qu'elles soulèvent (Barnaud et Antona, 2014).

Même s'il est clair que la biodiversité n'est pas qu'une collection d'espèces, mais doit au contraire être appréhendée en termes de processus, d'interdépendances ou de fonctionnement, le vieux débat sur le nombre d'espèces, présent ou futur (May, 1988 ; May et Berverton, 1990 ; Erwin, 1991 ; Reid, 1992) est sous-jacent à tous les débats relatifs aux relations biodiversité-fonctions-production ou diversité-stabilité. Que l'on parte d'une hypothèse d'optimalité du nombre d'espèces en opérant un lien causal entre ce nombre et les fonctionnalités, ou d'une hypothèse de partition des ressources faisant du nombre d'espèces une fonction des ressources disponibles et des modalités de partitionnement de ces ressources entre les espèces, la question de l'utilité de la biodiversité ne se pose pas dans les mêmes termes.

Même si elle déborde la question de la biodiversité, on retrouve également ici la question posée par la notion de *capital naturel critique* (Ekins, 2003 ; Ekins *et al.*, 2003 ; Chiesura et De Groot, 2003 ; Brand, 2009), et plus généralement par les débats sur les conceptions « faibles » ou « fortes » de l'exigence de soutenabilité (Neumayer, 2003). La question de la fonctionnalité de la nature est encore un objet de recherche, et on pourrait mentionner ici le débat sur les espèces rares, qui peuvent jouer un rôle important dans la structuration des écosystèmes. Réciproquement, la question de leur conservation est débattue, au motif qu'elle mobilise des ressources importantes alors qu'elles sont peutêtre irréversiblement perdues, et que l'effort de conservation pourrait être plus orienté vers des espèces moins menacées, mais dont les perspectives de survie à long terme sont meilleures[20]. Ce cas est une invitation supplémentaire à ne pas aborder la question de l'utilité à la légère dans un contexte de dégradation accélérée des écosystèmes.

Parmi les critiques adressées à la notion de *services écosystémiques*, on trouve l'ambiguïté relative à leur utilité réelle. Il ne suffit pas en effet qu'un service soit potentiellement disponible pour qu'il soit utilisé, ou même reconnu comme utile. Les services rendus par les écosystèmes à la production agricole sont connus depuis longtemps, mais ont parfois été marginalisés au motif qu'ils seraient moins fiables que le recours à des intrants industriels. Et leur évaluation économique reste logiquement contingente de leur rareté au sens économique du terme, c'est-à-dire de la difficulté plus ou moins grande de leur trouver des substituts. La question de leur évaluation a inévitablement soulevé la possibilité que leur valeur nette soit négative, et ainsi suscité l'émergence de la notion (elle aussi controversée) de *disservice* (Zhang *et al.*, 2007 ; Lyytimäki *et al.*, 2008, 2009 ; Dunn, 2010), opérant ainsi un retour indirect à la vieille opposition

---

20. Les mêmes interrogations s'appliquent aux espèces emblématiques qui peuvent mobiliser des ressources parfois considérables, alors que leurs rôles dans les écosystèmes ne sont pas nécessairement importants et que la réalité de leurs interactions avec les populations humaines peut être extrêmement limitée. Cela soulève la question de la perception de ces enjeux par les sociétés, et des processus par lesquels se forment les préférences en matière de nature, et le rôle qu'y a joué la notion de *biodiversité* (Meinard et Quétier, 2014).

utile-nuisible. La notion de *services écosystémiques* est assurément utile en tant que métaphore de l'importance de la contribution des écosystèmes au bien-être (Blaikie et Jeanrenaud, 1997 ; Daily, 1997). Mais plusieurs auteurs (Norton, 1992 ; Noorgard, 2010) ont attiré l'attention sur les limites de nos connaissances et les risques qu'une relation trop directement utilitaire aux écosystèmes ne conduise à faire des choix compromettant le fonctionnement à moyen terme de ces systèmes complexes, et dont tous les mécanismes ne sont pas élucidés à ce jour.

Faith et ses collègues (2010) ont ainsi proposé la notion de *service évo-systémique* pour traduire, en jouant sur le langage, l'idée que l'un des services les plus importants rendus par les écosystèmes est d'être les lieux où se poursuit la dynamique du vivant. Dans un contexte de changement global, et notamment climatique, la notion de *services d'adaptation* a été créée pour aborder le rôle des écosystèmes dans la capacité des sociétés humaines à s'adapter à ces changements (Lavorel *et al.*, 2015). Même dans une perspective utilitariste, ces idées méritent l'attention, car elles posent la question de la survie à terme de l'espèce humaine dont la dépendance au fonctionnement, sans cesse changeant, de multiples écosystèmes est à la fois évidente et encore imparfaitement comprise[21]. Mais, s'agissant de guider ou de justifier des choix, les limites des connaissances sont un problème réel, qui apparaît comme un obstacle peut-être plus grand encore lorsqu'on cesse de se référer à l'utilité.

Utilité et décision

La protection de la nature se concrétise fréquemment par la mise en place de réserves dotées de différents statuts, mais qui prônent sinon une interdiction totale des activités humaines, tout au moins une forte prise en compte d'exigences de conservation. Au-delà du constat que la création de nouvelles réserves reste très contingente des opportunités et des enthousiasmes qui les suscitent, sur quels principes doit-on sélectionner les réserves de nature protégée ? L'ouvrage de Reid et Miller (1989) avait souligné que le passage de la protection d'espèces menacées et d'écosystèmes remarquables (en fait, « remarqués ») à une problématique de conservation de la biodiversité soulevait de multiples problèmes (quelles priorités définir, quelle taille pertinente retenir pour les réserves, etc.), sur lesquels les scientifiques ne pouvaient apporter que des connaissances fractionnaires.

Pour dépasser les simples mesures de richesse spécifique ou les indicateurs combinant ce dénombrement et des mesures d'abondance, Vane-Wright et ses collègues (1991) ont suggéré, dans un article dont le titre évoque « l'agonie du choix », d'introduire des mesures reflétant les classifications cladistique et les dissemblances taxonomiques. Prolongeant cette perspective, Weitzman (1992, 1993, 1998) a proposé une démarche conçue pour mettre en œuvre rationnellement un critère de classement de la forme : $R_i = \left(D_i + U_i \right) \times \left(P_i / C_i \right)$, où U_i représente l'utilité directe ou la valeur subjective attribuée à l'unité i, et D_i est une mesure de la dissemblance de l'unité i avec le reste de la biodiversité existante, définie par sa différence ou distance à l'entité qui lui ressemble le plus ; ΔP_i est l'augmentation de la probabilité de survie de l'unité i (qualifiée d'« espèce »

---

21. Un exemple frappant est celui de notre flore intestinale, qui conditionne très directement notre vie et parfois notre survie, qui peut être profondément affectée par notre environnement, et dont nous n'avons qu'une connaissance très incomplète, alors qu'elle est si proche de nous (Bœuf, 2014).

en précisant qu'il peut s'agir de toute entité biologique) pour un coût C_i. La formalisation en deux attributs distincts de l'intérêt de conserver l'unité i traduisait bien la dualité entre l'intérêt subjectif porté aux éléments de biodiversité par les agents-citoyens et leur importance objective telle que pourraient la définir des experts ; mais l'auteur devait demander au lecteur d'imaginer que ces deux grandeurs sont additives. Si ce critère peut être mesuré pour chaque option de choix, le décideur public doit alors classer les projets par R_i décroissant, et les financer jusqu'à épuisement du budget[22].

Pressey et ses collègues (1993) ont suggéré que la sélection des sites de protection devrait satisfaire trois critères : leur complémentarité, leur flexibilité et leur caractère irremplaçable. En pratique, les réseaux existants de sites protégés ont été définis sans optimisation, par des autorités imparfaitement coordonnées, et concernent un ensemble de sites particulièrement riches en biodiversité. Myers et ses collègues (2000) ont ainsi identifié un ensemble de *hotspots* pour en faire la base d'une stratégie globale de conservation. Une démarche alternative (*greedy algorithm*) consiste à sélectionner en premier lieu le site le plus riche, puis le site apportant la plus grande richesse complémentaire de celle du premier site, et ainsi de suite. Polasky et Solow (1999) ont montré que la politique des *hotspots* ne maximise pas la diversité, car elle ne prend pas en compte la complémentarité entre les sites ; et la solution algorithmique, bien que plus performante, n'est pas optimale, car elle ne permet pas de retirer un site dont la contribution deviendrait moindre du fait que ses apports sont finalement présents dans les sites suivants. Les approches par la maximisation de couverture du nombre d'espèces conduisent à choisir des réseaux de sites couvrant des ensembles de sites diversifiés, abritant un large ensemble d'espèces très différentes (Church *et al.*, 1996 ; Possingham *et al.*, 2000 ; Cabeza et Moilanen, 2001 ; Polasky *et al.*, 2005 ; Moilanen, 2007). La pertinence du critère de maximisation du nombre d'espèces, plus ou moins différenciées, n'est pas questionnée ici (Aulong *et al.*, 2006).

Les ressources affectées à la conservation étant limitées, plusieurs travaux ont montré que pour un budget donné, la couverture est plus large (symétriquement, un objectif fixé de conservation peut être atteint pour un moindre coût) si on prend en compte l'hétérogénéité spatiale des coûts liés à l'intégration des sites dans le réseau (Ando *et al.*, 1998 ; Naidoo *et al.*, 2006), en protégeant des sites de moindre intérêt individuel, mais en plus grand nombre. Aucune analyse publiée n'a simultanément introduit de l'hétérogénéité dans les coûts de la mise en réserve et dans la valeur des sites préservés, autrement que par leur contenu en espèces. Dans une perspective dynamique, Costello et Polasky (2004) ont mis en évidence l'importance de la prise en compte des menaces, sous la forme de probabilité de conversion des terres, dans les décisions séquentielles de mise en réserve.

---

22. L'intérêt théorique de cette approche a bien été perçu par la communauté scientifique, mais sa portée pratique est évidemment limitée par la qualité des informations requises. Les U_i peuvent être estimées avec les méthodes d'évaluation des actifs non marchands, mais les D_i sont des mesures objectives qui peuvent être approchées par des méthodes de génétique moléculaire (Weitzman, 1993) ou à partir d'un proxy, comme le caractère unique de l'espèce dans son genre ou sa place dans la taxonomie, utilisés pour analyser l'efficacité de l'allocation des budgets dans le cadre de l'*Endangered Species Act* (Metrick et Weitzman, 1998). Cette approche concernait *a priori* la protection des espèces ; par extension, elle a été adaptée à la diversité fonctionnelle (Weikard, 2002), mais la perte et la dégradation des habitats étant considérées comme la principale menace pour la biodiversité, les stratégies de conservation se sont largement structurées autour de la préservation des habitats.

En pratique, et quel que soit le processus de sélection retenu, une difficulté persiste en amont, qui concerne la capacité à élaborer une mesure pertinente de l'intérêt de préserver (Tear *et al.*, 2005). Dès lors que l'on veut éviter la référence exclusive à l'utilité et que les indices de biodiversité paraissent des approches trop sensibles aux *a priori* du modélisateur, l'analyse doit se diriger vers une approche multicritère. Tous les critères pertinents ne se prêtant pas à une stricte mesure scientifique, le jugement d'experts devient la base des évaluations, et l'agrégation des jugements conduit aux approches dites de *scoring* (Pressey et Nicholls, 1989). Les méthodes de *scoring* ont été largement utilisées, en remobilisant parfois certains des critères précédemment mentionnés, y compris ceux intégrant les coûts d'opportunité de la protection. On peut imaginer d'y intégrer des considérations relatives aux impacts sur le bien-être.

Nous évoquerons, pour finir, le cas des espèces invasives, qui donne semble-t-il lieu à un débat très intense (Tassin, 2014). Plusieurs études empiriques ont montré l'importance des enjeux liés à ces espèces (Born *et al.*, 2005 ; Pimentel *et al.*, 2005). Alors que l'écologie considère les écosystèmes comme des systèmes dynamiques et malgré l'impossibilité de caractériser des équilibres stables, la plupart des analyses postulent que la finalité des politiques est de lutter contre les espèces invasives et de restaurer les états initiaux, bien que cet objectif ne soit pas toujours réaliste ou souhaitable (Leung *et al.*, 2002 ; Perrings *et al.*, 2002 ; Sims et Finnoff, 2013). La notion très controversée de *novel ecosystems* (Hobbs *et al.*, 2006, 2009) reflète le refus de certains écologues de porter un jugement de valeur sur les transformations provoquées par l'impact des activités humaines sur la dynamique des écosystèmes. Mais, même si l'on se place dans cette position d'ouverture — qui choque une grande partie de la communauté des écologues (Murcia *et al.*, 2014) — la question de la gestion des écosystèmes et de la biodiversité n'est pas pour autant résolue (Seastedt *et al.*, 2008), sauf à considérer avec certains auteurs (Kareiva *et al.*, 2007) que l'utilité de la nature est le seul critère disponible et qu'il faut aller plus loin encore dans l'idée de transformer la nature pour l'adapter à nos besoins (Mace, 2014). Ce qui fait figure de fausse solution, car nous sommes ainsi renvoyés à un débat ancien portant sur la définition de ces besoins. Il s'agit évidemment d'une position jugée radicale par de nombreux auteurs (voir par ex., Simberloff *et al.*, 2013), et qui se distingue du débat plus pragmatique consacré à la possibilité de conjuguer des objectifs de conservation avec la satisfaction de besoins humains (Wilshusen *et al.*, 2002 ; Brechin *et al.*, 2002, 2003 ; Adams *et al.*, 2004).

Pour conclure

Il y a trente ans de cela, Wilson[23] (1984) utilisait le néologisme *biophilia* pour décrire ce qu'il considérait comme une affinité innée de l'humanité pour le monde naturel et le fondement possible d'une éthique de la conservation, car traduisant la perception que les humains ont un besoin de nature. On ne se hasardera pas ici à porter un jugement sur la validité de cette analyse qui a déjà fait couler beaucoup d'encre. On peut cependant mentionner les ouvrages d'Ulrich (1993), qui met en balance l'ambivalence de notre relation à la nature, ou celui de Terrasson (1997), qui défend l'hypothèse qu'est inscrite

---

23. Le même auteur considérait avec pragmatisme que la puissance des arguments économiques en faveur de la protection de la nature ne pouvait se substituer à la responsabilité morale des humains (Wilson, 2002).

en nous une peur de la nature dans laquelle il voit une cause essentielle de l'acharnement avec lequel nous la détruisons. La compréhension de nos pulsions et de nos biais comportementaux est sans doute un élément important dans la conception de politiques de conservation qui doivent éviter d'affronter naïvement des comportements passionnels. Nous préférons conclure ce chapitre sur des éléments de rationalisation de nos décisions en matière de protection de la nature, qui devront nécessairement composer avec les limites de notre compréhension du fonctionnement des écosystèmes (Norgaard, 2010 ; Sarrazin et Lecomte, 2014). La référence à une *nature naturelle* ne peut sans doute pas nous guider. L'utilité de la biodiversité est à la fois évidente, et implique davantage de savoirs que ceux dont nous disposons, alors que des choix sont devenus inévitables. L'approche de la précaution, intégrant les connaissances disponibles ou anticipées, et les éléments acquis d'une approche encore débattue, peut sans doute fournir le cadre conceptuel dans lequel doit se poursuivre le débat, mais surtout doivent se prendre les décisions qui ne peuvent attendre (Godard *et al.*, 2002 ; Aslaksen et Ingeborg, 2007 ; Jackson, 2009 ; Weber, 2009).

Au final, le débat relancé[24] par Rockström et ses collègues (2009a et b), avec la notion de *safe operating space for humanity*[25], nous offre peut-être un cadre intellectuel pour pondérer les critères de choix : selon où l'on estime se situer en termes de « criticité », le poids de la référence utilitaire (ou non) pourrait être très différent. Si le jugement est que la pression sur les écosystèmes doit être allégée (Chan *et al.*, 2006 ; Perrings *et al.*, 2009), ce cadre, seul, ne permet cependant pas de hiérarchiser, de choisir quelles options de développement doivent être abandonnées. On retrouve ainsi l'une des interrogations centrales des débats sur la décroissance (Kallis, 2011 ; Martínez-Alier *et al.*, 2010 ; Schneider *et al.*, 2010 ; Van den Bergh, 2011), implicite chez les théoriciens de l'état stationnaire (Mill, 1848 ; Daly, 1991), et que l'analyse économique résout précisément par la référence à la comparaison des utilités subjectives. Comme le notent les analyses plus politiques (Fournier, 2008 ; Latouche, 2009 ; Alexander, 2012), la décroissance implique une limitation volontaire de nos consommations, seule voie permettant d'échapper à l'économie qui fait de l'utilité l'arbitre des raretés. Hors de cette utopie, la nécessité de faire des choix est confrontée au constat que le cadre normatif permettant de les légitimer reste débattu. La question des institutions et des procédures permettant de mobiliser ce(s) cadre(s) avec discernement reste assurément ouverte.

Références

Adams W.M., Aveling R., Brockington D., Dickson B., Elliott J., Hutton J., Roe D., Vira B., Wolmer W., 2004. Biodiversity conservation and the eradication of poverty. *Science*, 306 (5699), 1146-1149.

Alexander S., 2012. Degrowth implies voluntary simplicity: Overcoming barriers to sustainable consumption. *Simplicity Institute Report*, 12, 1-17.

Ando A., Camm J., Polasky S., Solow A., 1998. Species distributions, land values, and efficient conservation. *Science*, 279 (5359), 2126-2128.

---

24. Il prolonge sur la base d'une compréhension largement améliorée, notamment à la lumière de la notion de *résilience*, les débats sur les limites à la croissance des années 1970 (Meadows *et al.*, 1972 ; 2004).
25. Littéralement : « espace sûr pour l'humanité ».

Aslaksen I., Ingeborg Myhr A., 2007. "The worth of a wildflower": Precautionary perspectives on the environmental risk of GMOs. *Ecological Economics*, 60 (3), 489-497.

Aulong S., Erdlenbruch K., Figuières C., 2006. Un tour d'horizon des critères d'évaluation de la diversité biologique. *Économie publique*, 16 (1), 3-46.

Barles S., 2007. Undesired nature: Animal as a resource and a nuisance, 19th century Paris / La nature indésirable : L'animal, ressource et nuisance urbaines, Paris, XIXe siècle. *In : Urban Europe in Comparative Perspective* (L. Nilsson, ed.), Institute of Urban History, Stockholm, Suède, 1-6.

Barnaud G., 1997. Conservation des zones humides : Concepts et méthodes appliqués à leur caractérisation, thèse de doctorat de l'Université de Rennes 1, 451 p.

Barnaud C., Antona M., 2014. Deconstructing ecosystem services: Uncertainties and controversies around a socially constructed concept. *Geoforum*, 56, 113-123.

Bentham J., 1789. *An Introduction to the Principles of Morals and Legislation*, T. Payne and Son, Londres, UK.

Blaikie P., Jeanrenaud S., 1997. Biodiversity and human welfare. *In : Social Change and Conservation* (K. Ghimire, M.P. Pimbert, eds.), Earthscan, Londres, UK, 46-71.

Blandin P., 2009. *De la protection de la nature au pilotage de la biodiversité*, coll. Sciences en questions, Quæ, Versailles, 124 p.

Bœuf G., 2014. *La Biodiversité, de l'océan à la cité*, coll. Collège de France, Leçons inaugurales, Fayard, Paris, 84 p.

Born W., Rauschmayer F., Bräuer I., 2005. Economic evaluation of biological invasions: A survey. *Ecological Economics*, 55 (3), 321-336.

Brand F., 2009. Critical natural capital revisited: Ecological resilience and sustainable development. *Ecological Economics*, 68 (3), 605-612.

Brechin S.R., Fortwangler C.L., Wilshusen P.R., West P.C., eds., 2003. *Contested Nature: Promoting International Biodiversity with Social Justice in the Twenty-First Century*, Suny Press, New-York, USA.

Brechin S.R., Wilshusen P.R., Fortwangler C.L., West P.C., 2002. Beyond the square wheel: Toward a more comprehensive understanding of biodiversity conservation as social and political process. *Society and Natural Resources*, 15 (1), 41-64.

Buffon G.L. Leclerc, comte de, 1764. *De la Nature : Première vue. Histoire générale et particulière*, Imprimerie royale, Paris, 603 p.

Cabeza M., Moilanen A., 2001. Design of reserve networks and the persistence of biodiversity. *Trends in Ecology and Evolution*, 16 (5), 242-248.

Cafaro P., Primack R., 2014. Species extinction is a great moral wrong. *Biological Conservation*, 170, 1-2.

Cardinale B.J., Duffy J.E., Gonzalez A., Hooper D.U., Perrings C., Venail P., Narwani A., Mace G.M., Tilman D., Wardle D.A., Kinzing A.P., Daily G.C., Loreau M., Grace J.B., Larigauderie A., Srivastava D.S., Naeem S., 2012. Biodiversity loss and its impact on humanity. *Nature*, 486 (7401), 59-67.

Chan K., Pringle R.M., Ranganathan J., Boggs C.L., Chan Y.L., Ehrlich P.R., Haff P.K., Heller N.E., Al-Khafaji K., Macmynowski D.P., 2006. When agendas collide: Human welfare and biological conservation. *Conservation Biology*, 21 (1), 59-68.

Cheval H., 2013. Quelles interactions avec la biodiversité pour l'implication des individus à sa conservation ? La construction de nouvelles approches et méthodes de mesure, thèse de doctorat, Université Pierre et Marie Curie, Paris, 189 p.

Chiesura A., De Groot R., 2003. Critical natural capital: A socio-cultural perspective. *Ecological Economics*, 44 (2), 219-231.

Church R.L., Stoms D.M., Davis F.W., 1996. Reserve selection as a maximal covering location problem. *Biological Conservation*, 76 (2), 105-112.

Cicchetti C.J., Wilde L.L., 1992. Uniqueness, irreversibility, and the theory of nonuse values. *American Journal of Agricultural Economics*, 74 (5), 1121-1125.

Costello C., Polasky S., 2004. Dynamic reserve site selection. *Resource and Energy Economics*, 26 (2), 157-174.

Crutzen P.J., 2002. Geology of mankind. *Nature*, 415 (6867), 23-23.

Crutzen P.J., 2006. The "Anthropocene". *In : Earth System Science in the Anthropocene* (E. Ehlers, T. Krafft, eds.), Springer Berlin/Heidelberg, Allemagne, 13-18.

Cummings R.G., Harrison G.W., 1995. The measurement and decomposition of nonuse values: A critical review. *Environmental and Resource Economics*, 5 (3), 225-247.

Daily G.C., ed., 1997. *Nature's Services: Societal Dependence on Natural Ecosystems*, Island Press, Washington D.C., USA, 392 p.

Daly H.E., 1991. *Steady-State Economics*, 2nd edition with new essays, Island Press, Washington D.C., USA, 318 p.

De Groot R.S., Wilson M., Boumans R., 2002. A typology for the description, classification and valuation of ecosystem functions, goods and services. *Ecological Economics*, 41 (3), 393-408.

De Palma A., Fontan C., 2001. Choix modal et valeurs du temps en Île-de-France. *Recherche-Transports-Sécurité*, 71, 24-46.

Dunn R.R., 2010. Global mapping of ecosystem disservices: The unspoken reality that nature sometimes kills us. *Biotropica*, 42 (5), 555-557.

Ehrlich P.R., Ehrlich A.H., 1981. *Extinction: The Causes and Consequences of the Disappearance of Species*, Random House, New York, USA, 305 p.

Ehrlich P.R., Mooney H.A., 1983. Extinction, substitution and ecosystem services. *Bioscience* 33, 248-254.

Ekins P., 2003. Identifying critical natural capital: Conclusions about critical natural capital. *Ecological Economics*, 44 (2), 277-292.

Ekins P., Simon S., Deutsch L., Folke C., De Groot R., 2003. A framework for the practical application of the concepts of critical natural capital and strong sustainability. *Ecological Economics*, 44 (2), 165-185.

Erwin T.L., 1991. How many species are there? Revisited. *Conservation Biology*, 5 (3), 330-333.

Faith D.P., Magallón S., Hendry A.P., Conti E., Yahara T., Donoghue M.J., 2010. Ecosystem services: An evolutionary perspective on the links between biodiversity and human well-being. *Current Opinion in Environmental Sustainability*, 2 (1), 66-74.

Figuières C., Salles J.-M., 2014. Non-comparabilité et incommensurabilité : Réflexions sur l'évaluation de la nature. *In : Les Interactions hommes-milieux : Questions et pratiques de la recherche en environnement* (R. Chenorkian, S. Robert, eds.), Quæ, Versailles, 163-177.

Fournier V., 2008. Escaping from the economy: The politics of degrowth. *International Journal of Sociology and Social Policy*, 28 (11/12), 528-545.

Friedman M., 2002 [1962]. *Capitalism and Freedom*, University of Chicago Press, Chicago, USA, 230 p.

Godard O., Henry C., Lagadec P., Michel-Kerjan E., 2002. *Traité des nouveaux risques : Précaution, crise, assurance*, Gallimard, Paris, 620 p.

Gouyon P.H., 2001. *Les Harmonies de la nature à l'épreuve de la biologie : Évolution et bio-diversité*, coll. Sciences en question, Inra/Quæ, Versailles, 96 p.

Hobbs R.J., Arico S., Aronson J., Baron J.S., Bridgewater P., Cramer V.A., Epstein P.R., Ewel J.J., Klink C.A., Lugo A.E., Norton D., Ojima D., Richardson D.M., Sanderson E.W., Valladares F., Vilà M., Zamora R., Zobel M., 2006. Novel ecosystems: Theoretical and management aspects of the new ecological world order. *Global Ecology and Biogeography*, 15 (1), 1-7.

Hobbs R.J., Higgs E., Harris J.A., 2009. Novel ecosystems: Implications for conservation and restoration. *Trends in Ecology and Evolution*, 24 (11), 599-605.

Jackson T., 2009. *Prosperity without Growth: Economics for a Finite Planet*, Commission for Sustainable Development, Earthscan/Routledge, Londres, UK, 288 p.

Kahneman D., Knetsch J.L., 1992. Valuing public goods: The purchase of moral satisfaction. *Journal of Environmental Economics and Management*, 22 (1), 57-70.

Kallis G., 2011. In defence of degrowth. *Ecological Economics*, 70 (5), 873-880.

Kant E., 1785. *Fondements de la métaphysique des mœurs*, trad. V. Delbos, 1993, Le Livre de poche, Paris, 256 p.

Kareiva P., Watts S., McDonald R., Boucher T., 2007. Domesticated nature: Shaping landscapes and ecosystems for human welfare. *Science*, 316 (5833), 1866-1869.

Kelly P.J., 1990. *Utilitarianism and Distributive Justice*, Oxford University Press, Oxford, UK, 240 p.

Kosoy N., Corbera E., 2010. Payments for ecosystem services as commodity fetishism. *Ecological Economics*, 69 (6), 1228-1236.

Krutilla J.V., 1967. Conservation reconsidered. *The American Economic Review*, 57 (4), 777-786.

Kumar P., ed., 2010. *TEEB Ecological and Economic Foundations*, Earthscan, Londres, UK, 456 p.

Latouche S., 2009. *Farewell to Growth*, Polity Press, Cambridge, UK, 180 p.

Lavorel S., Colloff M.J., McIntyre S., Doherty M.D., Murphy H.T., Metcalfe D.J., Dunlop M., Williams R.J., Wise R.M., Williams K.J., 2015. Ecological mechanisms underpinning climate adaptation services. *Global Change Biology*, 21 (1), 12-31.

Leopold A., 1949. *A Sand County Almanac: And Sketches Here and There*, Oxford University Press, Oxford, UK, 228 p.

Leung B., Lodge D.M., Finnoff D., Shogren J.F., Lewis M.A., Lamberti G., 2002. An ounce of prevention or a pound of cure: Bioeconomic risk analysis of invasive species. *Proceedings of the Royal Society of London, Series B: Biological Sciences*, 269 (1508), 2407-2413.

Limburg K.E., O'Neill R.V., Costanza R., Farber S., 2002. Complex systems and valuation. *Ecological Economics*, 41 (3), 409-420.

Lyytimäki J., Petersen L.K., Normander B., Bezák P., 2008. Nature as a nuisance? Ecosystem services and disservices to urban lifestyle. *Environmental Sciences*, 5 (3), 161-172.

Lyytimäki J., Sipilä M., 2009. Hopping on one leg: The challenge of ecosystem disservices for urban green management. *Urban Forestry and Urban Greening*, 8 (4), 309-315.

Mace G.M., 2014. Whose conservation? *Science*, 345 (6204), 1558-1560.

Mace G.M., Norris K., Fitter A.H., 2012. Biodiversity and ecosystem services: A multilayered relationship. *Trends in Ecology and Evolution*, 27 (1), 19-26.

Maljean-Dubois S., 2015. Le droit international public : Un ordre juridique indicateur de valeur(s). *In* : *Quelle(s) valeur(s) pour la biodiversité ?* (M. Boutonnet, E. Truilhé-Marengo, eds.), Éditions Mare et Martin, à paraître.

Maris V., 2010. *Philosophie de la biodiversité: Petite éthique pour une nature en péril*, Buchet-Chastel, Paris, 214 p.

Maris V., 2014. *Nature à vendre : Les limites des services écosystémiques*, Quæ, Versailles, 96 p.

Marsh G.P., 1864. *Man and Nature: Physical Geography as Modified by Human Action*, Scribners, New York, USA, 218 p.

Martínez-Alier J., Pascual U., Vivien F.D., Zaccai E., 2010. Sustainable de-growth: Mapping the context, criticisms and future prospects of an emergent paradigm. *Ecological Economics*, 69 (9), 1741-1747.

Matulis B.S., 2014. The economic valuation of nature: A question of justice? *Ecological Economics*, 104, 155-157.

May R.M., 1988. How many species are there on Earth? *Science*, 241 (4872), 1441-1449.

May R.M., Beverton R.J.H., 1990. How many species? *Philosophical Transactions of the Royal Society of London, Series B: Biological Sciences*, 330 (1257), 293-304.

MEA, 2005. *Ecosystems and Human Well-being: Summary for Decision Makers*, Island Press, Washington D.C., disponible en ligne <http://www.millenniumassessment.org/en/Synthesis.html> (consulté le 11 janv. 2016).

Meadows D.H., Goldsmith E., Meadow P., 1972. *The Limits to Growth*, Universe Books, New York, USA, 205 p.

Meadows D.H., Meadows D., Randers J., 2004. *The Limits to Growth: The 30-Year Update*, Chelsea Green Publishing, White River Junction, USA, 338 p.

Meinard Y., 2014. La place des valeurs dans l'étude des systèmes d'interactions hommes-milieux naturels. *In : Les interactions hommes-milieux : Questions et pratiques de la recherche en environnement* (R. Chenorkian, S. Robert, eds.), coll. Indisciplines, Quæ, Versailles, 147-162.

Meinard Y., Quétier F., 2014. Experiencing biodiversity as a bridge over the science-society communication gap. *Conservation Biology*, 28 (3), 705-712.

Metrick A., Weitzman M.L., 1998. Conflicts and choices in biodiversity preservation. *The Journal of Economic Perspectives*, 21-34.

Mill J.S., 1848. *Principles of Political Economy with Some of their Applications to Social Philosophy*, 2 vols, John W. Parker, Londres, UK, 594 p. et 550 p.

Mill J.S., 1871 [1863 - 4ᵉ édit.]. *Utilitarianism*, Longmans, Green, Reader and Dyer, Londres, UK.

Moilanen A., 2007. Landscape zonation, benefit functions and target-based planning: Unifying reserve selection strategies. *Biological Conservation*, 134 (4), 571-579.

Mooney H.A., Ehrlich P.R., 1997. Ecosystem services: A fragmentary history. *In : Nature's Services: Societal Dependence on Natural Ecosystems* (G.C. Daily, ed.), Island Press, Washington D.C., USA, 11-19.

Murcia C., Aronson J., Kattan G.H., Moreno-Mateos D., Dixon K., Simberloff D., 2014. A critique of the 'novel ecosystem' concept. *Trends in Ecology and Evolution*, 29 (10), 548-553.

Myers N., Mittermeier R.A., Mittermeier C.G., Da Fonseca G.A., Kent J., 2000. Biodiversity hotspots for conservation priorities. *Nature*, 403 (6772), 853-858.

Naidoo R., Balmford A., Ferraro P.J., Polasky S., Ricketts T.H., Rouget M., 2006. Integrating economic costs into conservation planning. *Trends in Ecology and Evolution*, 21 (12), 681-687.

Neumayer E., 2003. *Weak versus Strong Sustainability: Exploring the Limits of Two Opposing Paradigms*, Edward Elgar Publishing, Cheltenham, UK, 271 p.

Norgaard R.B., 2010. Ecosystem services: From eye-opening metaphor to complexity blinder. *Ecological Economics*, 69 (6), 1219-1227.

Norton B.G., 1987. *Why Preserve Natural Variety?* Princeton University Press, Princeton, USA, 300 p.

Norton B.G., 1992. Sustainability, human welfare, and ecosystem health. *Environmental Values*, 1, 97-111.

Perrings C., Baumgärtner S., Brock W.A., Chopra K., Conte M., Costello C., Duraiappah A., Kinzig A.P., Pascual U., Polasky S., Tschirhart J., Xepapadeas A., 2009. The economics of biodiversity and ecosystem services. *In : Biodiversity, Ecosystem Functioning, and Human Wellbeing: An Ecological and Economic Perspective* (S. Naeem, D. Bunker, A. Hector, M. Loreau, C. Perrings, eds.), Oxford University Press, Oxford, UK, 230-247.

Perrings C., Williamson M., Barbier E.B., Delfino D., Dalmazzone S., Shogren J., Simmons P., Watkinson A., 2002. Biological invasion risks and the public good: An economic perspective. *Conservation Ecology*, 6 (1), 1.

Pimentel D., Zuniga R., Morrison D., 2005. Update on the environmental and economic costs associated with alien-invasive species in the United States. *Ecological Economics*, 52 (3), 273-288.

Polasky S., Costello C., Solow A.R., 2005. The Economics of biodiversity. *Handbook of Environmental Economics*, 3, 1517-1560.

Polasky S., Solow A.R., 1999. Conserving biological diversity with scarce resources. *In* : *Landscape Ecological Analysis* (J. Klopatek, R. Gardner, eds.), Springer, New York, USA, 154-174.

Possingham H., Ball I., Andelman S., 2000. Mathematical methods for identifying representative reserve networks. *In* : *Quantitative Methods for Conservation Biology* (S. Ferson, M. Burgman, eds.), Springer-Verlag, New York, USA, 291-306.

Pressey R.L., Humphries C.J., Margules C.R., Vane-Wright R.I., Williams P.H., 1993. Beyond opportunism: Key principles for systematic reserve selection. *Trends in Ecology and Evolution*, 8 (4), 124-128.

Pressey R.L., Nicholls A.O., 1989. Efficiency in conservation evaluation: Scoring versus iterative approaches. *Biological Conservation*, 50 (1), 199-218.

Quinet A., 2009. *La Valeur tutélaire du carbone*, rapport du Centre d'analyse stratégique, La Documentation française, Paris, 424 p.

Reid W.V., 1992. How many species will there be? *In* : *Tropical deforestation and species extinction* (T.C. Whitmore, J.A. Sayer, eds.), Chapman & Hall, New York, USA, 55-73.

Reid W.V., Miller K.R., 1989. *Keeping Options Alive: The Scientific Basis for Conserving Biodiversity*, World Resources Institute, Washington D.C., USA, 128 p.

Robbins, L. 2007. *An Essay on the Nature and Significance of Economic Science*, Ludwig von Mises Institute, Auburn, USA, 156 p.

Rockström J., Steffen W., Noone K., Persson Å., Chapin F.S., Lambin E.F., Lenton T.M., Scheffer M., Folke C., Schellnhuber H.J., Nykvist B., De Wit C.A., Hughes T., Van der Leeuw S., Rodhe H., Sörlin S., Snyder P.K., Costanza R., Svedin U., Falkenmark M., Karlberg L., Corell L.W., Fabry V.J., Hansen J., Walker B., Liverman D., Richardson K., Crutzen P., Foley J.A., 2009a. A safe operating space for humanity. *Nature*, 461 (7263), 472-475.

Rockström J., Steffen W., Noone K., Persson Å., Chapin S.I., Lambin E., Lenton T.M., Scheffer M., Folke C., Schellnhuber H.J., Nykvist B., De Wit C.A., Hughes T., Van der Leeuw S., Rodhe H., Sörlin S., Snyder P.K., Costanza R., Svedin U., Falkenmark M., Karlberg L., Corell L.W., Fabry V.J., Hansen J., Walker B., Liverman D., Richardson K., Crutzen P., Foley J.A., 2009b. Planetary boundaries: Exploring the safe operating space for humanity. *Ecology and Society*, 14 (2), 32.

Sagoff M., 2005. Locke Was Right: Nature Has Little Economic Value. *Philosophy and Public Policy Quarterly*, 25 (3), 2-11.

Sarrazin F., Lecomte J., 2014. Peut-on dépasser l'anthropocentrisme dans nos regards sur la biodiversité ? plateforme « La nature en questions : Regards et débats sur la biodiversité », Société française d'écologie. *Regard*, 59.

Schneider F., Kallis G., Martinez-Alier J., 2010. Crisis or opportunity? Economic degrowth for social equity and ecological sustainability. Introduction to this special issue. *Journal of Cleaner Production*, 18 (6), 511-518.

Seastedt T.R., Hobbs R.J., Suding K.N., 2008. Management of novel ecosystems: Are novel approaches required? *Frontiers in Ecology and the Environment*, 6 (10), 547-553.

Simberloff D., Martin J.L., Genovesi P., Maris V., Wardle D.A., Aronson J., Courchamp F., Galil B., García-Berthou E., Pascal M., Pyšek P., Sousa R., Tabacchi E., Vilà M., 2013. Impacts of biological invasions: What's what and the way forward. *Trends in Ecology and Evolution*, 28 (1), 58-66.

Sims C., Finnoff D., 2013. When is a "wait and see" approach to invasive species justified? *Resource and Energy Economics*, 35 (3), 235-255.

Singer P., 1975. *Animal Liberation*, Avon Books, New York, USA, 215 p.

Singer P., 2011. A utilitarian defense of animal liberation. *In* : *Food Ethics* (P. Pojman, L.P. Pojman, eds.), Cengage Learning, Princeton, USA, 21-32.

Tassin J., 2014. *La Grande invasion : Qui a peur des espèces invasives ?* Odile Jacob, Paris, 216 p.

Tear T.H., Kareiva P., Angermeier P.L., Comer P., Czech B., Kautz R., Landon L., Mehlman D., Murphy K., Ruckelshaus M., Scott J.M., Wilhere G., 2005. How much is enough? The recurrent problem of setting measurable objectives in conservation. *BioScience*, 55 (10), 835-849.

Terrasson F., 1997. *La Peur de la nature*, Éditions Sang de la terre, Paris, 272 p.

Thompson K., 2010. *Do We Need Pandas? The Uncomfortable Truth about Biodiversity*, Green Books, Cambridge, UK, 160 p.

Ulrich R.S., 1993. Biophilia, biophobia, and natural landscapes *In* : *The Biophilia Hypothesis* (S.A. Kellert, E.O. Wilson, eds.), Island Press/Shearwater, Washington D.C., USA, 73-137.

Van den Bergh J.C., 2011. Environment versus growth: A criticism of "degrowth" and a plea for "a-growth". *Ecological Economics*, 70 (5), 881-890.

Vane-Wright R.I., Humphries C.J., Williams P.H., 1991. What to protect? Systematics and the agony of choice. *Biological Conservation*, 55 (3), 235-254.

Weber J., 2009. *Green economy* et nouvelles régulations : Ressorts d'une nouvelle croissance ? *Prospective stratégique*, 35, 42-49.

Weikard H.P., 2002. Diversity functions and the value of biodiversity. *Land Economics*, 78 (1), 20-27.

Weisbrod B.A., 1964. Collective-consumption services of individual-consumption goods. *The Quarterly Journal of Economics*, 78 (3), 471-477.

Weitzman M.L., 1992. On diversity. *The Quarterly Journal of Economics*, 107 (2), 363-405.

Weitzman M.L., 1993. What to preserve? An application of diversity theory to crane conservation. *The Quarterly Journal of Economics*, 108 (1), 157-183.

Weitzman M.L., 1998. The Noah's ark problem. *Econometrica*, 66 (6), 12 79-1298.

Westman W., 1977. How much are nature's services worth? *Science*, 197, 960-964.

Wilshusen P.R., Brechin S.R., Fortwangler C.L., West P.C., 2002. Reinventing a square wheel: Critique of a resurgent "protection paradigm" in international biodiversity conservation. *Society and Natural Resources*, 15 (1), 17-40.

Wilson E.O., 1984. *Biophilia*, Harvard University Press, Cambridge, USA, 176 p.

Wilson E.O., 2002. What is nature worth? *The Wilson Quarterly*, 26 (1), 20-39.

Wilson E.O., 2007. Biophilia and the conservation ethic. *In : Evolutionary Perspectives on Environmental Problems* (D. Penn, I. Mysterud, eds.), Transaction Publishers, New Brunswick, USA, 249-257.

Zhang W., Ricketts T.H., Kremen C., Carney K., Swinton S.M., 2007. Ecosystem services and dis-services to agriculture. *Ecological Economics*, 64 (2), 253-260.

Chapitre 4

Par-delà l'éthique et l'économie : l'homme au cœur de la biodiversité

Michel LOREAU

Introduction

La croissance démographique et économique des sociétés humaines vient se heurter de plus en plus frontalement aux limites écologiques de la planète Terre, engendrant une crise écologique globale. Cette crise se manifeste aujourd'hui de multiples façons, au premier rang desquelles se trouvent la modification des cycles biogéochimiques, le changement climatique ou encore l'érosion de la biodiversité. Bien que la conscience de l'ampleur de cette crise ne cesse de croître, l'action collective accuse à son égard un retard considérable.

Bien des raisons contribuent à expliquer cet état de fait regrettable. À l'échelle individuelle, il est difficile de renoncer au confort procuré par le mode de vie moderne. À l'échelle collective, il est difficile de se mettre d'accord sur une répartition juste des efforts à consentir. De manière générale, il est tout simplement difficile de changer, à moins d'y être contraint. Des raisons plus profondes entrent aussi en ligne de compte, moins immédiatement perceptibles tant elles imprègnent les modes de penser contemporains. La séparation de l'homme et de la nature est l'un des mythes les plus puissants de la civilisation occidentale moderne (Loreau, 2010). La volonté de protection de la nature se heurte dès lors implicitement à la représentation du monde dominante, ancrée tant dans la religion judéo-chrétienne que dans la philosophie moderne, selon laquelle l'homme a le droit, et même le devoir, de dominer la nature et de la transformer. C'est pourquoi, quand la protection de la nature entre en conflit avec la perspective de la croissance économique, c'est généralement l'argument économique qui l'emporte.

Deux approches opposées ont été développées pour justifier la protection de la nature et de la biodiversité. La première est non utilitariste ; elle met l'accent sur les valeurs éthiques, esthétiques ou spirituelles de la nature. Les animaux, parfois les plantes, les espèces, les écosystèmes, voire même la biosphère dans son ensemble sont considérés comme possédant une « valeur intrinsèque », c'est-à-dire comme représentant des fins en soi, quelle qu'en soit l'utilisation faite par les hommes. Cette approche non utilitariste constitue le fondement de l'éthique environnementale, discipline qui cherche à définir de nouveaux principes éthiques à même de gouverner notre attitude à l'égard du monde vivant non humain (Taylor, 1981 ; Rolston, 1988 ; Callicott, 1995). Elle a également joué un rôle majeur dans le développement des mouvements de conservation de la nature, qui se sont attachés à protéger les espèces indépendamment de la valeur utilitaire pouvant leur être reconnue (Adams, 2004).

De son côté, l'approche utilitariste considère le monde vivant non humain comme un ensemble de ressources, qu'il convient de gérer prudemment afin d'éviter une pénurie susceptible d'entraîner des conséquences économiques et sociales néfastes pour les sociétés humaines. Cette approche utilitariste plonge ses racines dans l'économie des ressources naturelles et de l'environnement. Elle jouit actuellement d'une grande popularité, liée à l'engouement récent pour les « services écosystémiques » : les sociétés retirent un grand nombre de bénéfices directs et indirects des écosystèmes ; ces bénéfices sont alors conceptualisés comme des « services » rendus par la nature aux humains, par analogie avec la notion de service telle qu'elle est utilisée en économie (Daily, 1997 ; MEA, 2005). Bien que cette nouvelle approche des « services écosystémiques » ouvre un champ plus vaste que celle, classique, issue de l'économie des ressources naturelles, elle partage avec elle la même perspective utilitariste, selon laquelle la biodiversité n'importe qu'en tant que moyen pour l'homme.

La tension entre les approches utilitaristes et non utilitaristes est aussi vieille que le mouvement contemporain de conservation de la nature (Adams, 2004) et ne montre aucun signe d'apaisement, comme en témoignent encore les nombreux débats dont il sera fait état dans le présent ouvrage. Or, si elle peut être source de questionnements vivifiants, cette tension porte aussi préjudice à la protection de la nature et de la biodiversité. Car non seulement elle divise et affaiblit le mouvement qui lui est favorable mais elle perpétue surtout, de part et d'autre, la confusion portant sur les véritables motivations et objectifs de ce mouvement. Il est donc essentiel de dépasser les approches utilitaristes et non utilitaristes traditionnelles pour établir la protection de la nature et de la biodiversité sur des fondements plus profonds et plus solides.

C'est ici le but de ma contribution, qui reprend, pour l'essentiel, le contenu d'un essai publié récemment dans la revue *Ethics in Science and Environmental Politics* (Loreau, 2014). Je chercherai d'abord brièvement à montrer que ni l'approche éthique, ni l'approche utilitariste ne fournissent un socle suffisant pour surmonter la crise actuelle de la biodiversité, car ni l'une ni l'autre ne remettent fondamentalement en cause la séparation entre l'homme et la nature qui engendre cette crise. Je montrerai ensuite que, pour surmonter cette crise et résoudre cette séparation, il est urgent de replacer l'homme dans la nature, au cœur de la biodiversité et, par conséquent, de repenser les notions de nature humaine et de besoins humains. Les besoins humains fondamentaux constituent précisément la source des valeurs qui motivent à la fois le développement des sociétés et la protection de la nature. Ils transcendent donc la dichotomie entre éthique et utilitarisme, et enracinent la protection de la biodiversité dans l'histoire évolutive de l'espèce humaine.

Limites des approches éthiques et utilitaristes

L'éthique environnementale, qui a grandement contribué à établir les fondements philosophiques des approches non utilitaristes de la conservation de la nature, propose essentiellement d'étendre les frontières traditionnelles de l'éthique au monde non humain (quoique les nouvelles frontières proposées varient grandement selon les auteurs et les critères retenus). L'un des concepts clés auxquels elle a recours pour justifier cette extension est celui de *valeur intrinsèque* des entités non humaines. L'éthique traditionnelle utilise également ce concept, mais elle l'attribue exclusivement aux hommes. Rolston (1988) fait bien ressortir le contraste entre ces deux approches éthiques : « Kant en savait long sur les autres, mais, aussi éminent éthicien fût-il, les seuls autres qu'il voyait étaient des autres hommes, des autres capables de dire "*Je*". L'éthique environnementale nous invite à voir également les non-humains, à voir la biosphère, la Terre, les écosystèmes, la faune, la flore, les espèces naturelles qui ne peuvent dire "*Je*" mais dans lesquelles existe une intégrité formée, une valeur objective indépendante de la valeur subjective. » (p. 340.)

Si la plupart des éthiciens environnementaux partagent avec Rolston l'idée qu'il faut reconnaître une valeur intrinsèque aux autres non-humains (ou, du moins, à certains d'entre eux), la nature et la source de cette valeur ont fait l'objet de vifs débats (Lee, 1996), confrontant en particulier le point de vue objectiviste de ceux qui conçoivent la valeur intrinsèque comme une propriété objective de l'objet évalué, indépendante de l'évaluateur (Taylor, 1981 ; Rolston, 1988), et le point de vue subjectiviste de ceux qui la conçoivent comme une propriété subjective du sujet humain évaluateur (Callicott, 1995).

Aussi obscur qu'il apparaisse au lecteur non informé, ce débat est pourtant révélateur des limites de l'éthique environnementale, qui peine grandement à sortir du carcan philosophique de la modernité et du conflit constant opposant homme et nature, sujet et objet, qui la traverse. Dans ce débat, les hommes sont, implicitement ou explicitement, placés en dehors de la nature, de sorte que le problème représenté par la nature objective ou subjective de la valeur intrinsèque devient critique et, à vrai dire, insoluble. Si, au contraire, les hommes sont considérés comme partie intégrante de la nature — ce qu'ils sont effectivement — le problème cesse d'en être un. Les hommes sont les nœuds d'un réseau complexe d'interactions entre les diverses composantes de la biosphère ; le processus d'attribution de valeur constitue un aspect de ces interactions. Le fait que les hommes attribuent, en tant que sujets évaluateurs, une valeur à d'autres composantes, humaines ou non humaines, de leur environnement ne signifie nullement qu'ils le fassent de façon arbitraire, indépendamment des propriétés objectives de ces composantes, ni que ces dernières ne se comportent pas également à leur tour comme sujets évaluateurs.

L'ironie, dans ce débat, tient d'ailleurs à ce que les objectivistes ont utilisé l'existence de rapports de valeur « objectifs », indépendants des hommes, entre entités non humaines comme un argument décisif en faveur de leur considération morale, alors que cet argument ne tient pas. En effet, ce qui est bon pour une entité n'est pas nécessairement bon pour les hommes ou pour d'autres entités (O'Neill, 1992), comme en témoignent à profusion les descriptions de relations antagonistes entre proies et prédateurs, hôtes et parasites, ou encore entre hôtes et agents pathogènes dans la nature. Seules les valeurs reconnues ou attribuées par les hommes peuvent constituer les fondements d'une éthique environnementale, car l'éthique est une construction humaine. Il apparaît donc clairement que toute tentative d'éliminer le rôle de la subjectivité humaine dans la posture à adopter à l'égard du reste de la nature est vouée à l'échec.

Une autre limite de l'éthique environnementale provient de ce que, comme l'éthique classique et toute la philosophie moderne, celle-ci convoque avec insistance la rationalité. L'engagement moral, insiste Taylor (1981), n'est précisément moral que dans la mesure où il s'agit d'une « question de principe désintéressée. C'est cette caractéristique qui distingue l'attitude de respect vis-à-vis de la nature de l'ensemble des sentiments et inclinations qui comprennent l'amour de la nature. [...] Pour le formuler à la façon de Kant, adopter l'attitude de respect vis-à-vis de la nature, c'est affirmer la volonté que cette attitude soit une loi universelle pour tous les êtres rationnels » (p. 202-203). Certes, toute considération morale qui aspire à l'universalité doit faire intervenir la rationalité, mais la déconnecter complètement de ses fondements émotionnels est une erreur qui en réduit considérablement la portée. Les travaux récents menés dans le champ des neurosciences et de la psychologie humaine et animale démontrent clairement que les comportements moraux sont ancrés dans les émotions et qu'ils existent également, sous forme primitive, chez les mammifères non humains (Damasio, 1994 ; De Waal, 2005 ; Hauser, 2006). La rationalité permet d'organiser les réponses émotionnelles de façon cohérente, mais elle ne génère pas la moralité. C'est pourquoi il me semble que l'accent mis par l'éthique environnementale sur la rationalité pure, et partant sur les « questions de principe désintéressées » et sur la nature « objective » de la valeur intrinsèque, réduit sa capacité à servir de guide pour l'action. On ne peut séparer raison et émotion.

Les approches utilitaristes et économiques invoquent elles aussi la rationalité, mais de façon beaucoup plus restreinte. Au contraire de l'éthique, qui met l'accent sur les « questions de principe désintéressées », l'économie classique et l'utilitarisme ont recours à une rationalité purement instrumentale pour optimiser « l'intérêt » individuel ou collectif des hommes. Ces approches trouvent en général un écho très favorable dans la société moderne, largement gouvernée par l'intérêt humain individuel, ce qui explique l'engouement actuel pour la nouvelle approche des services écosystémiques. Bien que cette approche soit très intégrative (elle inclut même les valeurs intrinsèques de la biodiversité sous la catégorie des « services culturels », ce qui n'est d'ailleurs pas la moindre de ses contradictions), elle est fondamentalement utilitaire et anthropocentrique, car elle suppose que la nature est tout entière au service des humains. Elle est même utilitaire au sens économique du terme ; en effet, réduire la nature à une pourvoyeuse de services revient à l'absorber dans l'économie humaine. Les économistes écologiques n'en font pas mystère : « En exploitant les résultats récents sur la relation entre biodiversité et fonctionnement des écosystèmes dans le cadre d'une évaluation des services qu'obtiennent les hommes de l'environnement naturel, le *Millennium Ecosystem Assessment* a amené l'analyse des écosystèmes dans le domaine de l'économie. » (Barbier *et al.*, 2009.)

Cette évolution possède certains avantages évidents. La force de l'évaluation économique de la biodiversité et des écosystèmes réside dans le fait qu'elle met les « services et produits » de la nature sur un pied d'égalité avec ceux fournis par l'humanité, ce qui lui donne, en principe, le pouvoir d'influencer le comportement quotidien de millions d'agents économiques dans un sens plus favorable à la conservation de la nature. Si la biodiversité et les écosystèmes possèdent une valeur économique, ils sont davantage à même d'être préservés, que ce soit comme source de revenus ou comme moyen de réduire les coûts encourus par la société à la suite de leur dégradation.

Mais cette force est en même temps une faiblesse. Dans la mesure même où les « services rendus par la nature » sont mis sur le même pied que ceux rendus par les agents économiques, le danger sera toujours présent que des impératifs économiques à court terme ne prévalent sur des besoins humains plus fondamentaux. Edward Wilson (1992) nous mettait déjà en garde sur ce point il y a plus de vingt ans : « les services écosystémiques sont importants pour le bien-être humain. Mais ils ne peuvent constituer le seul fondement d'une éthique environnementale durable. Si l'on peut mettre un prix sur quelque chose, on peut aussi le dévaluer, le vendre et s'en débarrasser » (p. 348). On peut même se demander si, en favorisant l'évaluation économique de la nature, l'approche des services écosystémiques n'est pas en train, contre son gré, de préparer le terrain à une extension de l'emprise des intérêts économiques existants sur la biodiversité et les écosystèmes.

Face à ce danger bien réel, l'approche par les services écosystémiques présente-t-elle un bilan suffisant pour justifier les espoirs qui ont pu y être placés ? Il semble au contraire que l'évaluation économique des services écosystémiques ait eu remarquablement peu d'impact sur la prise de décision jusqu'à présent (Laurans *et al.*, 2013), soit parce que cette approche est encore trop grossière, soit parce que l'évaluation économique joue une rôle beaucoup moins important dans le processus collectif de prise de décision que ne le supposent les économistes.

Au-delà des valeurs instrumentales et intrinsèques, les besoins humains fondamentaux

L'opposition traditionnelle entre approches utilitaristes et non utilitaristes, entre économie et éthique, entre valeurs instrumentales et intrinsèques, mène à un dilemme apparemment insoluble : soit la subjectivité humaine est la source des valeurs, et dans ce cas toute valeur est vouée à être conçue comme instrumentale, puisque les entités auxquelles elle est attribuée n'ont de valeur que pour autant qu'elles satisfont des besoins humains ; soit les valeurs intrinsèques constituent des propriétés objectives des entités considérées, indépendantes de la subjectivité humaine, auquel cas elles ne peuvent suffire à justifier la considération morale de ces entités. Mais, en réalité, cette opposition et le dilemme qu'elle engendre résultent de présupposés philosophiques qui n'ont aucun fondement scientifique solide.

De fait, cette opposition repose sur une séparation nette entre sujet et objet, elle-même reflet de la dichotomie opérée par la modernité entre esprit et matière. Suivant cette dichotomie, est subjectif ce qui appartient à l'opération arbitraire de l'esprit, et objectif ce qui appartient aux propriétés indépendantes de la matière. Par conséquent, la subjectivité est généralement associée au règne du particulier et de l'arbitraire, tandis que l'objectivité définit le règne de l'universel et du naturel. Cette représentation dualiste du monde ignore le fait que les humains pensent et agissent en tant que sujets à partir d'une nature humaine biologique universelle modulée par la culture. La subjectivité humaine comporte donc nécessairement une dimension objective, naturelle, universelle.

Cette opposition repose également sur une séparation nette entre satisfaction des besoins humains (généralement réduite d'ailleurs à un aspect bassement matériel) et comportement moral ou altruiste (généralement considéré comme un noble produit de l'esprit). Cette séparation se manifeste concrètement sous la forme du présupposé très répandu selon lequel les hommes, comme tous les êtres vivants, seraient fondamentalement égoïstes, de sorte que la satisfaction de leurs besoins impliquerait nécessairement le fait de traiter les autres comme des instruments de cette satisfaction (à moins que des contraintes sociales et morales ne l'interdisent). Or, ce présupposé repose sur une interprétation fondamentalement erronée de la biologie évolutive, qui confond la motivation psychologique des organismes et le processus de sélection naturelle qui agit à l'échelle des gènes. Le fait que la coopération, l'altruisme et la moralité puissent être favorisés par la sélection naturelle n'en font pas pour autant des comportements égoïstes. Darwin (1871), à qui l'on attribue souvent à tort une compréhension du monde fondée sur l'intérêt égoïste de l'individu, s'est exprimé très clairement sur ce point :

> « Si, comme cela semble être le cas, la sympathie est strictement un instinct, l'exercice de cet instinct doit donner un plaisir direct, de la même façon qu'à peu près n'importe quel autre instinct. » (p. 68.)

> « Ainsi est éliminé le reproche selon lequel la partie la plus noble de notre nature serait fondée sur le principe fondamental de l'égoisme — sauf à appeler égoïste la satisfaction que ressent tout animal quand il suit ses instincts propres, ou l'insatisfaction qu'il ressent quand il en est empêché. » (p. 78.)

Dans le sillage des travaux récents menés par les neurosciences et par la psychologie humaine et animale, il ne fait plus de doute aujourd'hui que l'empathie (terme qui a remplacé celui de « sympathie » employé à l'époque de Darwin) est une caractéristique fondamentale de l'espèce humaine comme d'autres espèces de mammifères, qui a évolué en réponse à leur forte socialité (De Waal, 2009 ; Rifkin, 2009). Or l'empathie implique nécessairement une identification à l'autre (que cet autre appartienne ou non à la même espèce), et donc la reconnaissance de l'autre comme fin en soi — en d'autres termes, la reconnaissance du fait qu'il possède une valeur intrinsèque. On sait par ailleurs que l'empathie fait intervenir des réponses sensorielles et émotionnelles avant toute forme de jugement rationnel (confirmant ainsi pleinement l'intuition de Darwin sur sa nature instinctive). La conclusion remarquable qui en découle est que la valeur intrinsèque que nous attribuons aux autres êtres, humains ou non humains, est inscrite dans le corps — il s'agit donc d'une réponse « subjective » qui possède une existence « objective » antérieure à tout traitement intellectuel et rationnel (contribuant ainsi à brouiller un peu plus les frontières artificielles séparant l'« objectif » et le « subjectif »).

D'une façon plus générale, la crise écologique globale à laquelle nous sommes confrontés aujourd'hui nous invite à repenser le rapport établi entre l'homme et la nature et, par conséquent, la nature qui est en nous, c'est-à-dire la nature humaine (Loreau, 2010). Reconnaître pleinement la nature humaine, c'est reconnaître le fait que les hommes appartiennent à la nature, qu'ils partagent un ensemble de besoins et de valeurs fondamentaux qui définit leur identité en tant qu'espèce, et qui rend la vie sociale possible par-delà les multiples différences individuelles et culturelles. L'idéologie ou la croyance dominante veut que les besoins humains soient illimités, et que les différences qu'ils peuvent présenter selon les cultures et les périodes historiques soient également illimitées. Mais les recherches récentes menées en psychologie, en psychothérapie et dans le domaine du développement personnel montrent au contraire que tous les êtres humains possèdent un nombre limité de besoins fondamentaux universels (Maslow, 1987 ; Max-Neef, 1991). Ce qui varie dans le temps et en fonction des cultures, c'est la façon spécifique dont ces besoins fondamentaux sont ou non satisfaits. En outre, nombre de désirs perçus comme des « besoins » représentent en réalité des façons détournées de compenser des besoins fondamentaux insatisfaits, entraînant souvent des troubles psychologiques plus ou moins sérieux ou avérés.

L'un des traits les plus frappants partagé par les besoins humains fondamentaux qui ont été identifiés jusqu'ici est qu'ils vont bien au-delà des besoins physiologiques ou de subsistance sur lesquels l'accent a traditionnellement été mis. En particulier, ils incluent les besoins d'affection, de reconnaissance, de compréhension et d'accomplissement de soi (Maslow, 1987 ; Max-Neef, 1991), dont la satisfaction repose entièrement sur des interactions non utilitaires avec autrui. Bien que les classifications actuelles des besoins humains fondamentaux ne distinguent pas de besoin spécifique d'interaction avec le reste de la nature, ce besoin est implicitement compris dans plusieurs autres (par ex., dans les besoins d'affection, de compréhension et d'accomplissement de soi). De nombreux autres éléments plaident en faveur de l'existence d'un besoin humain fondamental d'interaction avec le reste de la nature. Ce besoin se manifeste positivement sous la forme de la « biophilie », c'est-à-dire de la connexion que les humains recherchent inconsciemment avec le reste du monde vivant en conséquence de leur histoire évolutive passée (Wilson, 1984), et négativement sous la forme du « trouble de déficit de nature » manifesté quand il est insatisfait (Louv, 2005).

Tout comme l'empathie, l'existence de besoins humains fondamentaux fondés sur des interactions non utilitaires avec d'autres êtres, humains et non humains, détruit la séparation entre accomplissement de soi et accomplissement de l'autre, puisque l'accomplissement de l'autre est la condition de mon propre accomplissement, et réciproquement. Par conséquent, la satisfaction des besoins humains fondamentaux est tout à fait compatible avec la reconnaissance de valeurs intrinsèques dans le monde humain et non humain. La distinction entre valeurs instrumentales et intrinsèques se dissout d'ailleurs dans un continuum sans frontières nettes. D'un côté, les objets utilisés ou consommés pour satisfaire les besoins élémentaires de subsistance et de protection possèdent manifestement une valeur instrumentale, car ils entrent dans une relation utilitaire. De l'autre, les personnes humaines et non humaines qui sont respectées, honorées et aimées pour satisfaire les besoins d'affection et d'accomplissement de soi sont manifestement dotées d'une valeur intrinsèque, car c'est leur existence même comme sujets indépendants qui permet la satisfaction de ces besoins. Mais la plupart, sinon la totalité, des entités avec lesquelles nous entrons en interaction sont probablement investies d'une double valeur à la fois instrumentale et intrinsèque. Ainsi, il n'existe aucune raison valable de considérer que les créatures végétales et animales que nous utilisons comme nourriture ne sont pas dignes de respect, et donc qu'elles n'ont pas de valeur intrinsèque. Le respect à l'égard des animaux chassés est très répandu parmi les sociétés de chasseurs-cueilleurs. Bien que la société moderne mette en exergue de façon quasi pathologique les relations utilitaires, le respect des créatures non humaines est présent au plus profond de chacun d'entre nous, et ne disparaît de notre conscience qu'à la suite d'un long travail d'« éducation » — en fait, d'effacement — intervenu durant notre enfance.

La lumière nouvelle qu'apportent l'empathie et la redéfinition des besoins humains fondamentaux sur la nature humaine permet également de résoudre le débat portant sur l'anthropocentrisme, qui a fait rage en éthique environnementale. Les éthiciens environnementaux ont — à raison — reproché à l'éthique classique son anthropocentrisme, en ce qu'elle est entièrement centrée sur les humains. Par opposition, ils se sont mis en tête de développer — à tort, à mon avis — des approches centrées sur des entités non humaines, que ce soit sous la forme du biocentrisme (Taylor, 1981) ou de l'écocentrisme (Rolston, 1988). À première vue, la proposition faite ici de mettre l'accent sur les besoins humains fondamentaux semble nous ramener en droite ligne à l'anthropocentrisme classique. Pourtant, il n'en est rien. Tout système éthique ou de valeurs établi par les hommes repose inévitablement sur la capacité spécifique des hommes à percevoir, à comprendre et à évaluer le monde qui les entoure — que d'autres créatures puissent en faire de même à leur façon ne change rien à cet état de fait. Mais ce monde que les hommes cherchent à percevoir, à comprendre et à évaluer n'est nullement limité à leur seul monde social ; par conséquent, aucune nécessité ne commande qu'il soit centré sur eux. Pour reprendre les termes employés par Virginie Maris et ses collègues dans le premier chapitre du présent ouvrage, si les valeurs qui sous-tendent l'éthique humaine sont nécessairement anthropogéniques, elles ne sont pas pour autant nécessairement anthropocentriques.

Le système de valeurs anthropocentrique mis en place par la civilisation occidentale moderne résulte de la division artificielle du monde en « sujets » humains dotés d'esprit d'un côté, et « objets » naturels faits de matière de l'autre. Contrairement aux apparences, ce système de valeurs n'a ni pour but ni pour résultat d'assurer la satisfaction des besoins humains. Au contraire, il constitue à cet égard aujourd'hui une entrave, car il enferme les hommes dans un monde artificiel qui les éloigne de leur véritable nature, de leurs véritables besoins et de leur véritable épanouissement. La satisfaction pleine et entière des besoins humains fondamentaux demande d'abandonner ce système de valeurs pour embrasser la nature dans son ensemble.

Conclusion

Esprit contre matière, sujet contre objet, raison contre émotion, culture contre nature, valeur intrinsèque contre valeur instrumentale : la civilisation occidentale moderne fait preuve d'une prédilection immodérée pour le dualisme. Malheureusement, ce dualisme n'existe pas que dans notre esprit ; il se manifeste également dans la réalité concrète de notre action dans le monde. La crise écologique globale dans laquelle nous sommes entrés est le produit historique du divorce entre l'humanité et la nature qui précisément résulte de ce dualisme. Les hommes continuent à détruire la biodiversité et les écosystèmes à des degrés sans précédent, dans une large mesure parce que la représentation du monde véhiculée tout à la fois par la religion judéo-chrétienne et par la philosophie moderne leur enseigne qu'ils diffèrent du reste de la nature, et qu'ils ont pour mission de la dominer.

Les solutions techniques ne suffiront pas à modifier le cours de l'histoire. Bien que les diverses approches de conservation de la nature aient joué un rôle très utile (sans elles, la situation serait certainement bien plus mauvaise encore qu'elle ne l'est), le défi plus fondamental auquel sont confrontées les sociétés humaines aujourd'hui est de détruire le mythe persistant de la séparation entre l'homme et la nature, et de consciemment réintégrer les hommes dans la nature, au cœur de la biodiversité dont ils font partie. Ce défi exige de nous que nous repensions presque tout ce à quoi nous sommes habitués, depuis nos aspirations existentielles jusqu'à la forme et au contenu de l'économie globale contemporaine. Et, pourtant, relever ce défi formidable est à portée de main. Le premier pas pour aller dans ce sens consiste à écouter notre propre nature, qui parle simplement et clairement. Elle nous dit notamment que nous ne sommes ni fondamentalement égoïstes et utilitaristes, ni fondamentalement altruistes et non utilitaristes ; nous avons simplement un ensemble de besoins fondamentaux à satisfaire, et ceux-ci incluent le respect et l'amour du monde qui nous entoure.

Références

Adams W.M., 2004. *Against Extinction: The Story of Conservation*, Earthscan, Londres, UK, 328 p.

Barbier E.B., Baumgärtner S., Chopra K., Costello C., Duraiappah A., Hassan R., Kinzig A., Lehman M., Pascual U., Polasky S., Perrings C., 2009. The valuation of ecosystem services. *In : Biodiversity, Ecosystem Functioning, and Human Wellbeing: An Ecological and Economic Perspective* (S. Naeem, D.E. Bunker, A. Hector, M. Loreau, C. Perrings, eds.), Oxford University Press, Oxford, UK, 248-262.

Callicott J.B., 1995. Intrinsic value in nature: A Metaethical Analysis. *Electronic Journal of Analytic Philosophy*, 3, [en ligne], <http://ejap.louisiana.edu/EJAP/1995.spring/callicott.1995.spring.html>.

Daily G.C., 1997. *Nature's Services: Societal Dependence on Natural Ecosystems*, Island Press, Washington D.C., USA, 416 p.

Damasio A., 1994. *Descartes' Error: Emotion, Reason, and the Human Brain*, G.P. Putnam's Sons, New York, USA, 336 p.

Darwin C., 1871. *The Descent of Man, and Selection in Relation to Sex*, Princeton University Press, Princeton, USA, 1981, 960 p.

De Waal F., 2005. *Our Inner Ape: The Best and Worst of Human Nature*, Granta Books, Londres, UK, 300 p.

De Waal F., 2009. *The Age of Empathy: Nature's Lessons for a Kinder Society*, Harmony Books, New York, USA, 304 p.

Hauser M.D., 2006. *Moral Minds: How Nature Designed Our Universal Sense of Right and Wrong*, Abacus, Londres, UK, 560 p.

Laurans Y., Rankovic A., Billé R., Pirard R., Mermet L., 2013. Use of ecosystem services economic valuation for decision making: Questioning a literature blindspot. *Journal of Environmental Management*, 119, 208-219.

Lee K., 1996. The Source and locus of intrinsic value: A reexamination. *Environmental Ethics*, 18 (3), 297-309.

Loreau M., 2010. *The Challenges of Biodiversity Science*, International Ecology Institute, Oldendorf/Luhe, Allemagne, 120 p.

Loreau M., 2014. Reconciling utilitarian and non-utilitarian approaches to biodiversity conservation. *Ethics in Science and Environmental Politics*, 14 (1), 27-32.

Louv R., 2005. *Last Child in the Woods: Saving Our Children from Nature-Deficit Disorder*, Algonquin Books, Chapel Hill, USA, 335 p.

Maslow A., 1987 [3ᵉ édit.]. *Motivation and Personality*, Harper & Row, New York, USA, 336 p.

Max-Neef M., 1991. *Human Scale Development: Conception, Application and Further Reflections*, The Apex Press, New York, USA, 114 p.

MEA, 2005. *Ecosystems and Human Well-being: Synthesis*, Island Press, Washington D.C., 160 p.

O'Neill J., 1992. The Varieties of intrinsic value. *The Monist*, 75 (2), 119-137.

Rifkin J., 2009. *The Empathic Civilization: The Race to Global Consciousness in a World of Crisis*, Tarcher, New York, USA, 688 p.

Rolston H.I., 1988. *Environmental Ethics: Duties to and Values in the Natural World*, Temple University Press, Philadelphie, USA, 391 p.

Taylor P.W., 1981. The Ethics of respect for nature. *Environmental Ethics*, 3 (3), 197-218.

Wilson E.O., 1984. *Biophilia*, Harvard University Press, Cambridge, USA, 157 p.

Wilson E.O., 1992. *The Diversity of Life*, W.W. Norton, New York, USA, 424 p.

Chapitre 5
Biodiversité, services écosystémiques et bien-être

Anne-Caroline PRÉVOT et Ilse GEIJZENDORFFER

Introduction

Dans sa Constitution, l'Organisation mondiale pour la santé déclare que « la santé est un état de complet bien-être physique, mental et social, et ne consiste pas seulement en une absence de maladie ou d'infirmité » (OMS, 1948). Au-delà des besoins matériels fondamentaux, de la santé physique ou de la sécurité individuelle (alimentaire, économique, sociale, etc.), l'état de bien-être d'un individu dépend également de ses relations sociales, de la confiance qu'il peut avoir en l'avenir et de son sentiment de liberté (d'après l'Évaluation des écosystèmes pour le millénaire, MEA, 2005).

Quelles que soient les définitions du bien-être humain, celui-ci dépasse la simple absence de douleur, d'inconfort ou d'incapacité physique, et comporte toujours deux dimensions complémentaires (Summers *et al.*, 2012) : une dimension objective (par ex., l'accès aux ressources alimentaires ou de logement, le niveau de santé, le niveau d'éducation, le niveau d'infrastructures, le niveau de richesse, le niveau de sécurité), et une dimension subjective, qui intègre tout ce qu'un individu pense et ressent. Si la dimension objective dépend des conditions extérieures à l'individu qui peuvent offrir un bon niveau de bien-être, la dimension subjective est beaucoup plus difficile à mesurer, mais dépend des perceptions et des sensations de l'individu (Kahneman et Krueger, 2006). Les leviers d'action sur les deux dimensions du bien-être sont bien différents.

De nombreux facteurs influencent donc le bien-être des individus. Parmi eux, la biodiversité a été mise en avant sur la scène internationale dès 2005, par les travaux du MEA, mandaté par l'Organisation des Nations unies (ONU). Dans son rapport *Ecosystem Services and Human Well-Being* (2005), le MEA affirme que les écosystèmes naturels, en fournissant des services de qualité aux sociétés humaines, augmentent le bien-être de tous. Il oriente ensuite ses analyses sur les conditions écologiques et sociales qui permettent à la biodiversité de fournir de tels services. Depuis les travaux du MEA, cette relation positive entre fourniture de services et augmentation du bien-être humain est reprise par une grande majorité d'instances nationales et internationales, en témoignent les initiatives intergouvernementales comme celle concernant l'Économie des éco-systèmes et de la biodiversité[26] ou la Plateforme intergouvernementale sur la biodiversité et les services écosystémiques[27].

Dans ce chapitre, nous questionnons la réalité de cette relation linéaire positive entre biodiversité, services écosystémiques et bien-être humain. Pour cela, nous détaillons d'abord en quoi la biodiversité peut apporter des éléments constitutifs du bien-être humain. Dans un deuxième temps, nous questionnons le fait que ces services potentiels ne sont pas appréhendés et utilisés de la même façon par tous. La fourniture réelle de services n'est donc pas automatique. Enfin, nous proposons un cadre de formalisation du lien entre biodiversité et bien-être humain qui permet de valoriser ces diversités.

Ici, nous considérons la biodiversité soit dans son ensemble (c.-à-d. un ensemble de systèmes en interaction dynamique), soit par éléments (par ex., certaines espèces charismatiques). Dans les deux cas, nous questionnons les conditions dans lesquelles la biodiversité peut participer à construire un cadre et des conditions de vie acceptables pour les humains.

La biodiversité peut apporter du bien-être aux humains

Un des services les plus évidents que nous rend la biodiversité concerne la produc-tion de matières premières (comme le bois ou les matières fossiles) et de nourriture. Mais au-delà du service direct d'approvisionnement, la biodiversité fournit une aide à l'agriculture et à la production de nourriture par une bonne qualité du sol ou un service de pollinisation, limite les érosions et les glissements de terrain, purifie l'eau et l'air, etc. Toutes ces fonctionnalités fournissent des conditions de sécurité à nos sociétés humaines, conditions qui nous paraissent pourtant souvent « normales » et que nous ne remarquons que quand elles se dégradent : épisodes d'inondations, vagues de chaleur, pics de pol-lutions, etc. (nous n'avons pas encore eu l'occasion de remarquer des dégradations dans la qualité de notre alimentation).

Une revue récente de Balvanera *et al.* (2006) indique qu'une biodiversité plus riche augmente la productivité primaire des systèmes, contrôle mieux l'érosion, améliore le cycle des nutriments, augmente la stabilité écologique des systèmes, ou leur résilience. Ce fonctionnement écologique a des conséquences positives directes sur la fourniture d'un grand nombre de services potentiels pour les sociétés humaines (Daily, 1997).

Les liens positifs entre la biodiversité (dans son ensemble ou par éléments) et la santé sont étayés par un grand nombre d'exemples, qui concernent autant des probléma-tiques de santé publique que de bien-être individuel (Pipien et Morand, 2013). Depuis des siècles, nous utilisons certaines plantes pour nous soigner, soit directement (phyto-thérapie), soit en en extrayant (puis en copiant) le principe actif dans la pharmacopée

---

26. www.teebweb.org.
27. www.ipbes.net.

actuelle. La protection des ressources génétiques liées à la biodiversité a été un des principes fondateurs de la Convention sur la diversité biologique (CDB) de 1992. En la considérant de façon plus générale, la biodiversité (ou la nature) peut avoir un effet positif sur la santé physique ou mentale des individus (Stone, 2006). Le jardinage ou les promenades et les activités de plein air sont d'ailleurs régulièrement encouragés dans le cadre des campagnes de santé publique. Ce lien entre biodiversité et santé a été reconnu au niveau institutionnel très récemment. C'est en effet en 2010 que la Convention sur la diversité biologique a inclu explicitement celui-ci dans les objectifs d'Aichi pour 2020, ouvrant ainsi des possibilités de collaboration entre la CDB et l'Organisation mondiale de la santé (CBD-COP, 2010, Décision X/2).

De façon plus indirecte, un système naturel plus riche et plus divers permet de limiter la propagation de certaines espèces potentiellement indésirables pour les humains : la maladie de Lyme se transmet davantage aux humains quand la diversité des hôtes animaux diminue (Suzán *et al.*, 2009) ; la diffusion de nouvelles espèces se fait d'autant plus vite que les écosystèmes d'accueil sont dégradés (Barbault et Atramentovicz, 2010).

Notons cependant que la biodiversité n'apporte pas toujours des conditions matérielles pour augmenter notre bien-être ! La protection de zones humides encourage la prolifération d'insectes indésirables (les moustiques en Camargue, par ex.) ou potentiellement vecteurs de maladies (Pipien et Morand, 2013). Plus généralement, certaines espèces de plantes, qui font partie de la biodiversité, possèdent un pouvoir allergène très important et sont à l'origine de problèmes de santé publique (par ex., l'ambroisie en France). Ces relations complexes entre biodiversité et santé représentent actuellement des défis importants pour les politiques d'aménagement rural et urbain (Keune *et al.*, 2013).

Les relations directes et positives entre biodiversité, services écosystémiques et bien-être sont bien identifiées dans nos sociétés occidentales. À tel point que des mesures économiques ou politiques permettent d'encourager la fourniture de tel ou tel service. C'est par exemple l'objectif affiché des nouvelles pratiques d'agroécologie ou d'agriculture écologiquement intensive encouragées par l'Institut national de la recherche agronomique (Inra). À la suite du Grenelle de l'environnement, les politiques urbaines encouragent elles aussi de plus en plus la présence de nature en ville, pour le bien-être des citadins (ce qui n'est pas nouveau, la politique hygiéniste de Napoléon III avait déjà les mêmes objectifs), mais aussi pour réduire la pollution de l'air ou des eaux de ruissellement.

Malheureusement, ces mesures sont souvent cantonnées à un service ou à un territoire, en négligeant la complexité des systèmes biologiques concernés et des relations parfois antagonistes entre les différentes fonctionnalités écologiques (Bennett *et al.*, 2009). Par exemple, utiliser des engrais chimiques permet d'augmenter la production agricole (effet positif pour le bien-être humain), mais dégrade la qualité de l'eau (effet négatif sur le bien-être humain). Les conséquences antagonistes d'une mesure précise sur le bien-être humain ne sont pas forcément visibles à la même échelle de temps ou d'espace, ou n'affectent pas les mêmes personnes. Cela peut expliquer, au-delà du manque de connaissances scientifiques relevé par Bennett *et al.* (2009), que les effets multiples ne soient pas souvent pris en compte avant la mise en place d'incitations ou de mesures de gestion visant à augmenter un service écosystémique donné.

Enfin, ces mesures directement dévolues à augmenter un service écosystémique sont souvent décidées uniquement du point de vue du bien-être humain, sans tenir toujours compte de la biodiversité en tant que telle. C'est le cas des incitations au tourisme de nature (ou même de l'écotourisme) : s'il permet d'augmenter le bien-être des touristes (récréation, plaisir, échanges sociaux) ou même des populations hôtes (échanges sociaux, rémunérations), il a souvent des conséquences négatives pour la biodiversité (Vaughan, 2000).

Afin de remédier à la diminution de la biodiversité et à la perte de résilience des systèmes naturels, et pour permettre à ceux-ci de fournir des services de façon durable, des systèmes de régulation sont mis en place, tels que des quotas de chasse ou de pêche, certaines mesures de la Politique agricole commune européenne, de nouveaux modes d'agriculture, de chasse ou de pêche responsables, mais aussi la formulation de documents d'objectifs et la mise en place de Comités de pilotage dans les zones Natura 2000 en France. Mais ces processus politiques et sociaux sont en avance sur les connaissances scientifiques concernant les dynamiques et les évolutions des systèmes socioécologiques. C'est en améliorant ces connaissances que nous pourrons continuer à proposer des initiatives innovantes pour concilier protection de la biodiversité et bien-être, individuel et collectif.

Par ces exemples, nous avons exploré comment la biodiversité pouvait fournir les conditions pour le bien-être individuel et collectif, *via* la fourniture de services écosystémiques. Même si nous avons montré que ces relations ne sont pas toujours positives, notre première analyse se fonde sur une objectivation de la biodiversité, elle-même basée sur une approche des sciences écologiques.

Qu'en est-il si nous renversons le point de vue ? Comme l'ont fait remarquer plusieurs auteurs (Bennett *et al.*, 2009 ; Nahlik *et al.*, 2012), il ne peut y avoir service que s'il y a demande et reconnaissance de ce service par les individus et les sociétés. De même, le bien-être individuel ne dépend pas uniquement des conditions matérielles de son existence, mais aussi de la perception individuelle subjective de bonheur et de liberté.

Tous les humains ne perçoivent pas les services écosystémiques de la même façon

On pourrait penser que dans un contexte culturel donné, les relations que les individus ont développées avec la nature sont assez uniformes et normées, comparées aux différences observées entre cultures. Postuler une homogénéité normative dans les rapports qu'une communauté locale ou nationale entretient avec la nature simplifie d'ailleurs beaucoup les réflexions autour de la mise en place de politiques locales qui lient protection de la biodiversité et développement local ! L'histoire culturelle occidentale a en effet modelé une relation entre les sociétés humaines et la nature que certains appellent le *paradigme social dominant*, développé en quatre points : la nature est composée d'éléments inertes ou physico-chimiques ; qui peuvent être contrôlés par des individus humains ; qui cherchent à augmenter leur bien-être et les bénéfices qu'ils peuvent en tirer ; et dont les travaux participent au progrès (Koger et Winter, 2010).

Cependant, même en restant dans le contexte occidental, nous n'avons évidemment pas tous les mêmes relations à la nature et à la biodiversité. Une étude récente (Martin-

López *et al.*, 2012) sur les différences de perception des services écosystémiques menée auprès de plus de 1 000 Espagnols a révélé tout d'abord que les services considérés comme les plus importants par les personnes interrogées (d'après la classification du MEA) relèvent des services de régulation (purification de l'air, régulation de l'eau) et des services culturels (valeur d'existence, tourisme), bien avant les services d'approvisionnement (agriculture, élevage, pêche ou production de bois). Cependant, des différences importantes d'appréciation apparaissaient entre un public rural et âgé — qui préfère les services d'approvisionnement — et un public urbain et jeune — qui s'intéresse plutôt aux services de régulation. D'autres différences d'appréciation ont été révélées en fonction du niveau d'éducation des personnes interrogées (plus le niveau d'éducation est faible, plus les services d'approvisionnement sont cités), mais aussi du genre des personnes interrogées (les femmes désignant plutôt les services de régulation et les hommes les services d'approvisionnement).

D'autres travaux, conduits en France dans le département de la Seine-et-Marne auprès de 817 personnes habitant dans des milieux urbains denses (Simon *et al.*, 2012), relèvent des différences importantes de perception de la biodiversité et des services associés entre les personnes interrogées, en partie liées au lieu d'habitation (ressenti comme très urbain ou moins dense), au revenu et au niveau d'éducation : les personnes les plus concernées par la biodiversité ont un niveau d'éducation et un revenu plus élevés que la moyenne de l'échantillon, elles habitent plus souvent en maison individuelle et dans des habitats qu'elles définissent comme moins denses que les autres.

Enfin, des enquêtes par entretien approfondi menées auprès de 30 habitants du département de Seine-Saint-Denis (Prévot *et al.*, 2015) indiquent également une grande diversité de comportements individuels d'appropriation de la nature urbaine selon les contextes et les personnes interrogées : la nature urbaine peut être approchée pour des raisons utilitaristes, scientifiques ou esthétiques, mais aussi parfois comme médiateur de lien social.

Ces différences de rapport immédiat à la nature sont en partie expliquées par des positionnements individuels variés vis-à-vis du monde, eux-mêmes construits en même temps que notre propre identité individuelle. Suivant l'hypothèse de la *biophilie* (Kellert et Wilson, 1993), nous partageons tous un besoin d'affiliation avec la nature, probablement issu de notre histoire évolutive (en parallèle, l'hypothèse de la *biophobie* permet d'expliquer par notre histoire évolutive le fait que la majorité d'entre nous craignent les araignées ou les serpents — voir Ulrich, *in* Kellert et Wilson, 1993).

Les psychologues définissent les valeurs comme des *desirable end states that transcend specific situations*[28] (Koger et Winter, 2010, p. 107). Il est souvent considéré que les valeurs sont les états les plus difficiles à modifier, et qu'elles définissent au moins en partie nos comportements individuels. Stern (2000) propose une typologie des valeurs individuelles classées en trois grandes catégories. Les personnes animées par des valeurs égoïstes considèrent les problèmes environnementaux à l'aune de leurs impacts directs sur leur bien-être personnel ; ce sont les tenants du NIMBY (*Not In My BackYard*). Par contraste, les personnes qui développent des valeurs altruistes considèrent les questions environnementales à l'aune de leurs conséquences sur les humains (leurs proches et amis, mais aussi les générations futures ou la société en général). Les personnes altruistes sont

---

28. Littéralement : « des objectifs souhaités qui dépassent une situation particulière ».

peut-être celles qui seront le plus à même d'intégrer la fourniture de services écosystémiques de la biodiversité aux sociétés dans leurs prises de décision. Enfin, les personnes qui partagent des valeurs biosphériques considèrent les problèmes environnementaux en fonction des modifications qu'ils engendrent sur la biosphère elle-même, indépendamment des sociétés et des individus humains.

Les valeurs à partir desquelles nous nous construisons sont une part de notre identité, au même titre que les normes auxquelles nous adhérons (voir les « mondes » de Boltanski et Thévenot, 1991). Notre connexion avec le milieu naturel et la diversité peut, ou non, faire partie intégrante de la construction de notre identité personnelle. Plusieurs auteurs ont développé des échelles de mesure du degré avec lequel nous intégrons la nature dans notre identité personnelle : par exemple, l'échelle d'identité environnementale (Clayton, 2003) propose une série de 24 items (11 dans sa version courte) pour mesurer un degré de connexion avec la nature basé sur l'histoire individuelle, un attachement sensible et émotionnel à la nature. En contournant toute verbalisation (et donc une certaine forme d'objectivation), l'échelle d'inclusion de la nature dans le moi (Schultz, 2002) ou le test d'association implicite (Schultz *et al.*, 2004) essaient de capter les croyances premières, ou le degré d'inconscient écologique proposé par les écopsychologistes.

Quelle que soit la façon de la mesurer, les premières études indiquent une forte corrélation entre le degré de connexion des individus avec la nature et le niveau de comportements pro-environnement que ceux-ci mettent en œuvre. Il serait intéressant de corréler également ces degrés de connexion à la nature et le sentiment de bien-être développé au niveau individuel. Plusieurs modèles prédisent en effet une corrélation positive.

Dans nos sociétés occidentales, certaines traditions culturelles fondées sur un rapport étroit avec la biodiversité peuvent être pourvoyeuses de bien-être : recherche du premier œuf annuel du vanneau huppé en Frise, aux Pays-Bas ; chasse à la palombe dans le Sud-Ouest de la France ; pêche traditionnelle du thon rouge en Sicile (l'*almadraba*) ; collecte de champignons en automne dans un grand nombre de pays ; gestion et exploitation locale des *dehesas* en Espagne (domaines fonciers municipaux dans lesquels le pâturage et la collecte d'éléments non ligneux sont autorisés). Dans ces exemples, la biodiversité ne joue pas de façon objective sur le bien-être, mais ces éléments de nature ont bien acquis une valeur symbolique, leur présence et les rituels sociaux liés à cette présence participent de fait au bien-être des personnes qui pratiquent ces activités traditionnelles.

Pourtant, d'une façon générale, nos sociétés occidentales sont confrontées à une déconnexion croissante avec la nature. Les nouvelles technologies de l'information nous offrent de plus en plus d'occasions de construire des liens virtuels avec des éléments de nature (notamment avec des documentaires, ou des systèmes d'observation à distance de modes de vie d'oiseaux ou de mammifères). Cependant, nos modes de vie (en ville, mais pas uniquement) limitent de plus en plus les contacts quotidiens que nous pouvons avoir avec la nature et la biodiversité : Pyle (2003) parle d'« extinction de l'expérience », Louv (2008) de « déficit de nature », Kahn (2002) d'« amnésie environnementale générationnelle ». Malgré une relation et une connaissance « théorique » de la biodiversité, notre déconnexion au quotidien peut diminuer la prise en compte de la biodiversité dans les comportements individuels ; mais elle génère en plus une forme de cercle vicieux : d'une façon générale, nous évaluons notre environnement en fonction de niveaux de référence que nous considérons comme acceptables (prix de la vie, températures de saison, etc.). Nous construisons notre grille de référence au moment des premières constatations que nous effectuons des phénomènes concernés. Pour le lien avec la nature, il semble que c'est dans l'enfance que chaque individu évalue le niveau acceptable de biodiversité pour lui (Pyle, 2003). La déconnexion d'avec la nature a pour conséquence une diminution progressive du niveau de référence des citoyens pour la nature et pour les liens entre nature et bien-être, et donc une demande de moins en moins forte de nature…

Nous avons donc vu que la biodiversité peut augmenter le bien-être individuel et collectif, mais que ce lien n'est pas perçu par tout le monde de la même façon. La perception de ce lien varie en fonction des individus mais aussi des cultures, des contextes et des générations. Il en va de même pour la perception des services écosystémiques, notamment en fonction des contextes.

Dans nos sociétés occidentales, la recherche d'un meilleur bien-être est un moteur majeur de tout changement de comportement. Si nous gardons comme objectif de protéger la biodiversité, et que nous pensons atteindre cet objectif sans séparer celle-ci des activités humaines, il nous faut donc trouver des conditions pour relier de façon positive biodiversité et bien-être. Dans la dernière partie de ce chapitre, nous proposons d'aborder cette question par une adaptation de l'approche par les capacités développée par Amartya Sen.

Relier biodiversité, services et bien-être par une adaptation de l'approche par les capacités

L'approche de Sen s'intéresse à la façon dont les personnes ont la possibilité de réaliser les fonctionnements (*functionings*) qu'elles valorisent et qu'elles ont des raisons de valoriser (Sen, 1985). Une *capabilité* est la capacité ou la potentialité, pour un individu, d'effectuer des actes ou d'atteindre un état que lui-même valorise, soit l'ensemble des fonctionnements potentiels que l'individu peut réaliser. Pour Sen, « si les fonctionnements accomplis constituent son bien-être, la capabilité d'accomplir des fonctionnements constituera sa liberté — ses possibilités réelles — de jouir du bien-être » (Sen, 1992, p. 67). Cette approche décrit un processus dynamique fondé sur deux grandes étapes :
– une étape de définition et de mise en œuvre collective du plus large ensemble possible de capabilités, c'est-à-dire d'un éventail de possibilités réelles des individus d'atteindre les résultats auxquels ils accordent personnellement de la valeur ;
– une étape de choix libres, qui ouvrent eux-mêmes des futurs différents pour chacun.

Cette liberté de choix doit être comprise ici comme une « liberté positive », c'est-à-dire la possibilité d'« être son propre maître », et non pas comme une liberté négative, qui « consiste à ne pas être entravé dans ses choix par d'autres » (Berlin, 1958).

Ce cadre d'analyse et d'action (fig. 5.1) a pour objectif l'augmentation des libertés individuelles. Pour autant, il n'évacue aucunement les contextes sociaux, en insistant beaucoup sur les contextes dans lesquels ces libertés peuvent se concrétiser. Ainsi, la définition et la mise en œuvre réelle de l'ensemble des capabilités dépendent de facteurs de conversion abstraits tels que les droits individuels, les règlementations ou les normes sociales, mais également concrets, tels que les aménagements territoriaux, le nombre d'établissements scolaires ou culturels, ou autres. De même, si la réalisation des choix individuels dépend évidemment des histoires et des valeurs personnelles de chacun, les prises de décision sont elles-mêmes en partie influencées par les contextes

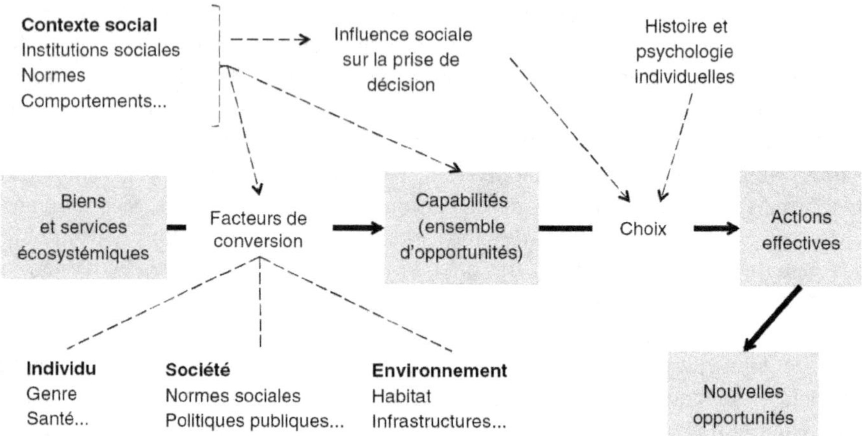

Figure 5.1. Approche capacitaire du lien entre ressources et libertés individuelles, proposé par Sen (d'après Robeyns, 2005).

socioculturels (Robeyns, 2005). Enfin, ce cadre ne nie pas l'importance des normes, valeurs ou réglementations sociales, mais les considère à travers le prisme des réalisations et des valorisations individuelles.

Comment adapter l'approche par les capacités pour repenser le lien entre biodiversité, services écosystémiques et bien-être ?

En insistant sur l'importance d'augmenter l'éventail des possibilités de fonctionnement des individus, Sen oublie qu'une partie des biens et services qui sont à la base de ces fonctionnements ne constituent pas une ressource illimitée. Dès lors que l'on veut utiliser cette approche pour parler de biodiversité, la première adaptation logique à effectuer est de penser cet ensemble de biens et services comme un ensemble fini de ressources, dont il faut préserver l'existence et la dynamique évolutive. Alors, il est nécessaire de vérifier que les choix réalisés par les individus s'agissant de leurs fonctionnements ne soient pas dommageables pour la biodiversité. Cette condition peut être construite dans la définition même des capabilités (c.-à-d. par des actions et des régulations collectives) ou dans les choix individuels (c.-à-d. en jouant sur les motivations individuelles). Mais il s'agit d'une possibilité de construire collectivement un espace de liberté soutenable (fig. 5.2).

Les modalités de la définition de cet espace de liberté soutenable restent à inventer. Par exemple, en établissant collectivement les critères d'un système durable qui incluent la biodiversité et le bouquet de services lié, ou bien en faisant intervenir des experts et des collectifs de citoyens dans les contextes les plus variés possibles.

Permettre l'augmentation des composantes objectives du bien-être : agir sur les facteurs de conversion de la biodiversité en capabilités

L'importance est ici d'inclure les représentations du monde et toutes les relations à la nature des individus, tant qu'elles ne remettent pas en cause l'espace de libertés défini collectivement. Il est de la responsabilité des politiques publiques d'offrir les possibilités

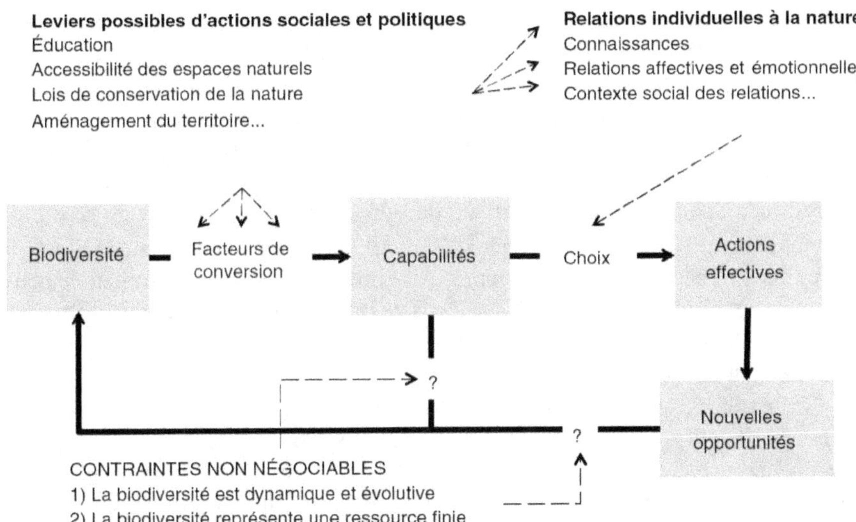

Figure 5.2. Adaptation de l'approche capacitaire pour relier biodiversité, bien-être et libertés.

effectives pour que chacun puisse mettre en œuvre ses choix de vie dans ce cadre-là, sans aucune injonction normative.

Certains facteurs de conversion relèvent de l'organisation de la société, depuis le cadre légal jusqu'à la construction d'infrastructures. Concernant l'accès à la biodiversité, les questions suivantes pourraient être débattues dans nos sociétés : quels types et quelle quantité de biodiversité ou de nature veut-on privilégier, et dans quels contextes ? Veut-on permettre une accessibilité à cette biodiversité à tous ? Si tel n'est pas le cas, pourquoi ? Si tel est le cas, quels types de réseaux d'infrastructures mettre en place pour rendre cette liberté réelle et effective ?

D'autres facteurs de conversion sont individuels, comme le genre, l'âge, l'état de santé ou l'éducation. En fonction de ces différents critères, les personnes ne réagissent pas de la même façon aux enjeux de biodiversité. Certains travaux indiquent par exemple que les femmes sont plus réceptives aux questions de biodiversité (Koger et Winter, 2010) ; les courants écoféministes cherchent d'ailleurs à lutter à la fois pour l'environnement et pour la justice sociale (en particulier contre les inégalités entre les sexes). La prise en compte de ces différences pour augmenter les libertés réelles de prise en compte de la biodiversité dans les choix individuels pose la question plus large de l'égalité des citoyens en droit, mais elle mériterait sans doute d'être posée.

Permettre l'augmentation des composantes subjectives du bien-être : valoriser les choix individuels

La théorie du comportement planifié (Ajzen, 1991) postule que nos intentions d'agir dépendent de l'attitude que nous adoptons vis-à-vis du comportement en question, de la manière dont nous pensons être encouragés dans ce comportement par nos proches (des normes subjectives) et d'une auto-évaluation de notre niveau de réussite dans ce comportement (du contrôle perçu). Pour encourager la prise en compte de la biodiversité dans nos comportements quotidiens, peut-être est-il possible de jouer sur ces trois facteurs :

– les attitudes individuelles vis-à-vis de la biodiversité, pour lesquelles un levier d'action est probablement l'éducation, mais également tout ce qui pourra encourager une « reconnexion » des individus à la nature et à la biodiversité, dans le champ cognitif et intellectuel, aussi bien que sur le plan de l'affect, de l'émotion, du sensoriel et du sensible ;

– les normes subjectives, où l'importance du « qu'en dira-t-on » et de la mode n'est plus à démontrer dans l'observation de l'évolution des comportements. Mais au lieu de considérer cela comme un obstacle, gageons qu'il existe un point de basculement, un nombre d'individus seuil, au-delà duquel les comportements tenant compte de la biodiversité se répandront par imitation sociale ;

– l'auto-évaluation de réussite, car s'il est de la responsabilité de la société de rendre accessibles et réalisables les comportements individuels pro-biodiversité, il est important aussi que chacun d'entre nous perçoive ses propres comportements comme réellement utiles pour la biodiversité en général. L'adoption d'un jardinage biologique dans son jardin augmente très rapidement la biodiversité sur la parcelle ; le retour est visible localement. Mais qu'en est-il de la biodiversité à une échelle plus large ? Et quels comportements encourager auprès de personnes qui n'ont pas de jardin ?

Les écologues et autres scientifiques pourraient apporter des réponses à ces questions, malgré les incertitudes des modèles actuels de scénarios de biodiversité. Il nous semble être de la responsabilité des scientifiques de la conservation d'apporter des clés aux citoyens pour identifier des comportements respectueux de la biodiversité « qui fonctionnent ».

La théorie du comportement planifié est utile pour discuter de directions possibles afin d'augmenter la motivation des individus à tenir compte de la biodiversité dans leurs actions quotidiennes. Cependant, cette théorie postule une relation directe et unidirectionnelle entre intention et action.

Or la pratique même de comportements, même s'ils sont imposés, peut entraîner aussi des changements de valeurs. C'est probablement ce qui s'est passé avec le tri sélectif des déchets en France : la législation et l'installation de poubelles de tri dans les immeubles et les maisons individuelles (facteurs de conversion) ont entraîné l'émergence d'un comportement individuel de tri qui, même s'il est encore très imparfait, commence à modifier nos attitudes. Il semble maintenant « normal » à un certain nombre d'entre nous de chercher les bacs de tri pour jeter nos déchets.

Conclusion

Les liens positifs entre biodiversité et bien-être humain sont maintenant reconnus dans la mise en œuvre des politiques internationales, ou de nouvelles institutions (telles que l'IPBES). Cependant, la réalité de ces liens reste peu connue, de même que les solutions susceptibles de les rendre soutenables et durables dans le temps.

Dans ce chapitre, nous avons montré que les liens entre biodiversité et bien-être sont complexes, qu'ils varient en fonction des contextes et des individus qui les perçoivent (ou non) et qu'ils peuvent même évoluer au cours du temps pour un même individu. Toutes ces caractéristiques inscrivent l'étude de ces liens dans une approche interdisciplinaire de la complexité.

Un cadre théorique possible d'analyse de ces liens reprend et adapte l'approche capacitaire de Sen, qui insiste sur la possibilité réelle pour chacun de donner une valeur, en toute connaissance de cause, à ses choix de vie. L'intégration de la biodiversité dans nos choix de vie quotidiens dépend de la valeur que chacun peut lui donner. L'éducation à l'environnement est bien sûr incontournable pour donner des bases rationnelles et cognitives aux choix, mais l'expérience de nature — la *reconnexion* — est également primordiale dans la construction des identités individuelles. Cette reconnexion pourrait permettre de nous recentrer non plus sur nous-mêmes ou sur nos semblables, mais dans un monde plus large dont nous faisons partie.

Les services écosystémiques sont l'une des entrées possibles pour réfléchir aux liens entre nos propres fonctionnements et le fonctionnement de la biodiversité. Sous certaines conditions, tenir compte de la biodiversité dans nos actions quotidiennes pourrait être un levier pour plus de libertés, plus de bien-être, voire une meilleure cohésion sociale.

Références

Ajzen I., 1991. The Theory of planned behavior. *Organizational Behavior and Human Decision Processes*, 50, 179-211.

Balvanera P., Pfisterer A.B., Buchmann N., He J.-S., Nakashizuka T., Raffaelli D., Schmid B., 2006. Quantifying the evidence for biodiversity effects on ecosystem functioning and services. *Ecology Letters*, 9 (10), 1146-1156.

Barbault R., Atramentovicz M., eds., 2010. *Les Invasions biologiques : Une question de natures et de sociétés*, Quæ, Versailles, 179 p.

Bennett E.M., Peterson G.D., Gordon L.J., 2009. Understanding relationships among multiple ecosystem services. *Ecology Letters*, 12 (12), 1394-1404.

Berlin I., 2002 [1958]. Two concepts of liberty. *In : Liberty* (I. Berlin, ed.), Oxford University Press, Oxford, USA, [édition revue et augmentée des *Four Essays on Liberty*, 1ère édit. 1969], 118-172.

Boltanski L., Thévenot L., 1991. *De la justification : Les économies de la grandeur*, coll. NRF Essais, Gallimard, Paris, 483 p.

CBD-COP, 2010. Decisions X/2, <https://www.cbd.int/decision/cop/?id=12268> (consulté le 23 déc. 2015).

Clayton S., 2003. Environmental identity: A conceptual and an operational definition. *In : Identity and the Natural Environment: The Psychological Significance of Nature* (S. Clayton, S. Opotow, eds.), Institute of Technology Press, Cambridge, USA, 45-66.

Daily G.C., ed., 1997. *Nature's Services: Societal Dependence on Natural Ecosystems*, Island Press, Washington D.C., USA, 416 p.

Kahn P.H. Jr, 2002. Children's affiliations with nature: Structure, development, and the problem of environmental generational amnesia. *In : Children and Nature: Psychological, Sociocultural, and Evolutionary Investigations* (P.H. Kahn Jr., S.R. Kellert , eds.), MIT Press, Cambridge, USA, 93-116.

Kahneman D., Krueger A.B., 2006. Developments in the measurement of subjective well-being. *Journal of Economic Perspectives*, 20 (1), 3-24.

Kellert S.R., Wilson E.O., eds., 1993. *The Biophilia Hypothesis*, Island Press, Washington D.C., USA, 496 p.

Keune H., Kretsch C., De Blust G., Gilbert M., Flandroy L., Van den Berge K., Versteirt V., Hartig T., De Keersmaecker L., Eggermont H., Brosens D., Dessein J., Vanwambeke S., Prieur-Richard A.-H., Wittmer H., Van Herzele A., Linard C., Martens P., Mathijs E., Simoens I., Van Damme P., Volckaert F., Heyman P., Bauler T., 2013. Science-policy challenges for biodiversity, public health and urbanization: Examples from Belgium. *Environmental Research Letters*, 8 (2), [en ligne], <http://iopscience.iop.org/1748-9326/8/2/025015> (consulté le 23 déc. 2015).

Koger S.M., Winter D.D.N., 2010 [3e édit.]. *The Psychology of Environmental Problems: Psychology for Sustainability*, Psychology Press, New York, 504 p.

Louv R., 2008. *Last Child in the Woods: Saving our Children from Nature-Deficit Disorder,* Algonquin Books, Chapel Hill-New York, USA, 390 p.

Martin-López B., Iniesta-Arandia I., García-Llorente M., Palomo I., Casado-Arzuaga I., García Del Amo D., Gómez-Baggethun E., Oteros-Rozas E., Palacios-Agundez I., Willaarts B., González J.A., Santos-Martín F., Onaindia M., López-Santiago C., Montes C., 2012. Uncovering ecosystem services bundles through social preferences. *PLoS ONE*, 7 (6), [en ligne], <http://journals.plos.org/plosone/article?id=10.1371/journal.pone.0038970> (consulté le 23 déc. 2015).

MEA, 2005. *Ecosystems and Human Well-being: Synthesis*, Island Press, Washington D.C., USA, 160 p., [en ligne], <http://www.millenniumassessment.org/documents/document.356.aspx.pdf> (consulté le 23 déc. 2015).

Nahlik A.M., Kentula M.E. M., Fennessy M.S., Landers D.H., 2012. Where is the consensus? A proposed foundation for moving ecosystem service concepts into practice. *Ecological Economics*, 77, 27-35.

OMS, 1948. Constitution de l'Organisation mondiale pour la santé, [en ligne], <http://apps.who.int/gb/bd/PDF/bd47/FR/constitution-fr.pdf> (consulté le 23 déc. 2015), 18 p.

Pipien G., Morand S., eds., 2013. *Notre santé et la biodiversité : Tous ensemble pour protéger le vivant*, Buchet-Chastel, Paris, 224 p.

Prévot A.-C., Servais V., Piron A., 2015. Comme tout le monde, les habitants de la Seine-Saint-Denis ont plusieurs manières de se relier à la nature urbaine. *Le Biodiversitaire*, 6, 120-125, [en ligne], <http://parcsinfo.seine-saint-denis.fr/Le-Biodiversitaire.html> (consulté le 23 déc. 2015).

Pyle R.M., 2003. Nature matrix: Reconnecting people with nature. *Oryx*, 37 (2), 206-214.

Robeyns I., 2005. The capability approach: A theoretical survey. *Journal of Human Development*, 6 (1), 93-117.

Schultz P.W., 2002. Inclusion with nature: Understanding the psychology of human-nature interactions. *In : The Psychology of Sustainable Development* (P. Schmuck, P.W. Schultz, eds.), Kluwer, New York, USA, 61-78.

Schultz P.W., Shriver C., Tabanico J.J., Khazian A.M., 2004. Implicit connections with nature. *Journal of Environmental Psychology*, 24 (1), 31-42.

Sen A., 1985. *Commodities and Capabilities*, Oxford University Press, Oxford, UK, 102 p.

Sen A., 1992. *Inequality Re-examined*, Clarendon Press, Oxford, UK, 224 p. / *Repenser l'iné-galité*, Seuil, Paris, 2000, 281 p.

Simon L., Riboulot M., Goeldner L., Humain-Lamoure A.-L., 2012. La biodiversité perçue et vécue par les urbains en Seine-et-Marne. *In : L'Exigence de la réconciliation : Biodiversité et société* (C. Fleury, A.-C. Prévot-Julliard, eds.), Fayard-MNHN, Paris, 421-432.

Stern P.C., 2000. Toward a coherent theory of environmentally significant behavior. *Journal of Social Issues*, 56 (3), 407-424.

Stone D., 2006. Sustainable development: Convergence of public health and natural environment agendas, nationally and locally. *Public Health*, 120 (12), 1110-1113.

Summers J.K., Smith L.M., Case J.L., Linthurst R.A., 2012. A review of the elements of human well-being with an emphasis on the contribution of ecosystem services. *Ambio*, 41, 327-340.

Suzán G., Marcé E., Giermakowski J.T., Mills J.N., Ceballos G., Ostfeld R.S., Armién B., Pascale J.M., Yates T.L., 2009. Experimental evidence for reduced rodent diversity causing increased hantavirus prevalence. *PLoS ONE*, 4 (5), [en ligne], <http://www.plosone.org/article/info%3Adoi%2F10.1371%2Fjournal.pone.0005461> (consulté le 23 déc. 2015).

Vaughan D., 2000. Tourism and biodiversity: A convergence of interests? *International Affairs*, 76 (2), 283-297.

Chapitre 6
Approches écologiques et économiques de l'offre et la demande de services écosystémiques

Harold Levrel, Philip Roche, Ilse Geijzendorffer et Rémi Mongruel

Introduction

La notion de service écosystémique a pour objectif une meilleure prise en compte de la durabilité et de l'intégrité de l'environnement dans les analyses socioéconomiques en fournissant un outil d'analyse des interdépendances entre la société et les écosystèmes. De nombreuses définitions des services écosystémiques existent. Elles prennent leurs racines dans l'un ou l'autre des champs disciplinaires qui s'intéressent actuellement à cette notion et envisagent ainsi cette dernière selon différents contours. En se basant sur les travaux récents, nous adopterons dans le cadre de ce chapitre la définition suivante : un service écosystémique est un bien ou un service qui a pour origine les écosystèmes et dont les êtres humains bénéficient directement ou indirectement (MEA, 2005 ; Boyd et Banzhaf, 2007).

D'un point de vue général, un service écosystémique résulte de la rencontre entre une propriété ou capacité de l'écosystème à délivrer des fonctions et une demande de la société pour ces dernières. Cela nécessite l'idée que les potentialités fonctionnelles des écosystèmes puissent être assimilées à une offre.

Une notion connexe est celle des services environnementaux. Il convient de reconnaître qu'un certain flou existe concernant les contours respectifs des notions de services écosystémiques et de services environnementaux, amenant certains auteurs à les utiliser de manière interchangeable notamment dans certains secteurs économiques, tels que celui de l'agriculture. La particularité des services environnementaux est qu'ils concernent principalement les externalités environnementales positives entre acteurs économiques et non seulement les services rendus aux êtres humains par les écosystèmes (Méral, 2010).

Dans le cadre de ce chapitre, nous avons considéré uniquement les services écosysté-miques. Nous souhaitons en effet proposer une vision interdisciplinaire des interactions société/nature plutôt qu'une analyse de la valorisation économique de l'environnement résultant des interactions entre acteurs économiques.

L'offre et la demande sont centrales en économie car elles définissent les notions de rareté, de valeur et de richesse, mais aussi la manière dont il est possible d'envisager des formes d'incitations à investir dans la production d'un bien ou d'un service. Pour les services écosystémiques, cet investissement peut prendre la forme de mesures de protec-tion, d'action de restauration, de changements techniques conduisant à la diminution des pressions anthropiques ou de pratiques de gestion des écosystèmes et de leurs propriétés.

Nous proposons dans ce chapitre de traiter tour à tour la question de l'offre et de la demande de services écosystémiques, en adoptant une approche à la fois économique et écologique. Dans un premier temps, nous allons caractériser l'offre de services écosys-témiques en apportant des précisions sur les structures et fonctions de l'écosystème qui sont à la base de la production de services. Dans un second temps, nous nous intéres-serons à la demande en essayant de caractériser cette dernière à partir d'un exercice de classification relativement simple.

L'offre : les déterminants de la capacité écologique de services écosystémiques

La notion d'offre n'est pas un concept usuel en écologie. L'écologie scientifique s'est développée principalement dans une perspective non-anthropocentrée en visant à comprendre les processus d'interactions entre les êtres vivants et entre les êtres vivants et leurs milieux. Même si l'écologie appliquée traite depuis plusieurs décennies des ques-tions relatives à la gestion des écosystèmes, soit au bénéfice des êtres humains, soit au bénéfice de la conservation des écosystèmes et de leur biodiversité, la notion de service écosystémique nécessite d'ouvrir le champ disciplinaire de l'écologie à celui des sciences humaines et sociales.

En amont de l'usage par les êtres humains des services écosystémiques se trouve la capacité biophysique des écosystèmes à fournir ces derniers. Cette capacité biophysique qui résulte de l'état et du fonctionnement des écosystèmes peut être assimilée à un poten-tiel d'offre de services, qui ne sera réellement exprimé que s'il est utilisé *in fine* par les êtres humains (Schröter *et al.*, 2014).

Il convient de noter que, dans le cadre des écosystèmes gérés, le potentiel écologique de service est fortement dépendant des modalités de gestion qui vont favoriser telle ou telle fonction ou état. Le potentiel d'offre de services écosystémiques est alors co-généré par les écosystèmes et les êtres humains. On peut penser que ce constat est valable pour une grande partie de l'Europe de l'Ouest en particulier.

Le potentiel d'offre est par ailleurs fortement dépendant de la nature du service écosystémique, de la perception sociale de celui-ci, des usages qui peuvent en être fait, des échelles spatiales et temporelles considérées et de la position de l'écosystème au sein du paysage (notion d'accessibilité, position de l'écosystème fournissant le service par rapport à l'usager, etc.). Ainsi, à titre d'exemple, le potentiel d'offre de service récréatif fourni par l'observation de la nature dépend de la biodiversité locale que les visiteurs peuvent observer, mais le service écosystémique rendu dépend également des technologies utilisées pour observer la nature (jumelles, lunettes d'observation, etc.) et des infrastructures en place (points d'observation, pistes et routes d'accès, logement, etc.) (Vira et Adams, 2009). L'offre de service est de fait bien souvent le résultat d'une interaction entre le potentiel écologique et l'investissement dans des technologies et aménagements donnés.

Services écosystémiques, propriétés des écosystèmes et potentiels d'offre

Les entités ou mécanismes considérés comme participant à la fourniture des services écosystémiques sont multiples. Quelques services peuvent être considérés comme issus directement de la biodiversité, tandis que d'autres sont issus des fonctions des écosystèmes et enfin d'autres résultent de l'interaction entre des fonctions écologiques et des actions humaines.

Un écosystème est un complexe dynamique de communautés d'êtres vivants et de leur environnement formant une unité fonctionnelle. En pratique, on le qualifie et on le quantifie à l'aide de paramètres d'états (structure, composition, milieux physico-chimiques, etc.) et de paramètres fonctionnels ou fonctions (interactions, dynamique, flux de matières et d'énergie, etc.).

Ainsi, il est possible de différencier :
— la structure de l'écosystème, qui représente l'organisation spatiale de ses différentes composantes et qui dépend en partie de la composition en espèces, mais également de la dynamique temporelle de l'écosystème ;
— les fonctions, qui représentent l'ensemble des processus résultant de l'interaction entre espèces et entre les espèces et leurs milieux, et qui dépendent de la composition spécifique et des conditions physico-chimiques du milieu ;
— le stock, qui correspond à la totalité de la biomasse (terme générique pour décrire la quantité d'éléments vivants) disponible au sein de l'écosystème à un moment donné.

Ces trois composantes sont en interaction dynamique.

En première analyse, ces trois composantes peuvent être à la base de différents groupes de services (fig. 6.1) :
— les stock-services, qui recouvrent en grande partie les biens qui peuvent être extraits de l'écosystème et exportés pour être utilisés ou modifiés (par ex., nourriture, fibres, etc.) ;
— les processus-services, qui recouvrent les services qui nécessitent le fonctionnement de l'écosystème pour être produits. Ils ne sont généralement pas exportables et dépendent de la maintenance de l'intégrité de l'écosystème (par ex., contrôle de l'érosion par les racines, épuration de l'eau, épuration de l'air, etc.) ;
— les structure-services, qui recouvrent les services qui dépendent de la structure spatiale et/ou de l'apparence de l'écosystème (par ex., appréciation esthétique, récréation, contrôle du vent, etc.).

D'une manière très générale, il est possible de rattacher cette typologie à la typologie classique des services écosystémiques (approvisionnement, régulation, support et culturel) depuis que le MEA (2005) a proposé cette classification. Dans ce cadre, les stock-services sont des services d'approvisionnement, les processus-services sont des services de régulation et de support. Pour les structure-services, cette relation est cependant moins évidente. Certaines d'entre eux renvoient aux services culturels mais ces relations ne sont pas univoques.

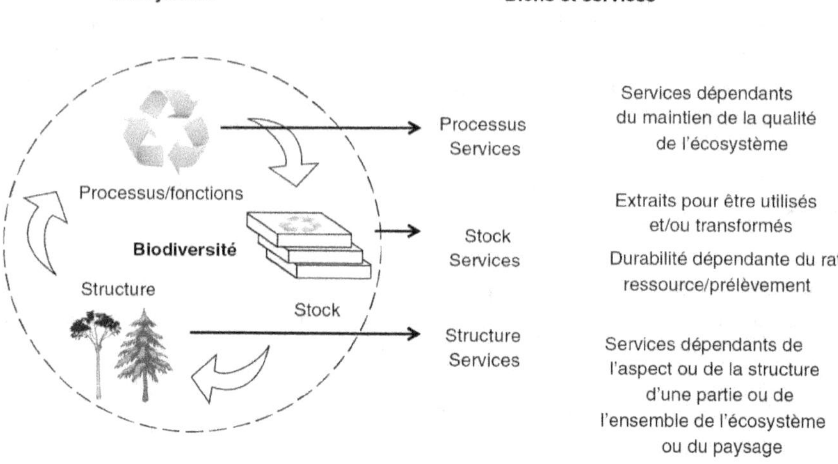

Figure 6.1. Relation entre composantes de l'écosystème et services écosystémiques.

La reconnaissance de la complexité des écosystèmes conduit à privilégier une approche en termes de « bouquets de services » (*services bundle*) qui permet d'offrir une vision multifonctionnelle des services écosystémiques en les regroupant entre eux selon leurs proximités fonctionnelles. Cela permet par ailleurs de pouvoir expliciter les compromis à réaliser quant à l'offre de services entre lesquels il existe des synergies et d'autres entre lesquels il existe des dynamiques opposées.

À titre d'exemple, une zone humide peut rendre un service de contrôle des inondations, mais également d'épuration des eaux de surface, de stockage d'eau, de stockage de carbone, de récréation pour l'observation des oiseaux, etc. Le drainage de cette zone pour fournir de nouveaux stocks de services tels que la production agricole peut altérer l'ensemble des processus et structures à l'origine de la production de nombreux services culturels et de régulation.

En tout état de cause, l'évaluation du potentiel d'offre de service doit s'appuyer sur une analyse des capacités de l'écosystème au regard des composantes de l'écosystème qui produisent et maintiennent le service (stock, processus, structure). Cela nécessite notamment :
– de réaliser des inventaires de terrain avec une cartographie d'habitats auxquels il est possible d'associer la production de certaines catégories de services écosystémiques ;
– d'utiliser des proxys (imagerie, géomatique, etc.) ;
– d'adopter une approche par traits fonctionnels d'espèces (fournissant des indicateurs fonctionnels pour la description des services écosystémiques) ;
– d'utiliser des modèles croisant les dynamiques écologiques et économiques.

Une intégration des approches écologiques des services écosystémiques dans les modèles économiques d'offre

D'un point de vue économique, l'offre s'exprime le plus souvent à partir de fonctions de production basées sur des hypothèses de substitutions possibles entre le capital humain (le travail) et le capital physique (les machines et la technologie). Cette offre subit par ailleurs une contrainte budgétaire qui oblige à considérer un niveau de ressource donné que l'entrepreneur essaie d'allouer de la manière la plus optimale possible (en ayant des stratégies de substitution entre du capital humain et du capital physique) au regard d'un objectif de production donné. S'intéresser à la question de la production de services écosystémiques nécessite de repenser ces modèles économiques de production en intégrant des fonctions de production écologiques (De Groot *et al.*, 2002). À ce titre, cela représente un véritable changement paradigmatique dans la manière d'appréhender la production de richesse du point de vue économique (Daly, 1997).

Très concrètement, cela peut se traduire par l'analyse de la complémentarité entre certains traits fonctionnels d'espèces et des caractéristiques d'habitats à différente échelles qui permettent tous ensemble de produire des services écosystémiques. Cette approche met l'accent sur la nécessité d'une prise en compte de l'ensemble des interactions écologiques nécessaires à la production d'un service écosystémique particulier.

Ainsi, un service de purification de l'eau est lié au potentiel de bioturbation des organismes aquatiques, au taux de croissance des organismes du sol et des organismes aquatiques, à la photosynthèse des plantes non vasculaires et aux caractéristiques physico-chimiques du substrat (Díaz *et al.*, 2007). Le service de pollinisation dépend quant à lui du niveau de spécialisation des invertébrés terrestres, de leur diversité, de leurs abondances, de leurs tailles et de leurs modes d'alimentation. Ce sont les interactions entre ces traits fonctionnels qui conduisent à la production de services écosystémiques et permettent ainsi de repenser des fonctions de production économique standard à partir de composantes écologiques.

L'offre de service va par ailleurs dépendre des modalités d'extraction ou d'accès aux stocks, processus et structures des écosystèmes. La position de la forêt dans le paysage par rapport aux autres composantes du système va par exemple moduler les processus-services (par ex., lutte contre l'érosion si positionnée sur pentes, épuration de l'eau si en aval de l'utilisation, etc.). Cette forêt peut par ailleurs être plus ou moins bien desservie par des routes, ce qui conditionne fortement l'usage récréatif qui peut en être fait.

Il convient néanmoins de s'interroger sur les limites de la transposition de la notion de « fonction de production » aux écosystèmes (cf. chap. 7).

La demande : une analyse des formes de demandes socioéconomiques

L'approche par la demande est l'approche privilégiée par les méthodes économiques visant à estimer l'importance des services écosystémiques pour la société.

La demande est ce qui va justifier que l'on considère la biodiversité comme une ressource, comme un capital naturel, comme quelque chose qu'il faut valoriser et protéger, et dans lequel il faut investir. Cela revient à considérer que les stocks, les processus et les structures qui composent l'écosystème ont une valeur à partir du moment où la demande pour les services qu'ils délivrent a été révélée.

En effet, le problème de l'érosion de la biodiversité, selon la théorie économique de l'offre et de la demande, est avant tout lié à une prise en compte insuffisante de la demande réelle, par la société, pour de la protection de la biodiversité et de la production de services écosystémiques.

Du point de vue économique, l'approche par la demande est fondée sur la notion de préférence individuelle — envisagée le plus souvent à partir d'arbitrages concernant des choix de consommation — et est à l'origine de la valeur économique que l'on peut attribuer aux choses. Ces préférences sont contraintes par un niveau de ressources disponible que l'individu tente d'allouer de la manière la plus optimale possible (en ayant des stratégies de substitution entre différents biens et services) au regard d'un objectif de maximisation de son bien-être. Sans préférence exprimée, il n'y a pas de valeur et pas de demande pour un service écosystémique.

Un problème pour la biodiversité et les services écosystémiques qu'elle produit est que ces derniers renvoient souvent à des demandes non marchandes qui sont mal reconnues, mal calculées et mal prises en compte dans les processus de décision. Ainsi, les coûts sociaux réels associés à l'exploitation de l'écosystème ne seront la plupart du temps pas correctement évalués car ils ne prendront pas en compte les impacts sur des usages tels que l'observation des oiseaux, la pêche de loisir, le sentiment de bien-être associé à un environnement naturel, etc. De la même manière, si une action de conservation est menée, les bénéfices qu'elle va générer pour l'ensemble de la société risquent d'être sous-évalués.

Le problème vient du fait qu'une part importante de la biodiversité et des services écosystémiques renvoie à ce que l'on nomme des biens non rivaux et non exclusifs (tab. 6.1) : ils représentent la plupart du temps des biens publics ou des biens communs.

Tableau 6.1. Catégorie de biens pour lesquels il peut exister une demande.

	Forte rivalité dans les usages	Faible rivalité dans les usages
Facilité à exclure certains usages	Biens et services privés : zone humide ou forêt privées, gènes brevetés	Biens et services de club : parc naturel marin et accès réglementé
Difficulté à exclure certains usages	Biens et services communs : stocks de pêche, faune chassée	Biens et services publics : paysage, oiseaux sauvages, services de filtration de l'eau

C'est pourquoi les individus vont exprimer leur attachement aux biens public et commun que représentent la biodiversité et les services qu'elle fournit à partir d'autres leviers que la consommation. En tant que citoyens, il est ainsi possible de voter pour des représentants qui vont proposer des programmes de protection de la biodiversité ou de valorisation des services écosystémiques, de s'investir dans des associations environnementales ou de participer à des manifestations contre un projet générant la destruction d'écosystèmes. Les préférences révélées par les actes de consommation ne sont évidemment pas du même ordre que celles révélées par des choix citoyens, qui renvoient à des attentes en termes de modèles de société. En tout état de cause, une part importante des services écosystémiques étant de nature publique ou commune, le rôle de l'État est essentiel pour relayer les préférences (des citoyens ou des consommateurs) vis-à-vis de ces derniers.

La demande pour les services écosystémiques est le plus souvent décrite en économie à partir des usages plus ou moins directs que l'on a de la biodiversité (Centre d'analyse stratégique, Chevassus-au-Louis, 2009). Étant donné la littérature importante sur le sujet et le caractère relativement théorique de certaines classifications, nous proposons ici d'aborder la question de la demande des services écosystémiques sous un autre angle, en décrivant la nature de cette demande dans des secteurs économiques spécifiques (Aznar et Perrier-Cornet, 2004).

La demande de services-activités

La demande de services-activités correspond à une demande d'opérations spécifiques réalisées par un prestataire (Gadrey, 2000). Pour ce qui concerne les services écosystémiques, il s'agit finalement d'une demande qui implique qu'un prestataire protège un service écosystémique, le restaure ou le maintienne au bénéfice d'une autre partie. Il peut s'agir de la restauration d'un habitat visant au traitement naturel de l'eau, du maintien d'un cordon dunaire pour éviter une érosion du trait de côté, d'actions de protection de la biodiversité, d'entretien des parcs publics, etc.

Il est intéressant de mentionner un secteur qui s'est particulièrement développé ces dernières années : celui de l'ingénierie et de la restauration écologiques. On observe en effet en France, suite au renforcement de la loi sur les études d'impacts, une nouvelle demande pour les services-activités en rapport avec la restauration d'écosystèmes, qui doit permettre de justifier les actions de compensation écologique réalisées suite à l'impact de projets de développement (Scemama et Levrel, 2013). Le paradoxe est que le développement de ce secteur est basé sur la destruction de l'offre écologique potentielle par ailleurs.

La demande pour les services-activités n'est la plupart du temps pas directement payée par les citoyens et cela rend difficile l'évaluation des consentements à payer pour des politiques de conservation comme Natura 2000 par exemple. On peut ainsi se demander quelle est la demande réelle pour ces services-activités et il existe ainsi un risque de déconnexion entre les consentements à payer des citoyens et les dépenses engagées par la force publique pour rémunérer certains services-activités.

Ceci explique aussi pourquoi les textes réglementaires prévoient souvent que les coûts de mise en œuvre de ces réglementations environnementales ne doivent pas être disproportionnés, c'est-à-dire que les bénéfices associés à ces actions soient inférieurs à leurs coûts (Feuillette *et al.*, 2015). Dans le cas de coûts disproportionnés, ce critère devient un argument pour renoncer à l'action visant à rétablir le bon état écologique (puisque le coût est supérieur au bénéfice).

La demande de services produits-joints

Le service produits-joints est envisagé comme un service « joint » associé à la consommation d'un produit qui peut lui-même être ou ne pas être un service écosystémique (Lancaster, 1966). Le service écosystémique joint n'est pas l'objet direct de la transaction autour du produit mais en est une composante.

À titre d'exemple, une commune peut demander à une compagnie de traitement d'eau de développer un service de filtration d'eau à partir de la création d'une zone de rejet végétalisé en considérant que cela va créer dans le même temps un produit joint au service de filtration, qui peut être un service de pollinisation du fait des espèces plantées, un service récréatif du fait de la biodiversité qui a été créée, etc.

Un autre exemple est celui des produits « bio ». Le consommateur achète un fruit pour la nourriture qu'il représente. Mais il considère également que le mode de production de ce fruit incorpore un bon fonctionnement de l'écosystème, ainsi qu'une absence ou un faible taux de pesticides qu'il perçoit comme positif sur la santé.

La demande de services écosystémiques s'exprime dans ce cas par un consentement à payer plus cher des produits qui dans leur qualité intègrent aussi des services écosystémiques.

La demande de services-externalités

Le service-externalité est fondé sur le principe d'effets externes développé en économie. Il existe une externalité environnementale lorsque l'action d'un agent économique influe, non intentionnellement et de manière positive ou négative, sur le bien-être d'autres agents qui n'ont reçu ou versé aucune compensation pour les préjudices ou bénéfices qu'ils ont éprouvés. Un exemple d'externalité environnementale positive est la pollinisation fournie indirectement par l'activité d'un apiculteur à des cultivateurs voisins. Un exemple d'externalité négative est la pollution d'un cours d'eau par des intrants agricoles qui conduit à interdire la commercialisation d'huîtres produites par des ostréiculteurs.

La notion de services-externalités considère toutes les formes de demande pour des services écosystémiques qui s'exprime hors du marché (Coase, 1960). On se trouve finalement dans la situation d'une demande de biens publics ou communs environnementaux.

La demande pour ce type de bien ne s'exprime donc pas à travers un consentement à payer plus cher certains produits ou services mais à travers là encore des relais de nature politique :
– la négociation directe entre les émetteurs et les récepteurs des externalités ;
– le vote citoyen à l'occasion d'élections politiques qui peuvent voir des partis écologiques faire des scores importants ;
– le lobbying d'ONG environnementales défendant des objectifs de conservation de la biodiversité et de certains services écosystémiques, notamment au niveau européen ;
– les conflits sociaux autour d'objectifs de protection de la biodiversité comme dans le cas de l'aéroport de Notre-Dame-des-Landes ;
– la médiatisation de certains problèmes de conservation de la biodiversité à partir de films, de documentaires, de campagnes politiques, de scandales sanitaires, etc.

C'est pourquoi ce sera le plus souvent un acteur public qui cherchera à créer des externalités positives et à limiter les externalités négatives. Pour cela, il dispose d'un éventail d'instruments de régulation : création d'espaces protégés pour la préservation de certains services récréatifs ou de prélèvement (réserves de chasse ou réserves forestières), mise en place de normes environnementales concernant le maintien de services de prélèvement ou de régulation (quotas de pêche, normes de pollutions ou limitation des prélèvements en eau en période d'étiage, par ex.) ou de loi sur toutes les catégories de services écosystémiques (études d'impacts au regard de la loi sur l'eau), développement d'une fiscalité incitative pour limiter des impacts négatifs sur des services de régulations associés aux milieux agricoles (augmentation de la TVA sur les pesticides, par ex.). Il pourra aussi éventuellement se faire le relais du consentement à payer de la société dans son ensemble. C'est le cas par exemple des paiements pour services environnementaux (PSE) qui visent à rémunérer certains acteurs pour adopter des pratiques durables générant des externalités environnementales positives. Ces PSE représentent clairement un consentement à payer pour limiter les usages non durables et inciter aux usages durables (Wunder *et al.*, 2008). Les PSE sont devenus ces dernières années un outil privilégié de maintien ou de production de services écosystémiques.

Si l'acheteur du PSE est un acteur public, cela pose cependant des problèmes du point de vue de la justice économique car le coût de ces paiements peut être financé par :

– l'acteur privé qui bénéficie des externalités positives ou de la disparition d'externalités négatives, ce qui est l'idéal du point de vue de l'internalisation des externalités car cela respecte un principe de justice sociale ;

– les contribuables, ce qui pose la question du véritable consentement à payer de ces derniers. Dans ce dernier cas, se pose la question de la légitimité des dépenses publiques dans le domaine de la protection de l'environnement.

Conclusion

S'intéresser à la notion de services écosystémiques à partir du cadre de l'offre et de la demande, en croisant des perspectives écologiques et économiques, nous conduit au constat que les services qui sont les plus vulnérables aujourd'hui sont ceux pour lesquels il n'existe fréquemment pas de demande marchande.

Dans le rapport du MEA, sur les 25 services écosystémiques de régulation, de prélèvement et culturels mentionnés, les seuls services qui ont augmentés sont ceux qui sont en rapport avec le service de prélèvement (aquaculture, bétail, céréales) et qui renvoient à des services pour lesquels il est aisé d'exprimer une demande sur les marchés. Tous les autres services écosystémiques décroissent.

Pour autant, la demande sociale pour les services écosystémiques ne s'exprime pas uniquement à travers des choix de consommation comme nous l'avons vu. Elle peut être fondée sur de nombreuses formes d'expression telles que le vote citoyen, la négociation directe, le conflit, la médiatisation, etc.

Une question essentielle est de savoir comment faire se rencontrer cette offre et cette demande non marchande et avoir une approche variée des valeurs associées aux services écosystémiques. On peut penser que cela nécessite de créer :

– de nouvelles arènes d'expression de la demande pour les services écosystémiques, comme cela commence à apparaître avec par exemple les comités de bassins, les comités de pilotage de SCOT (schéma de cohérence territoriale) ou de document d'objectif Natura 2000 ;

– de nouveaux outils d'évaluation pour que cette demande et cette offre potentielles puissent être représentées et mises en relations, à partir par exemple de représentations spatiales de l'offre et de la demande de services écosystémiques mais aussi de l'usage d'outils prospectifs concernant les liens avec les projets d'aménagement du territoire ;

– de nouveaux acteurs ayant pour fonction d'institutionnaliser ces outils et ces mécanismes de coordination à différentes échelles.

Références

Aznar O., Perrier-Cornet P., 2004. The production of environmental services in rural areas: Institutional sectors and proximities. *International Journal of Sustainable Development*, 7 (3), 257-272.

Boyd J., Banzhaf S., 2007. What are ecosystem services? The need for standardized environmental accounting units. *Ecological Economics*, 63 (2), 616-626.

Chevassus-au-Louis B., ed., 2009, Approche économique de la biodiversité et des services liés aux écosystèmes : Contribution à la décision publique, rapport du Centre d'analyse stratégique, La Documentation française, Paris, 376 p.

Coase R.H., 1960. Problem of social cost. *The Journal of Law and Economics*, 3, 1-44.

Daly H.E., 1997. Reply to Solow/Stiglitz. *Ecological Economics*, 22 (3), 271-273.

De Groot R.S., Wilson M.A., Boumans R.M., 2002. A typology for the classification, description and valuation of ecosystem functions, goods and services. *Ecological Economics*, 41 (3), 393-408.

Díaz S., Lavorel S., Bello F. de, Quétier F., Grigulis K., Robson T.M., 2007. Incorporating plant functional diversity effects in ecosystem service assessments. *PNAS*, 104, 20684-20689.

Feuillette S., Levrel H., Blanquart S., Gorin O., Monaco G., Penisson B., Robichon S., 2015. Évaluation monétaire des services écosystémiques : Un exemple d'usage dans la mise en place d'une politique de l'eau en France. *Natures sciences sociétés*, 23 (1), 14-26.

Gadrey J., 2000. The characterization of goods and services: An alternative approach. *Review of Income and Wealth*, 46 (3), 369-387.

Lancaster K.J., 1966. A new approach to consumer theory. *The Journal of Political Economy*, 132-157.

MEA, 2005. *Ecosystems and Human Well-being: Synthesis*, Island Press, Washington D.C., USA, 160 p.

Meral P., 2010. Les services environnementaux en économie : Revue de la littérature, programme Serena, document de travail n° 2010-05, 50 p.

Scemama P., Levrel H., 2014. L'émergence du marché de la compensation des zones humides aux États-Unis : Impacts sur les modes d'organisation et les caractéristiques des transactions. *Revue d'économie politique*, 123 (6), 893-924.

Schröter M., Zanden E.H., Oudenhoven A.P., Remme R.P., Serna-Chavez H.M., Groot R.S., Opdam P., 2014. Ecosystem services as a contested concept: A synthesis of critique and counterarguments. *Conservation Letters*, 7 (6), 514-523.

Vira B., Adams W.M., 2009. Ecosystem services and conservation strategy: Beware the silver bullet. *Conservation Letters*, 2 (4), 158-162.

Wunder S., Engel S., Pagiola S., 2008. Taking stock: A comparative analysis of payments for environmental services programs in developed and developing countries. *Ecological Economics*, 65 (4), 834-852.

Chapitre 7
Services écosystémiques et représentation des dépendances des êtres humains à l'égard des écosystèmes

Roel PLANT, Philip ROCHE et Cécile BARNAUD

Introduction

Le concept de services écosystémiques s'est imposé au milieu des années 1990 (Baskin, 1997 ; Daily, 1997), dans la tentative du courant conservationniste d'inscrire la biodiversité à l'agenda politique global en utilisant les arguments de l'économie de marché (Norgaard, 2010). Quinze ans plus tard, nous sommes témoins de ce qui a été décrit comme « un véritable changement de paradigme au sens kuhnien du terme » (Potschin et Haines-Young, 2011), et du recours, de la part de décideurs politiques et de chercheurs de plus en plus nombreux, au concept de services écosystémiques pour servir des objectifs variés, ayant trait à la gestion des sols, de l'eau et de la biodiversité. Parmi les publications, de nombreuses études de cas et études pilotes s'intéressent à toute une diversité d'aspects propres au concept de services écosystémiques, qu'ils soient théoriques, conceptuels, méthodologiques ou opérationnels : citons le rôle de la biodiversité dans l'approvisionnement en fonctions et services (par ex., Cardinale, 2011 ; Isbell *et al.*, 2011), les classifications et les typologies de services (par ex., Wallace, 2007), les indicateurs de services (par ex., Van Oudenhoven *et al.*, 2012), leur évaluation monétaire (par ex., Fischer et Turner, 2008 ; Gómez-Baggethun et Ruiz-Pérez, 2011), les paiements pour services écosystémiques (Farley et Costanza, 2010 ; Tacconi, 2012), les mécanismes de gouvernance (par ex., Primmer et Furman, 2012), les dispositifs nationaux d'évaluation (par ex., Watson *et al.*, 2011) et l'implication des parties prenantes (par ex., Paavola et Hubacek, 2013).

Dans le sillage de la crise financière globale de 2008 — qui a de fait largement prouvé que les marchés n'obéissent pas nécessairement à l'utopie de la théorie économique néoclassique — nous assistons à l'émergence d'une diversification des interprétations de la « valeur » des écosystèmes et de la biodiversité. Ce débat constitue précisément le centre névralgique du présent ouvrage. Si les précédentes tentatives de mesure de la valeur des biens et services fournis par la biosphère favorisaient les approches fondées sur le concept traditionnel de « prix d'acceptabilité » (Johnston et Russell, 2011), qui a été largement critiqué pour son applicabilité limitée à l'évaluation des services écosystémiques, les notions de valeur sociale, de valeur partagée et de valeur culturelle (Chan *et al.*, 2012 ; Milcu *et al.*, 2013 ; Kenter *et al.*, 2015), qui intègrent les représentations du monde et les ontologies des individus impliqués dans l'évaluation des services écosystémiques (Clark et Burgess, 2000 ; Kumar et Kumar, 2008), reçoivent désormais une attention croissante.

Plusieurs modèles d'évaluation de la biodiversité et des services écosystémiques entrent en concurrence. En substance, la perspective défendue par l'économie *environnementale* (Engel *et al.*, 2008) au sujet de l'évaluation des services écosystémiques réduit ces derniers à un modèle de marché néoclassique, en accordant une importance majeure à l'efficience. Par voie de conséquence, les économistes environnementaux considèrent les services écosystémiques comme des biens commercialisables et substituables parmi d'autres. Les partisans de l'économie *écologique*, quant à eux, prônent s'agissant des services écosystémiques une perspective plus ouverte aux notions de valeur partagée, sociale et culturelle. Cette perspective cherche à adapter les institutions économiques[29] aux caractéristiques biophysiques des services écosystémiques, en accordant la priorité aux notions de durabilité et de distribution équitable plutôt qu'à l'efficience (Farley et Costanza, 2010). Ici, les services écosystémiques ne sont pas substituables parce qu'ils sont limités par des paramètres biophysiques. Une troisième perspective, plus sociale, rejette à la fois la notion de PSE (paiement pour services environnementaux) et le concept de services écosystémiques. Cette perspective a été développée par McCauley (2006), qui soutient que la conservation doit avant tout et surtout affirmer la primauté de l'éthique et de l'esthétique sur l'approche économique. S'ils se montrent moins radicaux, les travaux les plus récents portant sur l'évaluation des services écosystémiques témoignent d'un changement de perspective en faveur de la dimension sociale des valeurs écosystémiques (Martín-López *et al.*, 2012).

Indépendamment du débat qui cherche à établir laquelle, de la perspective économique ou de la perspective philosophique, est la plus appropriée au cas des services écosystémiques, la pensée et la pratique dominantes des services écosystémiques restent largement basées sur la métaphore de la « fonction de production des écosystèmes », englobant les relations entre les écosystèmes, leurs fonctions et les services que ces fonctions produisent. L'emploi de la métaphore de la fonction de production trouve son origine dans le travail de De Groot (1992), l'un des premiers auteurs à avoir proposé une typologie des « fonctions » naturelles (c.-à-d. de la biosphère) dans le contexte de la planification environnementale. Plus récemment, le *Natural Capital Project* (Kareiva *et al.*, 2011) offre une illustration emblématique de l'interprétation contemporaine majoritaire de la métaphore de la fonction de production. Décrivant en quelques lignes l'objectif de leur projet, Daily *et al.* (2009) soutiennent que :

---

29. Les règles, normes et stratégies partagées que les individus utilisent quand ils interagissent entre eux (Vatn, 2005).

« Évaluer la nature est un enjeu essentiel pour étendre et renforcer sa conservation, mais n'est pas une fin en soi. Le succès tient à une meilleure compréhension des *fonctions de production des écosystèmes* et à l'intégration de la recherche (et de l'expérimentation) dans le développement de nouvelles politiques et institutions. Le *Natural Capital Project* élabore des outils pratiques destinés à servir cet objectif, au rang desquels InVest, un système conçu pour quantifier les *services écosystémiques produits* selon différents scénarios. L'usage de ces outils en fonction de paramètres diversifiés ouvre aujourd'hui d'importantes opportunités à la conservation. » (p. 21.)

[Et que] « Les sciences biophysiques sont essentielles à l'élucidation du lien entre les actions et les écosystèmes, et entre les écosystèmes et les services (modèles biophysiques de "*fonctions de production écologiques*"). » (p. 23.)

Les fonctions de production ont une longue tradition dans l'agriculture et l'industrie, dans lesquelles il existe une relation fonctionnelle entre la quantité produite d'un bien donné, par exemple le grain, et les quantités et la qualité des divers apports, par exemple les semences, la main-d'œuvre, les substances agrochimiques et l'eau.

L'usage de la métaphore de la fonction de production écologique entraîne le risque de véhiculer, de façon presque inconsciente, la croyance que seuls les êtres humains importent et que la nature devrait être « mise au travail » à leur service. Ce parti pris, cette représentation du monde, amène à considérer que la biosphère n'a d'importance *que* parce qu'elle a pour nous une certaine utilité, ou valeur instrumentale. Cette approche traduit une représentation du monde particulière, certes actuellement dominante, mais des alternatives existent. Les conversationnistes, par exemple, critiquent souvent l'approche rationnelle, utilitaire, et avancent que les individus pourraient très bien valoriser la biosphère pour ses qualités inhérentes (sa valeur intrinsèque) plutôt que pour tel ou tel bénéfice qu'ils en retirent (sa valeur instrumentale). Nous l'avons évoqué plus haut, de telles qualités inhérentes pourraient être référées à l'éthique et à l'esthétique, et pas seulement à l'argent (McCauley, 2006). Il est intéressant de noter ici que Daily, dont nous avons cité plus haut le travail comme emblématique de la réification de la métaphore de la « fonction de production des écosystèmes », fait partie des défenseurs originels de cette approche, notamment *via* son ouvrage *Nature's Services: Societal Dependance on Natural Ecosystems*, paru en 1997.

Lorsque nous confrontons la popularité et l'usage actuels de la métaphore de « fonction de production des écosystèmes » à l'intention originale des partisans du concept de services écosystémiques (Baskin, 1997 ; Daily, 1997 ; De Groot, 1987 ; Ehrlich et Ehrlich, 1981 ; Westman, 1977), force est de constater que le concept de services écosystémiques contient des éléments qui peuvent l'amener à devenir la victime de son propre succès. La métaphore de la fonction de production écologique et son anthropocentrisme — lorsqu'elle est trop littéralement comprise — est susceptible de biaiser la recherche et la mise en œuvre politique portant sur les services écosystémiques dans le sens d'interprétations et d'applications par trop simplistes et linéaires des principes fondamentaux de l'économie néoclassique que sont la production, l'offre, la demande, l'optimalité et l'efficience. De telles simplifications sont de nature à compromettre l'avenir d'écosystèmes durables et équitables, car elles omettent trois points fondamentaux, profondément enracinés dans la science écologique. Afin de gérer durablement notre biosphère, nous devons :

– reconnaître que la vie humaine est *dépendante* du fonctionnement des écosystèmes ;
– représenter cette dépendance de manières telles qu'*un plus vaste éventail d'individus* puisse la comprendre et s'impliquer ;

– considérer *une gamme complète* de dépendances, de manière à éviter des conséquences non désirées qui seraient le fait d'interventions non ou mal informées.

Ce chapitre se propose de développer chacun de ces trois points fondamentaux, afin d'essayer de mettre au jour une reformulation du concept de services écosystémiques qui parvienne à sauvegarder le message de la dépendance humaine à l'égard de la biosphère. En examinant le troisième de ces points, nous soutiendrons aussi que le fait de reconnaître que les êtres humains dépendent des écosystèmes nous amène à reconnaître que les êtres humains dépendent les uns des autres, et doivent donc agir de façon concertée.

Reconnaître la dépendance humaine à l'égard des écosystèmes

Il s'agit fondamentalement de chercher à savoir si la métaphore de la fonction de production des écosystèmes peut toujours être tenue pour acceptable dès lors que nous considérons le « degré d'intégration » (fig. 7.1) des écosystèmes — naturels ou modifiés par les êtres humains — dans la biosphère. Cette métaphore rend-elle pleinement justice à la reconnaissance première du fait que tous les besoins vitaux de base — l'air, l'eau, la nourriture, les fibres, la santé — sont par essence dépendants de la biosphère ?

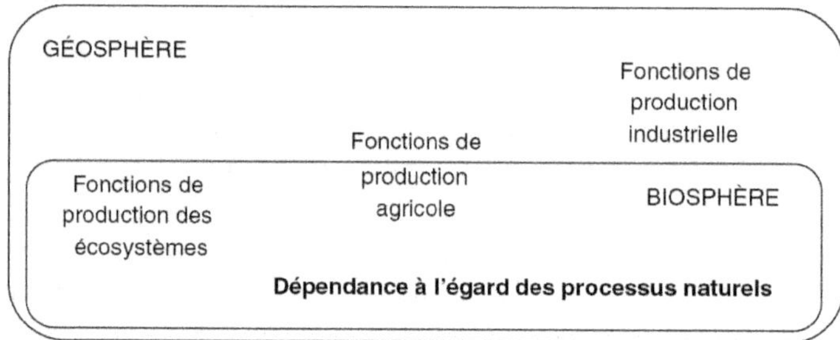

Figure 7.1. Degré de dépendance des différentes « fonctions de production » aux processus naturels, et de leur intégration dans la biosphère.

Prenons le cas d'une usine de construction automobile. Pareille usine peut être considérée comme comportant une fonction de production : elle organise *délibérément* des facteurs clés de production (des apports, *inputs*) comme du capital, du travail et des matériaux de façon à produire des voitures. Les facteurs de production ont à la fois une structure (c'est le cas de la chaîne d'assemblage), et une fonction (c'est le cas de l'atelier moteur, ou de l'atelier de peinture). La production finale (*output*), un véhicule flambant neuf, fournit des services — par exemple nous conduire d'un point A à un point B, ou nous conférer un statut social — et a de ce fait une valeur économique dont on peut tirer profit sur le marché du commerce de voitures. Jusque là, une « usine » de production écosystémique peut métaphoriquement être comparée avec la fonction de production qui est intégrée dans une usine de construction automobile : toutes deux transforment des structures et des fonctions en approvisionnement en biens et/ou en services. Cependant, il existe une différence majeure entre une usine de construction automobile et un écosystème comme un milieu humide ou une zone inondable : l'usine est *peu intégrée* dans la biosphère, alors que l'écosystème l'est complètement (fig. 7.1). En d'autres termes, l'usine *ne dépend pas directement* de la biosphère. L'usine occupe une certaine quantité de terrain (comme facteur de production) et très probablement utilise aussi de l'eau et de l'électricité en provenance de sources voisines. Tous les autres apports — le caoutchouc, le métal, le verre, les huiles, etc. — sont probablement acheminés à partir d'un autre lieu, sans connexion directe avec l'environnement biophysique local de l'usine. Assurément, les usines de production industrielles peuvent soumettre la santé des écosystèmes environnants à des contraintes, en particulier là où entrent en jeu des émissions de déchets et de substances toxiques dans les étendues d'eau, les sols et l'air environnants. De telles émissions, même quand elles sont régulées, sont susceptibles d'endommager l'environnement de l'usine de construction mais pas l'usine elle-même, à tout le moins pas dans le court terme.

Passons au cas de la production agricole : nous pouvons constater que la métaphore de la fonction de production n'est plus totalement fonctionnelle. Le but de la production agricole est de mobiliser un certain nombre d'apports (de facteurs de production) de façon à produire des biens et des services bénéficiant directement à la vie humaine : de la nourriture, des fibres et de l'énergie. La fonction de production agricole « simplifie » une certaine part de la biosphère en optimisant le mélange d'apports (lumière naturelle, eau, engrais et travail humain) et en simplifiant la fonction écosystémique pour maximiser la production de biomasse par des espèces sélectionnées et améliorées. La logique de la métaphore de la fonction de production est ébranlée quand on considère que la « fonction de production » de l'agroécosystème, contrairement à celle de l'usine de construction automobile, est *largement intégrée* à la biosphère, et de fait *directement dépendante* d'elle (fig. 7.1). Par exemple, les cultures extraient directement de l'eau en provenance du sol, elles utilisent de la lumière naturelle pour leur photosynthèse, et les détritus de cultures sont continuellement transformés par le sol en matière organique. Dans les systèmes agricoles, ces processus sont renforcés (transformés en fonction de production) par les êtres humains, par exemple *via* la fertilisation et l'irrigation.

Lorsque nous tournons notre attention vers les écosystèmes naturels, il est évident que la logique de la métaphore de la production écologique s'effondre. Contrairement à la fabrication industrielle et à la production agricole, les écosystèmes naturels sont *complètement intégrés* dans la biosphère — ils *incluent* la biosphère (fig. 7.1). Pouvons-nous dès lors encore organiser délibérément les facteurs de production pour constituer une « fonction de production écologique » ? Qu'est-ce que cela veut dire en pratique ? Lorsque nous gérons de tels écosystèmes, par exemple une zone humide Ramsar ou un parc national, en ce qui concerne l'approvisionnement en services écosystémiques, nous ne réaménageons pas délibérément une fonction de production — les processus biologiques sont souvent trop complexes, et trop mal connus et compris pour autoriser une telle optimisation — mais nous protégeons plutôt un « système de production », qui est de loin moins simpliste, intentionnel et aisément manipulable que ne le sont l'agriculture hautement intensive ou la fabrication industrielle. Cela implique que les humains ont un pouvoir de contrôle ici bien moindre, et doivent faire preuve d'humilité.

Le cas de l'agriculture reflète l'étendue des nuances du spectre de l'intégration dans la biosphère. L'agriculture peut être, et est de plus en plus, repensée comme fondée sur les processus écologiques — par exemple, au lieu d'utiliser des pesticides pour éliminer les insectes ravageurs de cultures, les agriculteurs peuvent opter pour un contrôle biologique basé sur la présence d'insectes prédateurs de ces ravageurs, et ainsi bénéficier directement de la régulation des services écosystémiques. Pleinement intégrée dans les écosystèmes, l'agriculture peut présenter le même degré de complexité que des systèmes naturels, ce qui rend aussi difficile que pour un écosystème naturel de simplifier les systèmes agricoles avec la métaphore de la fonction de production des écosystèmes. L'agriculture productive moderne a indéniablement été victime de la croyance simpliste voulant qu'elle opère comme une industrie automobile à grande échelle — autrement dit, de manière indépendante des écosystèmes, qui sont complexes et incontrôlables.

Représenter la dépendance

Nous avons montré qu'une compréhension trop littérale de la métaphore de la fonction de production pouvait s'avérer contre-productive, s'agissant de la mise en lumière de la dépendance humaine à une biosphère en bonne santé. Portons maintenant notre attention sur la manière dont la science contemporaine des services écosystémiques représente les liens entre la biodiversité, les services et l'humanité : considérons les divers cadres conceptuels des services écosystémiques. Ces cadres tentent de représenter les relations entre les différentes composantes des services écosystémiques, et se résument souvent (mais pas toujours) à des systèmes de classification intégrant des objectifs et des principes directeurs spécifiques (Nahlik *et al.*, 2012). Les publications récentes ont proposé de nombreux cadres conceptuels des services écosystémiques. Nahlik *et al.* (2012) ont ainsi comparé onze de ces cadres, revus par les pairs, en utilisant six critères évaluatifs pour identifier ce qu'ils estimaient être les meilleures pratiques. Ces auteurs ont observé que :

> « Quand bien même certains de ces cadres conceptuels de services écosystémiques ont été publiés et couramment cités dans la littérature spécialisée depuis près d'une décennie, nous n'avons pas trouvé d'indice permettant d'établir qu'ils soient pour autant couramment utilisés en pratique. En fait, il semble qu'un nombre croissant de cadres soient proposés, mais que très peu d'entre eux aillent au-delà de l'établissement de vagues concepts. (p. 31.) »

Les cadres conceptuels peuvent répondre à différents objectifs :
– ils peuvent organiser les données de façon à réaliser des analyses approfondissant certaines relations structurées entre les composantes ;
– ils peuvent représenter des concepts caractérisant les relations théoriques ou fonctionnelles entre les composantes ;
– ils peuvent présenter des idées sous forme graphique.

Dans le cas des services écosystémiques, la plupart des cadres trouvés dans la littérature sont principalement du type conceptuel, très peu d'entre eux étant suffisamment détaillés pour être utilisés dans une perspective opérationnelle.

Dans la lignée d'auteurs plus anciens comme Westman (1977), De Groot (1987) a proposé un cadre d'analyse très simple, qui accorde une pondération égale aux processus et aux éléments naturels d'un côté, et aux activités et aux besoins humains de l'autre. Ces deux pôles sont mutuellement liés par des relations fonctionnelles, qui sont les biens et services tirés de la biosphère par les êtres humains (fig. 7.2).

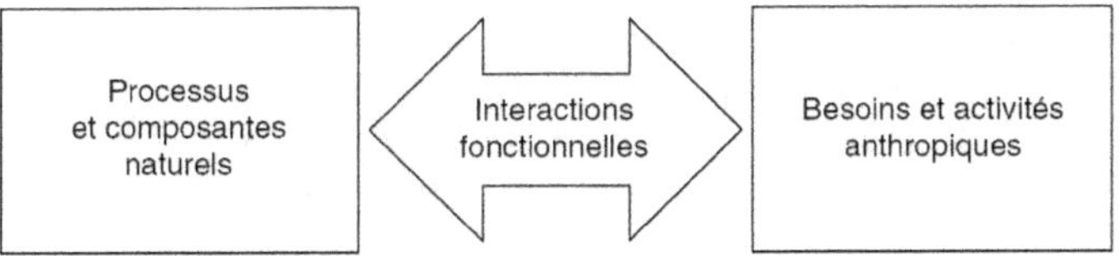

Figure 7.2. L'un des premiers cadres d'analyse pour la notion de biens et services écosystémiques.

Plus récemment, De Groot *et al.* (2002) ont développé un autre cadre d'analyse, fondé sur l'analyse détaillée des éléments naturels et l'introduction de catégories de valeurs, utilisées pour apprécier la valeur totale des biens et services tirés des écosystèmes (fig. 7.3). On peut observer que le flux ainsi modélisé part des écosystèmes et s'oriente vers les valeurs humaines utilisées pour guider les processus de prise de décision. Ce cadre d'analyse est fermement ancré dans la conception de l'évaluation des services écosystémiques issue de l'économie de l'environnement et des ressources, bien que De Groot *et al.* (2002) utilisent des méthodes d'évaluation variées, qu'ils appliquent à différentes catégories de services et de propriétés écosystémiques, sans toutefois les identifier clairement dans le cadre d'analyse. La distinction opérée dans ce cadre concerne les différents types de valeurs, c'est-à-dire les valeurs écologiques, les valeurs socioculturelles et les valeurs économiques. Ces auteurs ont identifié quatre catégories de fonctions écosystémiques, qui produisent différents types de services : des services de régulation, de production, d'information et de support d'habitat. Ces fonctions constituent un mélange de processus écologiques, d'enjeux de conservation, de production et d'usage des écosystèmes et de la biodiversité pour des activités socioculturelles. Elles sont conceptuellement très proches des services écosystémiques, ce qui a entraîné une confusion entre fonctions et services (Jax, 2005). Les services écosystémiques ont pour origine l'écosystème. Une boucle de rétroaction regroupant la prise de décision, les politiques publiques et les options de gestion vient se lier en retour à l'écosystème, et indique que les êtres humains altèrent l'écosystème de façon à piloter des fonctions.

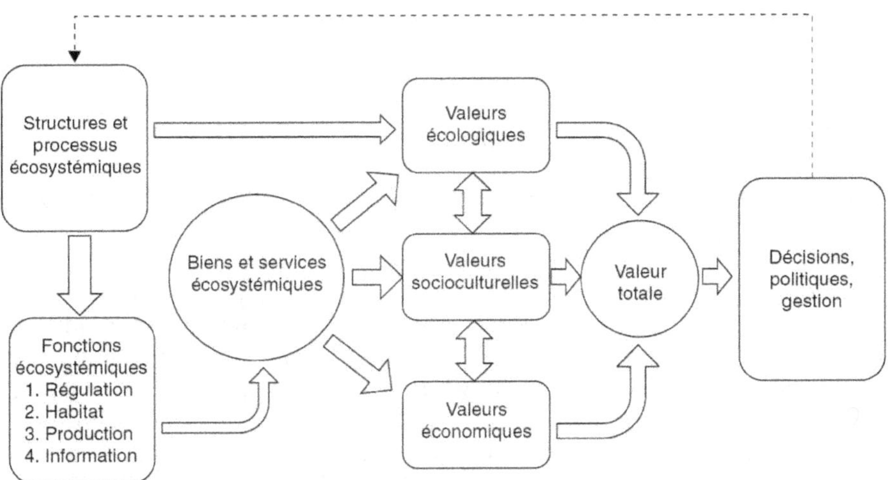

Figure 7.3. Flux écosystémiques et valeurs (d'après De Groot *et al.*, 2002).

Le modèle représentatif de l'Évaluation des écosystèmes pour le millénaire (MEA, 2005) a élargi le concept de services écosystémiques en y intégrant des processus auparavant considérés comme des fonctions, notamment ceux que l'on désigne sous le nom de « services de support », et des bénéfices et des valeurs tels que les « services culturels ». Ce modèle a été conçu dans le but de mettre l'accent sur le rôle de la vie sur Terre et de la biodiversité, compris dans leur contribution substantielle au bien-être humain (fig. 7.4). Le modèle représentatif du MEA peut être critiqué sur plusieurs points :

– en mettant sur le même plan les services d'approvisionnement et les services de support, il renforce la confusion entre fonctions et services écosystémiques ;

– il génère une confusion entre valeurs d'une part (comme les préférences socioculturelles ou les croyances religieuses) et services écosystémiques de l'autre ;

– il n'est pas ou peu opérationnel, puisqu'aucune relation fonctionnelle n'est établie entre les propriétés et les fonctions écosystémiques, même si les facteurs directs du changement consistent dans les pressions imposées aux écosystèmes dans le cadre de leur gestion, ou qui de fait les perturbent et par conséquent renversent le flux des services.

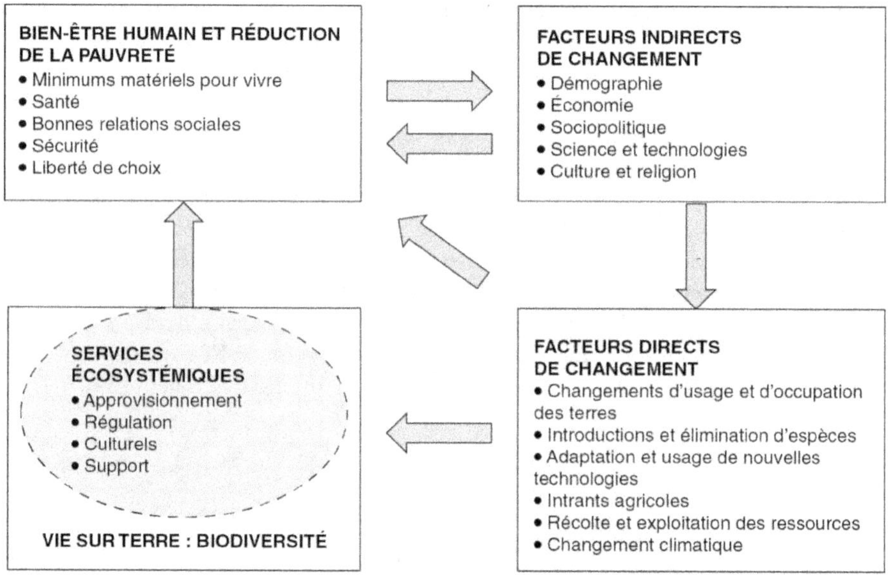

Figure 7.4. Cadre d'analyse des services écosystémiques et du bien-être des êtres humains présenté dans le MEA.

Parmi tous les cadres d'analyse, le « modèle de la cascade » de Haines-Young et Potschin (2010) est également remarquable ; il a été largement diffusé et utilisé, avec simplement quelques ajustements marginaux (par ex., TEEB, 2010). Il met l'accent sur la succession de paliers qui vont de l'écosystème jusqu'aux bénéfices obtenus pour les individus (fig. 7.5). Il opère une distinction claire entre l'écosystème biophysique, la fonction écologique, le service écosystémique et le bénéfice considérés. Néanmoins, sa schématisation lui confère une linéarité peu réaliste. Le modèle de la cascade met en avant l'idée que les services écosystémiques et leurs bénéfices circulent à sens unique

— c'est-à-dire, depuis l'écosystème vers les êtres humains — et accorde ainsi une pondération très marginale à l'investissement en travail humain et en capital, pourtant nécessaire à la mobilisation de la plupart des services écosystémiques.

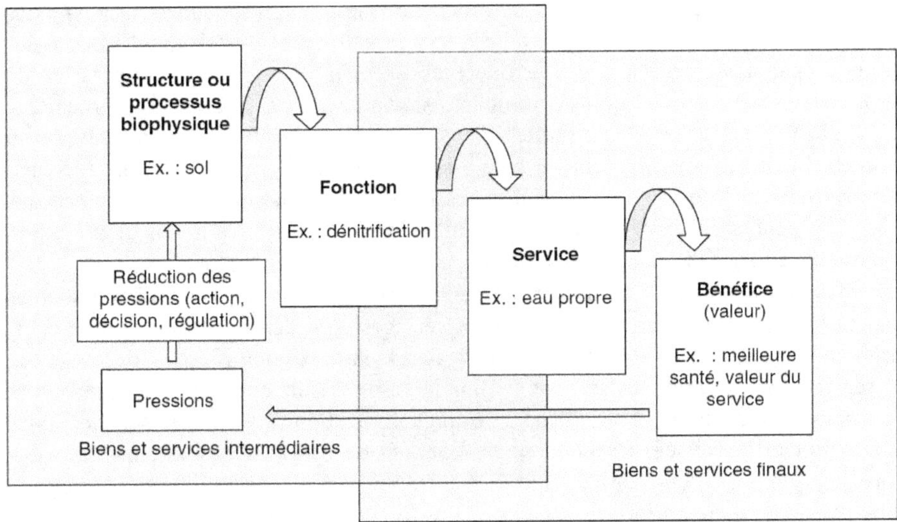

Figure 7.5. Le modèle de la cascade de Haines-Young et Potschin (2010).

Récemment, Lele *et al.* (2013) ont proposé de repenser le concept de services écosystémiques et ses applications, et ont identifié plusieurs pistes susceptibles de permettre son amélioration. Ces auteurs reconnaissent une valeur au concept, en ce qu'il permet d'exprimer la contribution de la nature au bien-être humain ; mais ils précisent également qu'afin d'aller au-delà de la notion de services écosystémiques prise comme argument en faveur de la préservation de la nature, nous devrions nous orienter vers des cadres conceptuels plus analytiques et plus compréhensifs. Parmi leurs propositions majeures, on trouve les idées suivantes : inclure à la fois les services et les disservices ; inclure les arbitrages entre les services ; considérer la coproduction de services écosystémiques par les êtres humains et la biosphère ; et reconnaître la diversité d'échelles de la demande et de l'usage de services.

Considérer une gamme complète de dépendances

Considérer une gamme complète de dépendances consiste à ne pas s'attacher exclusivement à l'optimisation d'un unique service écosystémique, ou à l'arbitrage entre deux ou trois services écosystémiques, mais à se diriger vers l'identification du spectre de services, de bénéfices et de bénéficiaires le plus étendu possible. Ce spectre devrait inclure une dimension matérielle (cas des services de production de nourriture, de fibre et d'énergie par exemple) et une dimension immatérielle (cas des services culturels, comme la beauté esthétique et l'épanouissement spirituel). Procédant ainsi, nous ne devrions pas imposer une définition standardisée des services écosystémiques (conçus dans leur intégration à la métaphore de la fonction de production), mais plutôt partir de la compréhension des perceptions des acteurs locaux : comment les individus perçoivent-ils et conçoivent-ils leur dépendance à la biosphère (Ruoso *et al.*, 2015) ?

La métaphore de la fonction de production écosystémique peut favoriser des services tangibles, pour lesquels les fonctions de production sont déjà disponibles (par ex., Nelson *et al.*, 2009). Appliquer la métaphore à des services non matériels, tels que l'identité culturelle ou l'épanouissement spirituel, est incontestablement plus difficile. Dès lors, en dépit des promesses faites par des outils comme InVest (Kareiva *et al.*, 2011), une approche par la fonction de production peut nous limiter à un simple *sous-ensemble* de services. Il nous faut considérer (et gérer/protéger) tout l'éventail de services, de façon à pleinement reconnaître notre dépendance à l'égard de la biosphère. Le fait de nous concentrer sur un sous-ensemble de services peut entraîner des conséquences indésirables, en termes à la fois biophysiques et sociaux (par ex., des dispositifs de paiement générant des inégalités sociales).

Considérer une gamme complète de dépendances ne consiste pas simplement à réconcilier différentes méthodes pour évaluer les services considérés (ou de fait à réconcilier différentes épistémologies de la valeur). Il s'agit plutôt d'identifier le spectre complet des services écosystémiques au sens le plus large du terme, et d'isoler ce que l'on peut appeler des bouquets de services, pour lesquels la gestion des synergies et des antagonismes doit être réalisée. Ce concept de bouquet de services écosystémiques est une approche utile pour identifier les arbitrages entre services écosystémiques (Bennett *et al.*, 2009 ; Raudsepp-Hearne *et al.*, 2010) qui résultent des intérêts divergents et des différences de savoirs entre les acteurs concernés. Martín-López *et al.* (2012), qui ont mis au jour des bouquets de services écosystémiques en réalisant en Espagne des sondages sur les préférences sociales à partir de 3 379 entretiens en tête-à-tête, en offrent un exemple récent. Ces auteurs ont identifié trois groupes de services écosystémiques bien définis :
– les services écosystémiques préférés par les populations urbaines (la plupart des services culturels ; la purification de l'air ; la régulation des microclimats) ;
– les services écosystémiques préférés par les populations rurales habitant des paysages multifonctionnels (une grande diversité de services comprenant des services d'approvisionnement, de régulation et des services culturels) ;
– les services d'approvisionnement liés à la nourriture (agriculture et pêche), auxquels les populations rurales accordent majoritairement leur préférence, et qui sont principalement fournis par des sites non protégés.

Si l'identification de bouquets de services écosystémiques fondée sur les préférences ne s'affranchit pas nécessairement de la métaphore néoclassique de la fonction de production, elle nous propose une autre orientation. La compréhension des préférences sociétales à l'égard de la protection des services écosystémiques répond à la demande croissante d'incorporation de la dimension socioculturelle des services écosystémiques dans les agendas des politiques environnementales (Bryan *et al.*, 2010 ; Kumar et Kumar, 2008).

Reconnaître les dépendances sociales entre les personnes

La reconnaissance de la dépendance des êtres humains aux écosystèmes nous conduit également à reconnaître que les êtres humains dépendent les uns des autres. Parmi les experts qui utilisent le concept de services écosystémiques, nombreux sont ceux qui ont tendance à « désocialiser » le concept, et à négliger les complexités sociales qui sous-tendent les dynamiques socioécologiques des services écosystémiques. Les chercheurs en sciences naturelles ou biotechniques (écologie, agronomie), par exemple, ne voient souvent dans le concept de services écosystémiques qu'un moyen de décrire les propriétés ou le fonctionnement d'un écosystème, et déconnectent ces dynamiques de leur contexte social. Or, derrière chaque service écosystémique, il y a des individus et des groupes d'individus, qui soit bénéficient de ces services, soit contribuent activement à la production, à la dégradation, ou à la protection de ces services. Nous proposons ici une « resocialisation » du concept de services écosystémiques, en l'utilisant pour mettre en évidence les dépendances sociales entre les personnes, et conduire à leur reconnaissance (Barnaud *et al.*, 2011).

Si l'être humain dépend des écosystèmes, alors il dépend également de ceux dont les actions dégradent, transforment ou préservent ces écosystèmes. En d'autres termes, le concept de services écosystémiques présente la caractéristique intéressante — et incontestablement sous-exploitée — de mettre en lumière le fait que les bénéficiaires et les fournisseurs de services écosystémiques sont *interdépendants*. Lorsque nous disons d'individus qu'ils fournissent des services écosystémiques, nous nous référons à la part socialement construite de la « nature », par exemple à la biodiversité dans les pâturages, créée par l'action des agriculteurs qui font paître le bétail dans ces espaces (Granjou, 2011). Cette conception d'une « nature sociale » (Castree et Braun, 2001) est loin d'être consensuelle. Barnaud et Antona (2014) ont montré que des communautés de chercheurs différentes, évoluant dans des contextes différents et mobilisant des perceptions différentes des relations humain-nature, utilisent de manières très différentes le concept de services écosystémiques. Pour certains d'entre eux, les services sont produits par les écosystèmes, tandis que pour d'autres, les services sont produits par les êtres humains à travers leurs actions sur les écosystèmes. On peut faire valoir que le choix de l'approche dépend essentiellement du type d'écosystèmes considéré : le rôle des êtres humains dans la production de services écosystémiques est certainement plus important dans les agroécosystèmes que dans les écosystèmes marins. Cependant, les différentes compréhensions des services écosystémiques ne sont pas seulement liées au *type* d'écosystème étudié, mais aussi — et plus profondément — à des conceptions très différentes des relations humain-nature, qui ont des implications très différentes en termes de gestion et de politiques environnementales. Une conception des services comme produits par les écosystèmes favorise des politiques environnementales visant à préserver les écosystèmes des impacts négatifs des actions humaines. Une conception des services comme produits par les êtres humains à travers leurs actions sur les écosystèmes invite les responsables politiques à imaginer des mesures incitatives destinées à encourager les individus à produire ces services écosystémiques. Les politiques publiques ne devraient pas privilégier une compréhension particulière, mais plutôt garantir que *tous* les types possibles de dépendances entre les individus sont mis en évidence.

La reconnaissance de la dépendance des êtres humains aux écosystèmes nous conduit également à reconnaître que différents groupes d'individus qui dépendent de différents aspects des écosystèmes (qui bénéficient de différents services écosystémiques) sont interdépendants. Explorons-en rapidement un exemple ici. Supposons que deux groupes de personnes dépendent de deux services écosystémiques différents et communément considérés comme antagonistes ; imaginons, par exemple, le cas d'un arbitrage entre production agricole et qualité de l'eau. Le choix du service écosystémique à préserver en priorité est en fait un *choix social*, un processus de négociation plus ou moins explicite qui résulte d'un rapport de force entre ces deux groupes. Le concept de services écosystémiques pourrait alors être utilisé pour mettre en évidence le fait que des individus différents, ou des groupes d'individus différents, sont *interdépendants*, pour mieux comprendre les conflits d'intérêt ou les potentielles collaborations entre eux, et pour favoriser des choix de société explicitement concertés, s'agissant par exemple du choix des services écosystémiques devant être produits ou préservés en priorité.

Des spécialistes de la théorie des parties prenantes multiples, dans le champ de la communication, ont en effet montré qu'amener les individus à *prendre conscience* du fait qu'ils sont dépendants les uns des autres constitue une première étape déterminante vers davantage de réflexion collaborative et de recherche de solutions collectives (Leeuwis, 2000). Dans le domaine de la négociation, les experts distinguent communément des modes de négociation de type distributif et de type intégratif, qui reviennent respectivement à se « partager le gâteau » (jeu à somme nulle, distributif) ou à « agrandir le gâteau » (jeu à somme positive, intégratif). Si l'on examine à cette aune les négociations entre les bénéficiaires de différents services écosystémiques, il devient clair que si nous considérons *seulement* les compromis (ou *trade-offs*) entre services, nous nous enfermons dans une dynamique distributive de « partage du gâteau » (Barnaud *et al.*, 2013). Cela revient à dire que nous devons choisir entre la production agricole et la qualité de l'eau. Si en revanche nous essayons de penser différemment, si nous cherchons des synergies potentielles entre services — par exemple, des pratiques agricoles alternatives qui rendent possibles *à la fois* la production agricole et la préservation de la qualité de l'eau — alors nous entrons dans une dynamique de négociation intégrative, avec des jeux à somme positive.

En pratique, cette conception des services écosystémiques nous invite à (Barnaud *et al.*, 2011) :
— identifier un panel plus étendu de bénéficiaires et de prestataires de services ;
— identifier des dépendances à la fois explicites et implicites entre eux ;
— comprendre quels aspects ou fonctions des écosystèmes sont importants pour quelles parties prenantes, et (plus important encore) pourquoi ;
— mettre l'accent sur les interactions entre services, plutôt que sur l'étude de services pris un à un ;
— penser non seulement en termes de *trade-offs* entre services, mais aussi en termes de synergies ;
— encourager le dialogue entre les parties prenantes autour de telles interactions entre services.

Conclusion

La biosphère est au fondement même de l'existence humaine. La vie humaine faisant partie intégrante de la biosphère, détruire ou dégrader la biosphère revient à détruire ou à rendre précaire la survie de l'humanité. En d'autres termes, la biosphère est ce que nous pouvons désigner comme « le système de support de nos existences ». Pour reprendre l'expression employée par O'Neill *et al.* (2008), nous vivons à partir de nos environnements, avec nos environnements et dans nos environnements. Réduire ces champs étendus d'interaction humain-environnement à de pures fonctions d'utilité, comme une partie de l'approche des services écosystémiques le fait, constitue une vision réductrice de l'interaction de l'homme avec la biosphère, car cela revient à ignorer les dépendances qui existent et s'y manifestent.

Là où la *métaphore* de la fonction de production écologique est indiscutablement intéressante, nous devrions essayer de nous abstenir de la prendre dans un sens trop littéral ailleurs, car cela peut nous conduire à une compréhension simpliste des écosystèmes qui, sans que nous l'ayons voulu, pourrait fournir de ce fait tout, sauf les biens et services que nous avions espérés. Il existe des différences fondamentales entre des dispositifs industriels et la biosphère, conceptualisée comme une « fonction de production écologique » :
– la biosphère ne travaille pas délibérément pour nous servir ;
– nous ne pouvons simplement abandonner, ou « fermer » la biosphère si la demande pour les services qu'elle délivre évolue ou disparaît ;
– les êtres humains sont voués à vivre à partir de leur environnement, avec leur environnement et dans leur environnement, que cela leur plaise ou non.

Bien plus qu'une installation de production industrielle, la biosphère est un système diversifié et complexe, et pour lequel beaucoup d'inconnues scientifiques existent (la biodiversité, les processus biologiques, les fonctions écologiques et leurs liens avec les services) et leurs boucles de rétroaction. Il est clairement naïf de penser pouvoir « faire fonctionner » la biosphère comme une installation de production.

En ce qui concerne les représentations du concept de services écosystémiques, nous avons observé que de nombreux *modèles représentatifs des services écosystémiques* vont encore de pair avec l'idée même d'une « fonction de production écologique ». Nous devrions nous orienter vers des modèles référentiels plus analytiques et compréhensifs.

Il nous faudra non seulement être prudents avec la métaphore de production écosystémique — voire l'écarter tout simplement —, mais aussi « resocialiser » le concept de services écosystémiques. Si les êtres humains dépendent des écosystèmes, alors ils dépendent aussi de leurs semblables, dont les actions soit dégradent, soit préservent la biosphère, aussi bien que des individus qui « façonnent » les écosystèmes et construisent socialement la « nature ». La politique et la prise de décisions environnementales peuvent porter l'accent sur l'interdépendance socioécologique en reconnaissant explicitement de multiples conceptions de l'approvisionnement en services, incluant aussi bien des services écosystémiques fournis par la nature que des services écosystémiques fournis par les êtres humains. La théorie des parties prenantes multiples, développée dans le domaine de la communication, peut encore davantage enrichir la pensée des services écosystémiques, de manière telle qu'elle puisse être utilisée pour faire prendre conscience aux individus du fait qu'ils ne dépendent pas seulement de la biosphère, mais sont aussi dépendants les uns des autres. Cela constituerait une première étape importante en direction d'une pensée plus collaborative, et de la recherche de solutions collectives à la conservation.

Enfin, une option radicale existe, qui consiste à remplacer le concept de services écosystémiques par des concepts alternatifs mettant davantage en valeur l'interdépendance écologique et sociale dans les politiques de conservation. Par exemple, l'idée de « solidarité écologique » (Mathevet *et al.*, 2010), un élément essentiel de la loi de 2006 réformant la politique des parcs nationaux en France, ouvre la voie à une conservation de la nature fondée sur la reconnaissance de l'existence d'une interdépendance spatiale naturelle entre les organismes naturels et leur environnement physique. La solidarité écologique offre un compromis pragmatique entre éthiques écocentrique et anthropocentrique. Comme il en allait pour les services écosystémiques, l'opérationnalisation de la solidarité écologique requiert des modèles représentatifs, des typologies et des classifications. Son intégration efficiente dans l'aménagement du territoire et la gestion de la conservation exigera des communautés et des parties prenantes locales qu'elles utilisent ces modèles représentatifs, ces typologies et ces classifications pour explorer collectivement comment la solidarité écologique peut trouver à s'exprimer dans leur contexte local.

Références

Barnaud C., Antona M., 2014. Deconstructing ecosystem services: Uncertainties and controversies around a socially constructed concept. *Geoforum*, 56, 113-123.

Barnaud C., Antona M., Marzin J., 2011. Vers une mise en débat des incertitudes associées à la notion de service écosystémique. *VertigO, la revue électronique en sciences de l'environnement*, 111, <https://vertigo.revues.org/10905?lang=pt> (consulté le 23 déc. 2015).

Barnaud C., Page C.L., Dumrongrojwatthana P., Trébuil G., 2013. Spatial representations are not neutral: Lessons from a participatory agent-based modelling process in a land-use conflict. *Environmental Modelling & Software*, 45, 150-159.

Baskin Y., 1997. *The Work of Nature: How the Diversity of Life Sustains Us*, Island Press, Washington D.C., USA, 263 p.

Bennett E.M., Peterson G.D., Gordon L.J., 2009. Understanding relationships among multiple ecosystem services. *Ecology Letters*, 1212, 1394-1404.

Bryan B.A., King D., Wang E., 2010. Potential of woody biomass production for motivating widespread natural resource management under climate change. *Land Use Policy*, 27 (3), 713-725.

Cardinale B.J., 2011. Biodiversity improves water quality through niche partitioning. *Nature*, 472, 86-89.

Castree N., Braun B., 2001. *Social Nature: Theory, Practice and Politics*, Blackwell, Oxford, UK, 616 p.

Chan K.M., Satterfield T., Goldstein J., 2012. Rethinking ecosystem services to better address and navigate cultural values. *Ecological Economics*, 74, 8-18.

Clark J., Burgess J., Harrison C.M., 2000. "I struggled with this money business": Respondents' perspectives on contingent valuation. *Ecological Economics*, 331, 45-62.

Daily G.C., 1997. *Nature's Services: Societal Dependence on Natural Ecosystems*, Island Press, Washington D.C., USA, 412 p.

Daily G.C., Polasky S., Goldstein J., Kareiva P.M., Mooney H.A., Pejchar L., Ricketts T.H., Salzman J., Shallenberger R., 2009. Ecosystem services in decision making: Time to deliver. *Frontiers in Ecology and the Environment*, 7 (1), 21-28.

De Groot R.S., 1987. Environmental functions as a unifying concept for ecology and economics. *Environmentalist*, 72, 105-109.

De Groot R.S., 1992. *Functions of Nature: Evaluation of Nature in Environmental Planning, Management and Decision Making*, Wolters-Noordhoff BV, Groningue, Pays-Bas, 315 p.

De Groot R.S., Wilson M., Boumans R., 2002. A typology for the description, classification and valuation of ecosystem functions, goods and services. *Ecological Economics*, 41 (3), 393-408.

Ehrlich P.R., Ehrlich A.H., 1981. *Extinction: The Causes and Consequences of the Disappearance of Species*, Random House, New York, USA, 305 p.

Engel S., Pagiola S., Wunder S., 2008. Designing payments for environmental services in theory and practice: An overview of the issues. *Ecological Economics*, 654, 663-674.

Farley J., Costanza R., 2010. Payments for ecosystem services: From local to global. *Ecological Economics*, 6911, 2060-2068.

Fisher B., Turner, R.K., 2008. Ecosystem services: Classification for valuation. *Biological Conservation*, 1415, 1167-1169.

Gómez-Baggethun E., Ruiz-Pérez M., 2011. Economic valuation and the commodification of ecosystem services. *Progress in Physical Geography*, 355, 613-628.

Granjou C., 2011. Integrating agriculture and biodiversity management: Between green legitimisation and knowledge production. *Sociologia Ruralis*, 513, 272-283.

Haines-Young R., Potschin M., 2010. Proposal for a common international classification of ecosystem goods and services CICES for integrated environmental and economic accounting V1. Prepared for EEA for the UN Committee of experts on environmental-economic accounting, report ESA/STAT/AC.27, Dept. Economic and Social Affairs, United Nations, New York, 30 p.

Isbell F., Calcagno V., Hector A., Connolly J., Harpole W.S., Reich P.B., Scherer-Lorenzen M., Schmid B., Tilman D., Van Ruijven J., Weigelt A., Wilsey B.J., Zavaleta E.S., Loreau M., 2011. High plant diversity is needed to maintain ecosystem services. *Nature*, 199-202.

Jax K., 2005. Function and "functioning" in ecology: What does it mean? *Oikos*, 1113, 641-648.

Johnston R.J., Russell M., 2011. An operational structure for clarity in ecosystem service values. *Ecological Economics*, 7012, 2243-2249.

Kareiva, P., Tallis H., Ricketts T.H., Daily G.C., Polasky S., eds., 2011. *Natural Capital: Theory and Practice of Mapping Ecosystem Services*, Oxford University Press, UK, 400 p.

Kenter J.O., O'Brien L., Hockley N., Ravenscroft N., Fazey I., Irvine K.N., Reed M.S., Christie M., Brady E., Bryce R., Church A., Cooper N., Davies A., Evely A., Everard M., Fish R., Fisher J.A., Jobstvogt N., Molloy C., Orchard-Webb J., Ranger S., Ryan M., Watson V., Williams S., 2015. What are shared and social values of ecosystems? *Ecological Economics*, 111, 86-99.

Kumar M., Kumar P., 2008. Valuation of the ecosystem services: A psycho-cultural perspective. *Ecological Economics*, 644, 808-819.

Leeuwis C., 2000. Reconceptualizing participation for sustainable rural development: Towards a negotiation approach. *Development and Change*, 315, 931-959.

Lele S., Springate-Baginski O., Lakerveld R., Deb D., Dash P., 2013. Ecosystem services: Origins, contributions, pitfalls, and alternatives. *Conservation and Society*, 114, 343.

Martín-López B., Iniesta-Arandia I., García-Llorente M., Palomo I., Casado-Arzuaga I., Del Amo D.G., Gómez-Baggethun E., Oteros-Rozas E., Palacios-Agundez I., Willaarts B., González J.A., Santos-Martín F., Onaindia M., López-Santiago C., Montes C., 2012. Uncovering ecosystem service bundles through social preferences. *PloS ONE*, 76, e38970.

Mathevet R., Thompson J., Delanoë O., Cheylan M., Gil-Fourrier C., Bonnin M., 2010. La solidarité écologique : Un nouveau concept pour une gestion intégrée des parcs nationaux et des territoires. *Natures sciences sociétés*, 184, 424-433.

McCauley D.J., 2006. Selling out on nature. *Nature*, 443, 27-28.

MEA, 2005. *Ecosystem and Human Well-Being: Synthesis*, Island Press, Washington D.C., USA, 160 p.

Milcu A.I., Hanspach J., Abson D., Fischer J., 2013. Cultural ecosystem services: A literature review and prospects for future research. *Ecology and Society*, 183, 44.

Nahlik A.M., Kentula M.E., Fennessy M.S., Landers D.H., 2012. Where is the consensus? A proposed foundation for moving ecosystem service concepts into practice. *Ecological Economics*, 77, 27-35.

Nelson E., Mondoza G., Regetz J., Polasky S., Tallis J., Cameron D.R., Chan K.M.A., Daily G.C., Goldstein J., Kareiva P.M., Londsdorf E., Naidoo R., Ricketts T.H., Shaw M.R., 2009. Modeling multiple ecosystem services, biodiversity conservation, commodity production, and tradeoffs at landscape scales. *Frontiers in Ecology and the Environment*, 71, 4-11.

Norgaard R.B., 2010. Ecosystem services: From eye-opening metaphor to complexity blinder. *Ecological Economics*, 696, 1219-1227.

O'neill J., Holland A., Light A., 2008. *Environmental Values*, Routledge, Londres, UK, 233 p.

Paavola J., Hubacek K., 2013. Ecosystem services, governance, and stakeholder participation: An introduction. *Ecology and Society*, 184.

Potschin M.B., Haines-Young R.H., 2011. Ecosystem services exploring a geographical perspective. *Progress in Physical Geography*, 355, 575-594.

Primmer E., Furman E., 2012. Operationalising ecosystem service approaches for governance: Do measuring, mapping and valuing integrate sector-specific knowledge systems? *Ecosystem Services*, 11, 85-92.

Raudsepp-Hearne C., Peterson G.D., Bennett E.M., 2010. Ecosystem service bundles for analyzing tradeoffs in diverse landscapes. *Proceedings of the National Academy of Sciences*, 10711, 5242-5247.

Ruoso L.E., Plant R., Maurel P., Dupaquier C., Roche P.K., Bonin M., 2015. Reading ecosystem services at the local scale through a territorial approach: The case of peri-urban agriculture in the Thau lagoon, Southern France. *Ecology and Society*, 203, 11.

Tacconi L., 2012. *Illegal Logging: Law Enforcement, Livelihoods and the Timber Trade*, Earthscan, Londres, UK, 301 p.

TEEB Foundations, 2010. *The Economics of Ecosystems and Biodiversity: Ecological and Economic Foundations* (P. Kumar, ed.), Earthscan, Londres, UK, 456 p.

Van Oudenhoven A.P., Petz K., Alkemade R., Hein L., De Groot R.S., 2012. Framework for systematic indicator selection to assess effects of land management on ecosystem services. *Ecological Indicators*, 21, 110-122.

Vatn N., 2005. *Institutions and the Environment*, Edward Elgar, Cheltenham, UK, 496 p.

Wallace K.J., 2007. Classification of ecosystem services: Problems and solutions. *Biological Conservation*, 1393, 235-246.

Watson R., Albon S., Aspinall R., Austen M., Bardgett B., Bateman I., Berry P., Bird W., Bradbury R., Brown C., Bullock J., Burgess J., Church A., Christie C., Crute I., Davies L., Edwards-Jones G., Emmett B., Firbank L., Fitter A., Gibson A., Hails R., Haines-Young R.L., Heathwaite A., Heathwaite L., Hopkins J., Jenkins M., Jones L., Mace G., Malcolm S., Maltby E., Maskell L., Norris K., Ormerod S., Osborne J., Pretty J., Quine C., Russell S., Simpson L., Smith P., Tierney M., Turner K., Van der Wal R., Vira B., Walpole M., Watkinson A., Weighell A., Winn J., Winter M., 2011. *UK National Ecosystem Assessment: Understanding Nature's Value to Society. Synthesis of key findings.* Information Press.

Westman W.E., 1977. How much are nature's services worth? *Science*, 197, 960-964.

Chapitre 8
Conséquences évolutives des approches par services écosystémiques

François Sarrazin, Jean-Louis Pham, Xavier Reboud et Jane Lecomte

Services écosystémiques et évolution : des liens à construire

Les approches de conservation et de gestion de la biodiversité par les services écosystémiques sont ancrées historiquement et conceptuellement dans l'écologie fonctionnelle et dans l'économie de l'environnement. Les débats nourris qui entourent leurs définitions, leurs apports et leurs limites relèvent donc initialement de ces deux champs, auxquels se sont associées des réflexions issues d'autres disciplines, des sciences humaines et de l'éthique environnementale notamment. Au sein des sciences de la nature, l'écologie évolutive est néanmoins restée jusqu'à présent très largement absente des débats consacrés aux services écosystémiques. À l'exception notable de la proposition faite par Faith et ses collègues (2010) de compléter les approches par les services écosystémiques par des approches par des services *évosystémiques* afin de maintenir le potentiel évolutif des systèmes écologiques, on ne peut que constater un déficit profond de représentation à long terme des interactions humains-biodiversité et ce, particulièrement dans le cadre des services écosystémiques. La notion de long terme doit ici être précisée. Le long terme du gestionnaire, défini en années voire en décennies, n'est pas celui de l'écologue, défini en années, décennies, siècles, ni celui de l'évolutionniste qui travaille le plus souvent à l'échelle des générations, et donc suivant les organismes étudiés par décennies, siècles ou millénaires.

Pourtant, l'approche par les *services* repose sur des *fonctions* écosystémiques, et donc sur le fonctionnement de populations, de communautés et d'écosystèmes qui sont susceptibles d'être exploités, voire pilotés sous diverses formes dans des démarches dont certaines relèvent de l'ingénierie écologique. Par ailleurs, en dehors des interventions humaines, les populations et les communautés sont l'objet d'ajustements et de réassemblages permanents. Si la notion de *services écosystémiques* avait essentiellement un rôle pédagogique servant à mettre en évidence l'ensemble des processus par lesquels la biodiversité contribue au bien-être humain, sans influence significative sur les activités humaines et leur impact sur la biodiversité, il serait possible de considérer *a priori* l'hypothèse d'une neutralité évolutive de cette approche. Cependant, il est notable que pour certains cette approche par les services écosystémiques est susceptible de réorienter les relations humains-biodiversité, comme elle l'est pour d'autres d'optimiser l'exploitation durable, voire les propriétés de résistance et de résilience attachées à ces services face aux perturbations et aux changements environnementaux. Si, en physique, observer c'est modifier, on peut dès lors s'interroger sur l'impact potentiel de l'identification, de l'exploitation, du pilotage et parfois de l'optimisation des services écosystémiques sur les trajectoires évolutives des entités qui les supportent. La nature de cette exploitation peut prendre des formes très diverses au sein d'une large palette : depuis la non-intervention contemplative d'une biodiversité support de services esthétiques, culturels ou spirituels, jusqu'à la collecte de biomasse *via* les services d'approvisionnement et la fourniture de biens (alimentaires, fibres, etc.) en passant par le pilotage de fonctions de régulation en vue du stockage de carbone, ou de la gestion de la qualité de l'air, des eaux, des sols. Ce pilotage est au cœur du domaine émergent de l'ingénierie écologique, et vise à s'appuyer sur les dynamiques spontanées des systèmes écologiques de manière à agir le plus efficacement qu'il est possible pour affecter leurs trajectoires et les orienter dans la direction souhaitée[30]. Si les effets micro-évolutifs avérés ou potentiels de certaines interactions humains-biodiversité ont déjà été étudiés, il semble que l'écologie évolutive soit pour l'instant restée en dehors des débats pourtant riches suscités par l'émergence de la notion de *services écosystémiques* appliquée au champ de la conservation. On peut s'interroger sur le relatif désintérêt des évolutionnistes eux-mêmes pour ces questions.

Bien qu'historiquement la biologie de la conservation trouve ses racines dans la gestion démographique et génétique des petites populations, avec une forte influence de la théorie de l'évolution sur le maintien du potentiel adaptatif ou sur la capacité à purger les mutations délétères (voir par ex., Soulé, 1987 ; Lande, 1988, 1995), la nécessité d'embrasser des échelles d'action plus importantes a entraîné le développement de travaux de plus en plus nombreux consacrés à la conservation des habitats et des écosystèmes, impliquant de manière importante les concepts et les méthodes de l'écologie fonctionnelle. De même, la nécessité de formuler des argumentaires sur les valeurs de la biodiversité qui puissent être pris en compte par les décideurs a encouragé l'émergence de nombreux travaux en économie de l'environnement. Cette double émergence au sein des sciences écologiques d'une part et des sciences humaines d'autre part a porté le discours sur les services écosystémiques, et a probablement éloigné une partie des chercheurs spécialistes de l'évolution de ces champs d'application. Aujourd'hui encore, de nombreux chercheurs en écologie évolutive se sentent peu concernés par ces approches de gestion de la biodiversité, qui les éloignent de ce qu'ils identifient comme leur principal centre d'intérêt — c'est-à-dire, le plus souvent, l'étude de processus évolutifs au sein

---

30. Voir http://www.set-revue.fr/sites/default/files/articles/pdf/Manifeste_ingenierie_ecologique.pdf (consulté le 11 janv. 2016).

d'une nature spontanée et peu anthropisée. Ce désintérêt s'ancre parfois de manière plus culturelle dans un évitement des questions portant sur des interfaces humain-biodiversité, ces interfaces impliquant de plus en plus souvent les sciences humaines et sociales. La nature de l'objet d'étude structure néanmoins les pratiques (pluri)disciplinaires. Ainsi, les biologistes s'intéressant à l'histoire (domestication) ou à la conservation *in situ* de la biodiversité domestique sont naturellement plus concernés par les écosystèmes anthropisés. S'ils ont historiquement identifié l'intérêt que pouvait offrir une interaction avec l'archéologie, l'ethnologie ou l'anthropologie, ils n'ont que peu embrassé les approches relevant de l'écologie fonctionnelle, la seule valeur d'option des ressources génétiques pouvant suffire, de leur point de vue, à justifier leur conservation.

Les approches de la conservation par les services écosystémiques ouvrent cependant de nombreux questionnements relevant de l'écologie évolutive, susceptibles de faire progresser les concepts et les méthodes nécessaires à la conservation et à la gestion de la biodiversité, mais aussi à la compréhension plus fondamentale des mécanismes de son évolution. D'un point de vue écologique, peut-on durablement continuer de n'aborder les services écosystémiques que par des mesures, certes déjà complexes, de stocks et de flux de matière et d'énergie, en négligeant les moteurs évolutifs sous-jacents aux dynamiques de ces flux et de ces stocks ? Ceci peut-il rester pertinent dans le contexte des changements globaux et leur échelle de temps ? L'ignorance des processus micro-évolutifs potentiellement en cours dans les systèmes écologiques pilotés pour optimiser, parfois pour maximiser, les services identifiés, n'amène-t-elle pas à minimiser les réponses adaptatives des organismes qui constituent ces systèmes écologiques ? Quelles sont en effet les conséquences évolutives des pressions de sélection susceptibles d'être générées, directement ou indirectement, par l'exploitation des diverses formes de services écosystémiques sur les traits des organismes qui assurent les fonctions supports de ces services, et donc sur leur persistance ? Quelles sont les conséquences évolutives de ces mêmes processus sur des organismes participant à ces systèmes écologiques, mais qui ne contribuent pas, ou seulement très marginalement à ces services ? Quelles fonctionnalités peuvent être les premières touchées par des réponses évolutives à un accroissement global des perturbations ou de leur intensité, à un fractionnement de l'habitat, voire à une acidification des océans ?

D'un point de vue économique, les réponses micro-évolutives des systèmes écologiques aux pressions générées par l'exploitation des services qu'ils supportent et fournissent sont-elles susceptibles de modifier rapidement les projections d'exploitation et de rendement de ces services et leur durabilité ? Existe-t-il des effets seuils, des points de non-retour ou au contraire des propriétés (notamment dans les formes d'interactions entre organismes) qui soient à même de garantir une certaine stabilité des systèmes concernés ? D'un point de vue éthique, que nous dit le pilotage, volontaire ou involontaire, des trajectoires évolutives et de nos relations à la biodiversité ? Devrions-nous, et pouvons-nous seulement réduire notre empreinte évolutive sur les systèmes écologiques ou sur certaines parties d'entre eux ?

Ces questions de recherche ouvrent de vastes domaines d'investigation théorique, et potentiellement expérimentale. Néanmoins elles peuvent également trouver des éléments de réponse dans l'étude rétrospective de dynamiques, passées ou en cours, de systèmes complexes ou simplifiés jusqu'alors peu considérés dans le champ des services écosystémiques, alors qu'ils en relèvent directement. Nous proposons d'explorer ici certaines de ces pistes.

Des services, des fonctions, des traits sujets à évolution

L'idée d'identifier les services écosystémiques et de cibler les organismes et les systèmes écologiques qui les supportent pour mieux les conserver et pouvoir les gérer durablement repose, de manière indirecte, sur l'identification et la conservation de traits fonctionnels au sein des communautés et des écosystèmes. De très nombreux travaux ont été consacrés à la définition et à la quantification de ces traits fonctionnels, le plus souvent chez les plantes ou les microorganismes du sol, et plus rarement et récemment sur les animaux (Petchey et Gaston, 2006). Ces traits fonctionnels sont liés aux nombreuses caractéristiques phénotypiques des individus qui les portent, qu'elles soient morphologiques, écophysiologiques, comportementales, et qui sont à la base de leurs interactions avec leur environnement en termes de flux de matière et d'énergie. Les traits d'histoire de vie de ces organismes, notamment leurs capacités de survie, de reproduction, de dispersion à différents âges ou stades, leur temps de génération, sont susceptibles d'influencer ces traits fonctionnels. La diversité des assemblages d'espèces qui constituent les communautés et les écosystèmes est la source de la diversité potentielle de ces traits fonctionnels. Cependant l'environnement biotique et abiotique filtre ces traits, dits alors *traits de réponse*, par les pressions qu'il exerce sur les organismes au sein de ces communautés. À leur tour, par le jeu des dynamiques des communautés et les variations d'abondance des organismes en interaction, ces traits de réponses génèrent des traits dits *d'effets* qui affectent le fonctionnement même des écosystèmes (Lavorel et Garnier, 2002). Nous l'avons vu, ces approches fonctionnelles se placent dans un cadre écologique marqué par une temporalité plutôt courte. Dans ce contexte, les interactions abiotiques entre organismes et milieu physicochimique s'ajoutent aux interactions biotiques interspécifiques directes, telles que la prédation, la compétition, le parasitisme, le mutualisme ou la symbiose, mais aussi indirectes, *via* le rôle des espèces ingénieurs des écosystèmes (au sens de Jones *et al.*, 1994). Elles régissent la dynamique et la distribution des espèces, et donc des traits qu'elles portent. Néanmoins, ces interactions biotiques et abiotiques constituent le filtre au sein duquel s'exercent, à court et à long terme, les processus micro-évolutifs de sélection naturelle, de résistance ou de contournement des interactions négatives, mais aussi de sélection sexuelle et de dérive qui excluent, maintiennent ou favorisent ces traits apparus par mutations et recombinaisons génétiques successives. Ces traits et fonctions, supports des services écosystémiques, sont donc avant tout l'expression phénotypique de ces informations génétiques, soumises à sélection et sujets de l'évolution. Ils résultent de l'histoire phylogénétique, des processus de coévolution, de colonisation, de diversification active si la rareté est favorisée et, au final, de développement des organismes qui les portent.

Que vient ajouter à ces contextes écologiques et évolutifs « classiques » une approche par services écosystémiques des interactions humains-biodiversité ? Si les activités humaines prennent des formes très diverses et complexes, il ne faut pas oublier qu'elles constituent pour la biodiversité des pressions biotiques directes et souvent intenses de prédation, compétition, parasitisme, mutualisme, symbiose, mais aussi des pressions biotiques indirectes, *via* les effets qu'elles entraînent sur la composition des communautés et les multiples perturbations (d'ordre génétique, temporel, spatial, etc.) induites, par exemple, par un compartiment domestiqué, ou des pressions abiotiques, sur les caractéristiques physicochimiques des milieux. Les communautés humaines sont des éléments de l'environnement des organismes, assurément de plus en plus structurants pour certains, et déstructurants pour d'autres. Elles agissent à des degrés d'intensité et d'échelles spatiale et temporelle inégalées, générant *via* les changements globaux de nouvelles perturbations et pressions de sélections (Palumbi, 2001). La vision large et systémique portée par les services écosystémiques suggère une orientation potentiellement massive des tentatives de pilotage humain des systèmes écologiques dans une direction essentiellement anthropocentrée des interactions humains-biodiversité.

Les entités de biodiversité composant les systèmes écologiques identifiés comme fournissant un ou plusieurs services écosystémiques sont donc susceptibles de voir s'ajouter aux pressions naturelles avec lesquelles elles ont co-évolué, celles issues directement, et indirectement, des usages et de l'optimisation des services. Ce constat concerne aussi bien des services exploités tout au long de l'histoire des communautés humaines que ceux qui seraient nouvellement identifiés. Ceci peut potentiellement prendre au minimum trois grandes formes. Dans un premier cas, les entités assurant des fonctions supports des services peuvent être particulièrement exploitées ou, dans l'optique d'une gestion durable, privilégiées, et voir la valeur sélective des traits d'effets d'intérêt augmenter. En cherchant à privilégier ces traits d'effets, on peut s'interroger sur la possibilité de sélectionner secondairement des traits de réponse sans les avoir identifiés *a priori*. Dans un deuxième cas, des entités présentant des traits d'effets défavorables pour certains services, ou supports de disservices (Dunn, 2010) sont susceptibles d'être négligées, voir clairement contre-sélectionnées. Les pressions directes sur ces organismes sont potentiellement susceptibles de générer des réponses adaptatives chez ces mêmes organismes. Une troisième forme de réponse micro-évolutive peut potentiellement résulter de la modification des assemblages d'espèces, des structures des communautés, des réseaux d'interactions de prédation, compétition, mutualisme, à la suite des pressions favorables ou défavorables exercées sur les entités supports de services ou de disservices. Enfin, ces processus micro-évolutifs peuvent concerner d'autres entités, non identifiées *a priori* comme supports de ces services ou disservices, mais qui entrent en interaction avec les entités supports des services, et subissent indirectement les effets de ces approches de gestion de la biodiversité par les services ciblés.

L'importance des effets induits par l'exploitation ou le pilotage de services écosystémiques en termes d'écologie et d'évolution est donc susceptible de varier beaucoup en fonction des situations. La question se pose, alors, de l'intensité et de la durée de ces pressions de sélection. Sont-elles directionnelles ? Quelle est leur persistance par rapport au temps de génération des organismes subissant ces pressions ? Les variations de traits éventuellement déjà constatées relèvent-elles de la plasticité phénotypique ou d'une adaptation par sélection ? Au-delà des traits fonctionnels, les traits d'histoire de vie peuvent-ils évoluer à court ou moyen terme pour des organismes placés durablement dans un contexte d'écosystèmes gérés pour les services qu'ils fournissent ? Des généralisations sont-elles possibles, et permettent-elles de prévoir que cela va naturellement tendre à amplifier, ou au contraire à réduire, tel ou tel service ? Peut-on en déduire leur *coût* évolutif ?

Quelques exemples d'évolution en cours dans différents contextes implicites de services écosystémiques

On a coutume de distinguer, parmi les services écosystémiques, des services d'approvisionnement, des services culturels et des services de régulation (MEA, 2005). Nous ne considérerons pas ici les services de support comme des *services* en tant que tels, mais comme l'ensemble des *fonctions* des écosystèmes qui permettent la fourniture durable de ces services. En quelque sorte, il s'agit de la couverture des flux de matière et d'énergie de base au sein de l'écosystème. Le niveau des interactions humains-biodiversité est variable d'une grande catégorie de services à l'autre. C'est probablement aussi le cas au sein de chaque grande catégorie de services, mais de manière peut être plus limitée. Quelles pressions de sélection sont susceptibles d'émerger pour chaque catégorie de services ? Peut-on s'appuyer sur des exemples déjà analysés de processus évolutifs d'origine anthropique dont la lecture serait pertinente ici, bien qu'ils n'aient pas été initialement interprétés dans le cadre conceptuel des services écosystémiques ?

Les services d'approvisionnement reposent pour une grande partie d'entre eux sur l'exploitation directe d'organismes en milieu naturel pour la fourniture de ressources alimentaires, de fibre, de bois d'œuvre et de chauffe, etc. Dans une perspective écologique et évolutive, la collecte de ces ressources relève donc de relations de prédation pour la chasse, la pêche, la collecte d'œufs, la récolte ou la capture d'individus entiers, et de parasitisme dans le cas d'exploitation d'individus vivants, par exemple pour la collecte de lait, de laine ou la cueillette de fruits, de graines, ou de fleurs. Ces processus d'exploitation sont ceux qui ont les effets les plus directs et les plus directionnels sur les populations qui en sont la cible, le « syndrome de domestication » des espèces cultivées étant le cas extrême. En raison de l'intensité et de la régularité des pressions de sélection générées par ces activités, et du fait du grand intérêt potentiel de ces effets pour les économies qui leur sont associées, ces modes d'exploitation ont assez tôt généré des travaux cherchant à distinguer les réponses micro-évolutives à ces formes de sélection anthropogénique des processus de plasticité phénotypique. Les possibilités de réversibilité de ces deux processus étant bien sûr fort différentes, leur compréhension s'avère centrale pour une exploitation durable, au sens écologique et économique, de ces ressources. Plusieurs de ces études ont mis en évidence des potentialités et des cas avérés de réponses adaptatives au sein des populations exploitées, et ce parfois à très court terme (Fenberg et Roy, 2008 ; Darimont *et al.*, 2009 ; Allendorf et Hard, 2009).

Ainsi les effets de la pêche intensive sur la taille des poissons collectés ont suscité de nombreux travaux, qui ont mis en évidence la fixation de traits de maturation précoce et de petite taille chez certaines espèces (Law, 2000 ; Grift *et al.*, 2003 ; Hard *et al.*, 2008). Décrite comme très rapide par certains auteurs, la vitesse de fixation de ces traits fait néanmoins l'objet de débats (Andersen et Brander, 2009). Dans les écosystèmes terrestres, l'exploitation des grands mammifères par la chasse, pour la viande ou pour les trophées, a également été étudiée. Des impacts phénotypiques mais aussi adaptatifs sur les traits d'histoire de vie ont été montrés, notamment chez plusieurs espèces d'ongulés fortement exploitées, que ce soit par contre-sélection sur la taille des individus, l'abaissement de l'âge à la maturité sexuelle ou encore les caractères sexuels secondaires, générant des perturbations des stratégies de sélection sexuelle (Coltman *et al.*, 2003 ; Mysterud, 2011 ; Gamelon *et al.*, 2011). Ces glissements le long des gradients de temps de génération (Gaillard *et al.*, 2005) ne sont pas sans conséquences sur les taux de croissance des populations, leur abondance locale et leurs réponses futures aux pressions de prélèvements et aux changements environnementaux. Parallèlement aux changements de comportement dans la sélection des partenaires sexuels, les modalités de sélection de l'habitat peuvent être modifiées dans les populations chassées, et intégrer des stratégies d'évitement relevant d'une véritable « écologie de la peur », existant certes entre proies et prédateurs, mais aussi en réponse aux pressions anthropogéniques (Cuiti *et al.*, 2012). On notera que les conséquences évolutives sur les traits d'histoire de vie de ces chasses à des fins d'exploitation, donc dans un contexte de service d'approvisionnement, se retrouvent dans des chasses de destruction, destinées à réduire des disservices, comme cela a été montré par exemple dans des tentatives de destruction de certaines populations de serpents (Sasaki *et al.*, 2009) ou lors de luttes quotidiennes contre des ravageurs occasionnels des cultures (Ellis *et al.*, 2010). Au-delà des pressions directes sur les populations issues des prélèvements dirigés de certains types d'individus, les conséquences des changements d'abondance et de distribution des populations exploitées, et le cas échéant de leurs traits fonctionnels, génèrent de fortes réponses sur les réseaux trophiques, mais aussi d'une manière générale sur les réseaux d'interactions auxquels ils appartiennent. Cet enjeu est aussi réel pour les prédateurs de bout de chaîne, qui affectent l'abondance et les traits de leurs proies, que pour ces proies lorsqu'elles constituent des bases importantes des réseaux trophiques. Si ces impacts indirects ont été surtout étudiés d'un point de vue fonctionnel, leurs conséquences évolutives, par relâchement de certaines pressions ou au contraire amplification de certaines autres, doivent être considérées.

Les services de régulation semblent *a priori* moins directement susceptibles de générer de telles réponses évolutives. Cependant certaines situations peuvent poser question. Certains services de régulation sont assurés par des communautés fortement spécialisées. Ainsi, les services de recyclage fournis par les grands charognards exclusifs que sont les vautours sont particulièrement menacés dans certaines régions du monde, et sont donc au cœur des stratégies de conservation qui leur sont appliquées (Deygout *et al.*, 2010 ; Durand *et al.*, 2013 ; Şekercioğlu *et al.*, 2004). La gestion de cet équarrissage naturel dans les zones d'élevage cherche toutefois à maintenir une certaine variabilité spatiale et temporelle dans la disponibilité des ressources, pour éviter sur le long terme toute modification directionnelle des stratégies de prospection alimentaire de ces oiseaux (Deygout *et al.*, 2010 ; Monsarrat *et al.*, 2013).

Cet effet d'une gestion anthropogénique des ressources alimentaires trouve un prolongement inattendu dans ce qui pourrait être rattaché à une forme de service culturel, esthétique ou récréatif, à savoir le nourrissage hivernal d'oiseaux de jardin. Très répandu en Grande-Bretagne, il semble avoir généré sur un demi-siècle l'émergence d'une nouvelle voie migratoire hivernale chez des populations d'Europe centrale de fauvette à tête noire (*Sylvia atricapilla*), entraînant des divergences génétiques et phénotypiques par rapport aux groupes migrants vers le sud (Irwin, 2009). Les mesures de protection fondées sur une approche culturelle et esthétique menant à la désignation de certains espaces protégés pourraient potentiellement influer sur les trajectoires évolutives des organismes qu'ils concernent, suivant la surface, la pérennité et le niveau de protection de ces espaces. Le maintien de certaines espèces cultivées ou de variétés particulières chez d'autres doit parfois à leur valeur culturelle. Pour rester sur les services culturels, on notera que dans certaines régions du monde, les pratiques de chasse relèvent plus d'activités récréatives et culturelles que d'approvisionnement au sens strict. Leurs conséquences évolutives potentielles suivent néanmoins les processus que nous avons évoqués précédemment, par exemple concernant les effets des chasses aux trophées sur les processus de sélection sexuelle. De la même manière, la gestion forestière peut relever de plusieurs objectifs, et donc concerner plusieurs types de services écosystémiques.

Qu'elle tente de combiner à la fois des finalités d'exploitation, de stockage de carbone, de récréation ou, plus couramment, qu'elle les aborde indépendamment, la gestion forestière à large échelle est susceptible de générer des habitats, des réseaux d'interactions et donc des pressions de sélection très différents pour les organismes qui les habitent.

Quand les pressions évolutives réduisent les services écosystémiques à des services « biologiques »

Les conséquences évolutives des approches par les services écosystémiques sont susceptible de beaucoup varier suivant le contour que l'on donne à ces services et aux écosystèmes qui les portent, au-delà même des stratégies de gestion de ces services. Jusqu'où l'écosystème rassemblant les organismes et les traits fonctionnels supports potentiels de ces services est-il encore le même lorsque ces fonctions sont effectivement exploitées, directement ou non, par les populations humaines ? Dans les exemples précédents, nous avons abordé des situations où seuls étaient ciblés quelques traits ou fonctions, portés par un ou quelques organismes. Dans les cas de chasse, de pêche ou de cueillette, la résilience à long terme des populations exploitées repose implicitement sur une certaine pérennité des écosystèmes considérés. Cependant si l'exploitation de ces traits revêt une grande importance, il peut devenir avantageux de découpler la dynamique des organismes qui les portent de leurs écosystèmes, en soutenant activement leurs populations et éventuellement en sélectionnant activement les traits d'intérêt. On glisse alors d'un service fourni par la complexité structurelle et fonctionnelle d'un écosystème à celui fourni par un organisme vivant, mais dont les interactions sont fortement réduites, et dont la dynamique est artificiellement soutenue par des êtres humains pour des êtres humains.

Cette perspective de pilotage de l'évolution des traits fonctionnels et des traits d'histoire de vie n'a rien de nouveau. Elle s'opère depuis plus de 12 000 ans à travers la domestication des plantes et des animaux, et plus récemment par celle de certains micro-organismes au sein de la longue histoire de l'agriculture, de l'agronomie et des biotechnologies. La transition des activités des chasseurs-cueilleurs à celles des éleveurs et cultivateurs s'est faite par des processus de sélection artificielle, et donc d'évolution des organismes d'intérêt. Mais ces processus de sélection ont entraîné indirectement une autre évolution, celle des parasites et des pathogènes de ces organismes, de leur symbiotes, des commensaux des activités humaines.

L'impact majeur des humains sur l'évolution du vivant domestiqué et sur ses environnements biotiques et abiotiques génère parfois une certaine confusion sur le périmètre exact des services écosystémiques. La productivité d'une monoculture intensive doit-elle, par exemple, être considérée dans les évaluations globales des services rendus par la nature au bien-être humain ? Peut-être, puisqu'elle est la contrepartie des autres externalités qu'elle génère sur l'eau, sur le sol mais aussi sur le cortège de bioagresseurs plus ou moins exclusifs. Mais, quelle que soit la réponse apportée à cette question, l'analyse des processus complexes d'émergence de l'agriculture et de ses conséquences évolutives jusqu'à ce jour (par ex., Denison *et al.*, 2003) nous éclaire sur l'importance d'une prise en compte explicite, conceptuelle, expérimentale et observationnelle des conséquences évolutives des approches par services écosystémiques.

Toujours dans ce contexte agronomique, le souhait de réorienter les pratiques vers une plus grande résilience, notamment en jouant sur la biodiversité maintenue au sein des agroécosystèmes, implique un nombre croissant de réflexions en agroécologie et en ingénierie écologique. Ces travaux visent à réintégrer la compréhension des processus écologiques dans le pilotage des systèmes et des services qu'ils fournissent, mais cette compréhension doit aussi intégrer celle des processus évolutifs (voir Loeuille *et al.*, 2013). Que ce soit pour maintenir les rendements sous faibles intrants, pour proposer des formes pertinentes et durablement efficaces de lutte contre les pathogènes des cultures ou dans les élevages (Beckie et Reboud, 2009 ; The REX Consortium, 2013) ou des moyens de soutien aux symbiotes et auxiliaires de cultures, la compréhension des dynamiques adaptatives est centrale.

On notera que ces approches évolutives dans les agrosystèmes trouvent leur pendant dans d'autres dimensions du bien-être humain, quand il s'agit de maintenir à long terme de faibles risques sanitaires en évitant l'émergence de résistances chez des pathogènes de l'homme. Mais que ce soit dans le domaine de la santé ou dans celui de l'agronomie, on constate aujourd'hui une importante dichotomie entre des approches réductionnistes visant la manipulation directe de l'évolution des organismes *via* celle de leur génome, voire leur création *de novo* par biologie synthétique, et des approches intégratives visant le pilotage de systèmes écologiques en interaction, au sein desquels les conséquences évolutives de chaque changement de trait sont susceptibles de rétroagir. Si dans le premier cas, la complexité des interactions des systèmes écologiques et leur adaptabilité questionnent grandement la durabilité de ces techniques, elles sont perçues comme le support de l'évolution de ces systèmes dans le second cas.

Les approches intégratives ne pourront pourtant faire l'économie d'une réflexion sur l'utilisation de ces formes de manipulation du vivant et, réciproquement, ces dernières pourraient trouver un intérêt et des enjeux renouvelés en considérant leur possible apport aux approches intégratives (tendance qui s'esquisse par exemple quand on s'interroge sur les objectifs de sélection variétale dans le cadre de l'intensification agroécologique). Le concept de services écosystémiques a émergé initialement pour promouvoir une conservation à court et à long terme de la biodiversité, correspondant plutôt à cette seconde conception du pilotage du vivant. Ce pilotage viserait la résilience à long terme des systèmes écologiques et le maintien de leur diversité. Certains considèrent que pour assurer la production de services sur le long terme, la résilience des écosystèmes doit être soutenue par une importante biodiversité.

L'identification rapide des bénéfices de ces services en termes de bien-être humain, qu'il soit immédiat, sur le court terme, pour satisfaire les besoins individuels ou qu'ils visent à assurer la résilience des groupes humains et leur propre potentiel évolutif, invite néanmoins à s'interroger sur l'évolution de la notion de *services écosystémiques*, et sur les tentations de contrôle de ces services. À quelle échelle spatiale, et avec quelle intensité ces pilotages seront-ils envisagés ? Si ces approches deviennent incontournables pour conserver et gérer certains systèmes écologiques, alors il semble raisonnable, à ce stade de connaissance, de plaider pour des approches multiservices s'appuyant sur une variation spatiale et temporelle du pilotage de ces services. Ceci peut permettre de contre-balancer les pressions directionnelles susceptibles de simplifier les systèmes écologiques. La notion de *pilotage*, notamment dans les écosystèmes anthropisés, induit par ailleurs des questions de gouvernance qu'il faudra considérer précocement.

Perspectives

Les quelques voies brièvement explorées ici visent à mettre en lumière combien il est important de prendre en compte plus explicitement les conséquences évolutives des approches par services écosystémiques, que ce soit pour garantir une meilleure résilience de ces services, des organismes et des systèmes qui les fournissent, et de ceux qui les entourent sans nécessairement y contribuer, mais aussi pour permettre une meilleure compréhension des moteurs de nos relations à la biodiversité. Une telle analyse est assurément plus complexe que cette brève présentation. Elle requiert des développements conceptuels et méthodologiques probablement majeurs, notamment pour comprendre ce qui génère des capacités de résistance et de résilience dans les systèmes considérés. Elle pose la question centrale de notre aptitude à percevoir des processus rapides à l'échelle de l'histoire du vivant, mais lents à l'échelle des vies humaines. Si les sciences de l'évolution manipulent assez aisément ces échelles de temps, il n'en va probablement pas tout à fait de même des approches qui ont promu l'émergence des services écosystémiques. Le développement de l'écologie historique (Swetnam *et al.*, 1999 ; Balée, 2006) et de l'histoire écologique (Jackson et Hobbs, 2009) devrait pouvoir contribuer, dans des approches interdisciplinaires, à mieux intégrer l'histoire des dynamiques et des impacts humains, et du pilotage des systèmes écologiques, mais aussi leurs conséquences micro-évolutives au sein de ces systèmes. Le temps presse. Car si les processus évolutifs sont lents, ils sont aussi inéluctables et bien souvent irréversibles.

Références

Allendorf F.W., Hard J.J., 2009. Human-induced evolution caused by unnatural selection through harvest of wild animals. *Proceedings of the National Academy of Sciences of the United States of America*, 106 (supl. 1), 9987-9994.

Andersen K.H., Brander K., 2009. Expected rate of fisheries-induced evolution is slow. *Proceedings of the National Academy of Sciences of the United States of America*, 106 (28), 11657-11660.

Balée W., 2006. The research program of historical ecology. *Annu. Rev. Anthropol.*, 35, 75-98.

Beckie H.J., Reboud X., 2009. Selecting for weed resistance: Herbicide rotation and mixture. *Weed Technol.*, 23 (3), 363-370.

Ciuti S., Muhly T., Paton D., McDevitt D., Musiani M., Boyce M., 2012. Human selection of elk behavioural traits in a landscape of fear. *Proceedings of the Royal Society B: Biological Sciences*, 279 (1746), 4407-4416.

Coltman D.W., O'Donoghue P., Jorgenson J.T., Hogg J.T., Strobeck C., Festa-Bianchet M., 2003. Undesirable evolutionary consequences of trophy hunting. *Nature*, 426 (6967), 655-658.

Darimont C.T., Carlson S.M., Kinnison M.T., Paquet P.C., Reimchen T.E., Wilmers C.C., 2009. Human predators outpace other agents of trait change in the wild. *Proceedings of the National Academy of Sciences of the United States of America*, 106 (3), 952-954.

Denison R.F., Kiers E.T., West S.A., 2003. Darwinian agriculture: When can humans find solutions beyond the reach of natural selection? *The Quarterly Review of Biology*, 78 (2), 145-168.

Deygout C., Gault A., Duriez O., Sarrazin F., Bessa-Gomes C., 2010. Impact of food predictability on social facilitation by foraging scavengers. *Behavioral Ecology*, 21 (6), 1131-1139.

Dunn R.R., 2010. Global mapping of ecosystem disservices: The unspoken reality that nature sometimes kills us. *Biotropica*, 42 (5), 555-557.

Durand L., Cipière M., Carpentier A.S., Baudry J., 2013. *Concilier agricultures et gestion de la biodiversité: Dynamiques sociales, écologiques et politiques*, coll. Synthèses, Quæ, Versailles, 319 p.

Ellis E.C., Klein Goldewijk K., Siebert S., Lightman D., Ramankutty N., 2010. Anthropogenic transformation of the biomes, 1700 to 2000. *Global Ecology and Biogeography*, 19 (5), 589-606.

Faith D.P., Magallón S., Hendry A.P., Conti E., Yahara T., Donoghue M.J., 2010. Evosystem services: An evolutionary perspective on the links between biodiversity and human well-being. *Current Opinion in Environmental Sustainability*, 2 (1), 66-74.

Fenberg P.B., Roy K., 2008. Ecological and evolutionary consequences of size-selective harvesting: How much do we know? *Molecular Ecology*, 17 (1), 209-220.

Gaillard J.M., Yoccoz N.G., Lebreton J.D., Bonenfant C., Devillard S., Loison A., Pontier D., Allaine D., 2005. Generation time: A reliable metric to measure life-history variation among mammalian populations. *The American Naturalist*, 166 (1), 119-123.

Gamelon M., Besnard A., Gaillard J.M., Servanty S., Baubet E., Brandt S., Gimenez O., 2011. High hunting pressure selects for earlier birth date: Wild boar as a case study. *Evolution*, 65 (11), 3100-3112.

Grift R., Rijinsdorp A., Barot S., Heino M., Dieckmann U., 2003. Fisheries-induced trends in reaction norms for maturation in North Sea plaice. *Marine Ecology Progress Series*, 257, 247-257.

Hard J., Gross M., Heino M., Hilborn R., Kope R., Law R., Reynolds J., 2008. Evolutionary consequences of fishing and their implications for salmon. *Evolutionary Applications*, 1 (2), 388-408.

Jackson S.T., Hobbs R.J., 2009. Ecological restoration in the light of ecological history. *Science*, 325 (5940), 567.

Jones C.G., Lawton J.H. and Shachak M. 1994. Organisms as ecosystem engineers. *Oikos*, 69, 373-386.

Lande R., 1988. Genetics and demography in biological conservation. *Science*, 241 (4872), 1455-1460.

Lande R., 1995. Mutation and conservation. *Conservation Biology*, 9 (4), 782-791.

Lavorel S., Garnier E., 2002. Predicting changes in community composition and ecosystem functioning from plant traits: Revisiting the Holy Grail. *Functional Ecology*, 16 (5), 545-556.

Law R., 2000. Fishing, selection, and phenotypic evolution. *Ices Journal of Marine Science*, 57, 659-668.

Loeuille N., Barot S., Georgelin E., Kylafis G., Lavigne C., 2013. Eco-evolutionary dynamics of agricultural networks: Implications for sustainable management. *Advances in Ecological Research, Ecological Networks in an Agricultural World*, 49, 339-435.

MEA, 2005. *Ecosystems and Human Well-being: Synthesis*, Island Press, Washington D.C., USA, 160 p.

Monsarrat S., Benhamou S., Sarrazin F., Bessa-Gomes C., Bouten W., Duriez O., 2013. How predictability of feeding patches affects home range and foraging habitat selection in avian social scavengers? *PLoS ONE*, 8 (1), e53077.

Mysterud A., 2011. Selective harvesting of large mammals: How often does it result indirectional selection? *Journal of Applied Ecology*, 48 (4), 827-834.

Palumbi S., 2001. Humans as the world's greatest evolutionary force. *Science*, 293 (5536), 1786-1790.

Petchey O.L., Gaston K.J., 2006. Functional diversity: Back to basics and looking forward. *Ecology Letters*, 9 (6), 741-758.

REX consortium, 2013. Heterogeneity of selection and the evolution of resistance. *Trends in Ecology and Evolution*, 28 (2), 110-118.

Sasaki K., Fox S.F., Duvall D., 2009. Rapid evolution in the wild: Changes in body size, life-history traits, and behavior in hunted populations of the Japanese mamushi snake. *Conservation Biology*, 23 (1), 93-102.

Şekercioğlu Ç.H., Daily G.C., Ehrlich P.R., 2004. Ecosystem consequences of bird declines. *Proceedings of the National Academy of Sciences*, 101 (52), 18042-18047.

Soulé M.E., 1987. *Viable Populations for Conservation*, Cambridge University Press, Cambridge, UK, 189 p.

Swetnam T.W., Allen C.D., Betancourt J.L., 1999. Applied historical ecology: Using the past to manage for the future. *Ecological Applications*, 9 (4), 1189-1206.

Chapitre 9

Services écosystémiques : des compromis aux synergies

Denis COUVET, Xavier ARNAULD DE SARTRE,
Estelle BALIAN et Muriel TICHIT

Introduction

La majorité des travaux portant sur les services écosystémiques (SE) s'est focalisée sur un service, ou sur un nombre limité de services, et très rarement sur l'ensemble des services fournis par un écosystème. Une méta-analyse rapporte que 50 % des études analysent un service pris isolément, sans considérer les interactions ou les rétroactions entre services (Seppelt *et al.*, 2011). Considérée sous le prisme d'un seul service, la gestion de l'écosystème devient celle de la maximisation d'un service, potentiellement au détriment des autres. Un cas emblématique est celui de la maximisation de la production de biens écosystémiques, associés aux services d'approvisionnement, qui s'opère dans les agroécosystèmes au détriment des autres services de régulation, et de la diversité biologique sur laquelle repose l'ensemble des services (Foley *et al.*, 2006). En ignorant les liens entre services, leurs synergies et leurs antagonismes, une telle gestion mono-service peut s'éloigner de l'optimum social (Bateman *et al.*, 2013).

À travers une intégration sociale de l'importance des différents services, de la diversité biologique, les perspectives d'amélioration des relations entre les sociétés et les écosystèmes semblent donc importantes. Nous examinerons dans ce chapitre les concepts et les méthodes de quantification des services écosystémiques ; puis le regroupement de ces services en bouquets, et enfin les concepts et les critères de décision permettant de prendre en compte les compromis et les synergies entre catégories de services.

Quantification et évaluation des services écosystémiques

Quantifier et évaluer les services écosystémiques demande de définir ces services, de comprendre leurs relations avec la biodiversité, les interactions entre le fonctionnement respectif des écosystèmes et des sociétés humaines, de spécifier l'échelle à laquelle ces services sont appréhendés, et de préciser les notions de bénéfices et de valeur.

De la définition à la quantification des services écosystémiques

Il est sans doute difficile, et même vain, de tenter de donner une définition des services écosystémiques qui soit à la fois précise et satisfaisante pour l'ensemble des experts et des disciplines scientifiques s'intéressant au sujet. Daily (1997), Costanza *et al.* (1997), le MEA (2005), Mace *et al.* (2012) en donnent une définition large de « bénéfices liés aux écosystèmes », ne distinguant pas ce que l'on pourrait qualifier de bénéfices sociaux et de moyens biophysiques (Fisher *et al.*, 2009; Mace *et al.*, 2012). La nature des métriques quantifiant ces bénéfices, biophysiques ou sociaux, n'est pas précisée. Les difficultés conceptuelles et méthodologiques rencontrées par l'écologie lorsqu'elle cherche à identifier et à hiérarchiser les relations entre différentes entités biologiques (populations, communautés, etc.) et des bénéfices sociaux peuvent expliquer ces imprécisions.

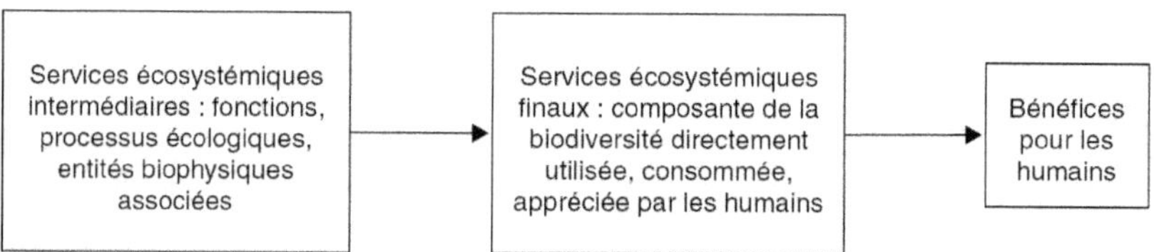

Figure 9.1. Relations entre bénéfices, services écosystémiques finaux (associés à des entités biophysiques : pollinisateurs, communautés d'oiseaux, population exploitée, etc.) et intermédiaires (comprenant fonctions et processus) (d'après Fisher *et al.*, 2009).

S'attachant à une précision à la fois biophysique et sociale, Boyd et Banzhaf (2007), Fisher *et al.* (2009) proposent la notion de *services écosystémiques finaux* (SEF par la suite), « composantes de la nature directement utilisées, consommées, appréciées par les humains ». Ces SEF sont distingués des fonctions, processus et services écosystémiques intermédiaires (SEI) d'une part, des bénéfices d'autre part (fig. 9.1).

À la lumière de cette définition, les « services écosystémiques majeurs » du MEA forment une liste hétérogène. Ils sont tantôt SEF, tantôt SEI, selon le niveau auquel le bénéfice est appréhendé (ainsi la fertilité des sols est SEF pour l'agriculteur, SEI pour le consommateur), ou selon le type de service, la catégorie « support » et « régulation » étant le plus souvent SEI (Johnston et Russell, 2011). Certains sont des fonctions, des processus (pollinisation, production primaire, etc.), d'autres des bénéfices (récréation, esthétique, etc.). La liste du MEA constituerait donc, plutôt qu'un instrument analytique, un inventaire des enjeux majeurs dans les relations société-biodiversité, c'est-à-dire les 24 enjeux qu'il convient de ne pas oublier dans la gestion des écosystèmes (Boyd et Banzhaf, 2007). Cette hétérogénéité entre les 24 services majeurs ne facilite pas la construction d'indicateurs permettant de les quantifier sans ambiguïté, c'est-à-dire de façon homogène et cohérente. Pour chacun, il serait nécessaire :

– de préciser la définition du service, en spécifiant le niveau auquel le bénéfice est appréhendé ;

– de préciser les composantes impliquées dans la fourniture du service (entités, fonctions et processus) ;

– de sélectionner un ensemble de métriques appropriées pour mesurer les composantes et les bénéfices associés ;

– enfin de préciser sa nature de SEF ou SEI.

Relations entre services écosystémiques et biodiversité

La biodiversité entretient des relations multiples avec les services écosystémiques. Elle peut être un SEF (Mace *et al.*, 2012), à travers ses bénéfices esthétiques, éducatifs, spirituels. C'est aussi une propriété majeure déterminant des SEI, SEF, et leur qualité (voir plus bas). Les structures et les fonctions de la biodiversité sont aussi intimement liées aux services écosystémiques, déterminant leur distribution et leur imbrication.

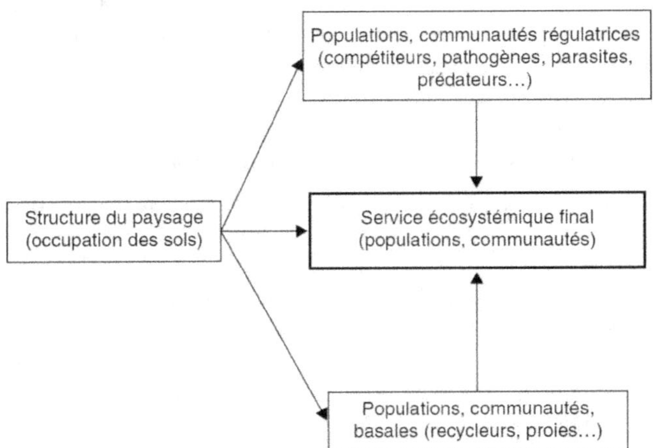

Figure 9.2. Quatre types d'entités biophysiques sur lesquelles un gestionnaire peut intervenir, afin de modifier les caractères d'un SEF (d'après Kremen *et al.*, 2007).

Face aux difficultés de conception de la gestion d'un SEF associé à des organismes mobiles, Kremen *et al.* (2007) proposent un schéma général reliant gestion des territoires, réseaux écologiques et paysages. Ce schéma précise les entités biophysiques associées aux services écosystémiques. On peut distinguer quatre catégories majeures : les SEF, la structure biophysique des territoires, les communautés et les populations basales d'une part, régulatrices d'autre part (fig. 9.2).

Les populations et les communautés basales ou régulatrices sont des SEI. Elles ont un impact significatif sur sa dynamique. Ainsi, dans le cas de la prévention des maladies, les prédateurs sont des populations régulatrices, déterminant la densité des populations sources et puits de pathogènes (voir le cas de la maladie de Lyme, Wood et Laferty, 2012). L'abondance des carnivores, leur déclin éventuel associé à la prolifération des grands herbivores a un effet majeur sur la végétation, donc potentiellement sur de nombreux services associés.

La structure du paysage regroupe les éléments fixes de celui-ci : configurations relatives des écosystèmes terrestres et aquatiques, place au sein du bassin versant ou vis-à-vis du littoral, en milieu terrestre, topographie, place des infrastructures humaines (habitations, routes, etc.), parcellaire agricole et forestier par exemple. Cette occupation des sols détermine la fragmentation et la complexité des paysages, l'intensification de leur usage, paramètres qui déterminent la diversité biologique présente, notamment au sein des SEF et des SEI (Laliberté *et al.*, 2010). Ces paramètres peuvent modifier les relations de prédation entre les différentes communautés de carnivores, donc l'efficacité du contrôle biologique (Martin *et al.*, 2013 ; Meehan *et al.*, 2011) ou l'efficacité de la prévention des maladies (Wood et Laferty, 2012). Le type de communautés végétales présentes (par ex., résineux *vs* feuillus en milieu forestier) affecte largement les caractéristiques des SEF, des populations régulatrices présentes. En conséquence, en l'absence de données portant sur l'état des SEF et des populations régulatrices, un certain nombre de modèles ont l'ambition de prédire leur état à partir de cette occupation des sols et des formations végétales présentes (voir par ex., InVest[31]).

Un même groupe fonctionnel, une même espèce, population ou communauté peut appartenir à différentes catégories, selon le service considéré. Ainsi la végétation peut être SEF ou SEI, en tant que communauté basale. La figure 9.2 aide à préciser la relation entre biodiversité et services écosystémiques.

Importance des diversités spécifique et génétique

Le rôle de la diversité génétique et spécifique a été envisagé par de nombreux travaux à travers la relation BEF, ou *Biodiversity and Ecosystem Functioning*. Ces deux composantes principales de la diversité biologique ont un effet positif sur des fonctions majeures et sur leur résilience : capture des ressources, production de biomasse, décomposition et cycle des nutriments, etc. En d'autres termes, les bénéfices associés aux services écosystémiques de régulation et de support augmentent généralement avec la diversité génétique et spécifique des groupes fonctionnels, des communautés, définissant ces SEF (voir par ex., Balvanera *et al.*, 2006). Cette association serait d'autant plus étroite que l'hétérogénéité spatiale et temporelle est forte (voir par ex., Tylianakis *et al.*, 2008). La relation entre ces diversités et les services d'approvisionnement / services culturels est moins évidente ; certains suggèrent une relation inverse. Il resterait néanmoins à déterminer la pérennité d'une telle relation, la durabilité de tels services en présence d'une diversité biologique appauvrie, l'importance des externalités négatives pour les acteurs ne bénéficiant pas directement de ces services.

Au-delà de la diversité taxonomique, fonctionnelle ou phylogénétique, l'abondance et les traits fonctionnels — valeur moyenne et diversité — des organismes appartenant à un SEF ou à un SEI sont deux autres propriétés d'importance majeure (Luck *et al.*, 2009, 2012).

---

31. Se référer à http://www.naturalcapitalproject.org/invest (consulté le 24 déc. 2015).

Relations entre quantités biophysiques et valeurs

Afin de caractériser les bénéfices associés aux services, le MEA distingue différentes composantes du bien-être humain. On peut s'interroger sur les implications sociales et culturelles de cette catégorisation, qui pourrait sembler limiter les valeurs accordées aux écosystèmes, à la biodiversité ou au bien-être. Les enjeux éthiques et/ou culturels sont mal représentés par cette notion de bien-être, ou par la catégorie des services dits « culturels » proposée par le MEA (Chan *et al.*, 2012). Néanmoins, la notion de liberté de choix et d'action permet d'élargir la notion de bien-être, en particulier vers la notion de capabilité (Sen, 2009).

Par conséquent, l'importance d'un SEF dépend du contexte social et culturel dans lequel il se trouve placé, donc des acteurs impliqués (Sagoff, 2011). L'un des acteurs majeurs est l'État, à des fins de régulation collective, en supposant que l'État est garant de l'intérêt général (qu'il s'agirait de définir) par rapport aux intérêts particuliers. Parmi les autres acteurs se trouvent les marchés et les entreprises, qui prennent plus particulièrement en compte les enjeux économiques de court et moyen terme. D'autres acteurs sont tout aussi concernés, la notion de service écosystémique leur permettant d'intervenir dans les arbitrages et de défendre des intérêts de long terme, qu'ils soient collectifs ou particuliers, peu ou pas du tout portés par l'État et par les marchés (Le Prestre, 2007).

Échelles et quantification des services écosystémiques

Les rapports entre société et écosystème posent en outre une question d'échelle essentielle : les hommes et les écosystèmes ne fonctionnent pas aux mêmes échelles. La question semble relativement simple lorsque l'on se focalise sur un seul service. Le bénéfice étant social, l'échelle à laquelle le bénéfice est valorisé importe, déterminant les incitations pour les acteurs. Ainsi les services de production semblent devoir être analysés à l'échelle à laquelle ils sont commercialisés, par exemple celui de l'exploitation agricole, même si d'autres échelles, coopératives, celles des marchés, ont aussi leur pertinence. Néanmoins, ce choix doit aussi tenir compte de l'échelle de fonctionnement biophysique des SEI, qui peut être plus large ou plus restreinte (régulation du climat, pollinisation, contrôle biologique).

Le choix de l'échelle d'analyse des possibilités de compromis devrait dépendre des contraintes écologiques, économiques, de la nature des relations entre services (antagonisme, synergie ou coexistence) des mécanismes qui soutiennent ces relations. L'un des enjeux est de déterminer les avantages qu'apporterait la spécialisation des espaces pour avoir un compromis à une échelle plus large, ou au contraire la recherche d'un compromis local. Ainsi, s'il s'agit d'associer un service d'approvisionnement en aliments et un service de régulation climatique (par ex., stockage de CO_2 dans la végétation) ou d'approvisionnement en eau, l'échelle pertinente n'est plus seulement celle de l'exploitation, mais aussi celle du système paysager (pour le stockage de CO_2) ou du bassin versant (pour l'eau) auquel l'exploitation participe, mais dont elle n'est qu'une partie.

Les conséquences implicites, à la fois sociales et politiques, du choix d'échelle sont importantes. Ainsi, envisager des compromis à une échelle très large (nationale, voire internationale) pourrait favoriser la spécialisation des territoires dans la production d'un service, l'enjeu étant alors d'assurer des complémentarités entre territoires spécialisés dans des services différents ; la variabilité temporelle des bénéfices associée à une telle spécialisation, fragilisant les populations locales, ne devant pas être négligée. La considération de compromis entre services pourrait imposer de gérer les espaces à une échelle peu habituelle, celle, biophysique, de l'écosystème — si tant est que l'on puisse en tracer les limites. Cela nécessite de créer des mécanismes de gouvernance et de contrôle de l'usage des ressources qui soient différents des territoires sociopolitiques existants. Une discordance spatiale entre échelles politiques et échelles d'écosystèmes peut poser des problèmes de gestion très importants. La modélisation des écosystèmes anthropisés doit donc intégrer ces problématiques d'échelle, d'acteurs et d'enjeux politiques.

Regroupement en bouquets et évaluation

On peut s'interroger sur la possibilité de gérer les services, de parvenir à des compromis-synergies éclairés, étant donnée la complexité des définitions, des interactions, de la quantification des caractéristiques biophysiques, et surtout des valeurs, vis-à-vis des différents acteurs (Sagoff, 2011). Supposant que l'on ait progressé significativement dans ce domaine — notamment que l'on dispose d'indicateurs pertinents permettant d'évaluer SEF et bénéfices —, nous examinerons maintenant les outils développés.

L'approche synthétique par bouquets de services invite à embrasser une perspective environnementale multicritère, les différentes branches du bouquet de services représentant l'ensemble des facettes de la problématique environnementale d'un écosystème. Les bouquets de services écosystémiques sont souvent représentés à l'aide d'un radar (Larondelle et Haasse, 2013) ou d'un diagramme en fleur (Raudsepp-Hearne *et al.*, 2010). Chaque service est représenté sur un axe dont la longueur indique le niveau de fourniture du service. Les axes sont généralement normalisés et le choix peut être fait d'exprimer les bouquets en valeur relative les uns par rapport aux autres (fig. 9.3).

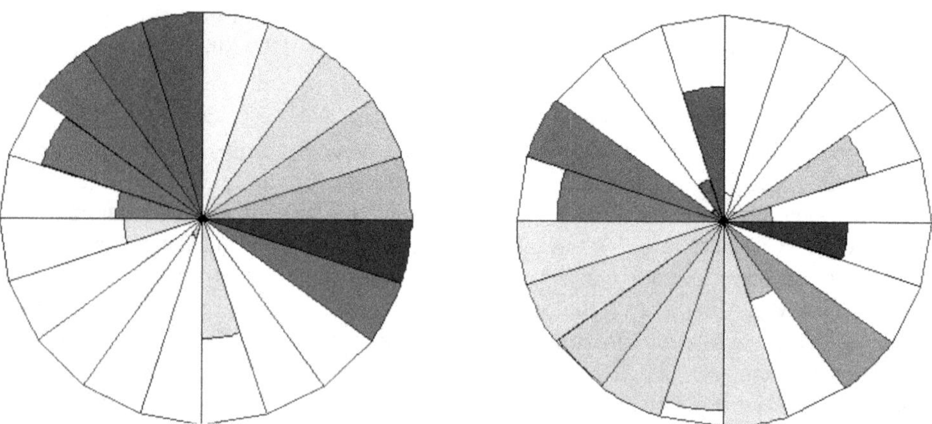

Figure 9.3. Exemple théorique de bouquets de services représentés en valeur relative dans deux agroécosystèmes contrastés.

Quand on s'intéresse à la distribution spatiale des services, on observe des regroupements de certains services. Les services ne sont pas distribués aléatoirement, mais apparaissent simultanément dans l'espace et dans le temps (Raudsepp-Hearne *et al.*, 2010). Ces bouquets suggèrent l'importance des interactions. Deux grands types de mécanismes sont à la base des interactions entre services (Bennett *et al.*, 2009) : un déterminant (écologique et/ou socioéconomique) commun, et/ou une interaction directe entre services ; c'est-à-dire que la fourniture du service A modifie la fourniture du service B. Enfin, remarquons que les services intégrés pour décrire les bouquets dans différentes zones géographiques dépendent de la disponibilité des données, de la connaissance des potentialités des milieux qu'ils utilisent, et des préférences des acteurs ou des utilisateurs finaux locaux, donc de leurs priorités.

L'habitat pourrait constituer une entité privilégiée dans cette approche par bouquet, les différents habitats (forêt, espace agricole, zone humide, etc.) étant riches d'ensembles de services différents (MEA, 2005), en d'autres termes porteurs de bouquets distincts. Un enjeu important de la gestion des territoires serait alors l'arbitrage portant sur l'extension et/ou l'imbrication de ces différents habitats, à la lumière de la préservation des services écosystémiques. Le logiciel InVest propose ainsi des méthodes de quantification des services à partir des plans d'occupation des habitats, qui pourraient éventuellement être complétés par quelques variables supplémentaires, lorsqu'elles sont disponibles.

Critères de regroupement des services écosystémiques

D'un point de vue conceptuel, il semble intuitif de distinguer d'une part la catégorie des services d'approvisionnement, associés à la production de biens marchands, appropriés individuellement le plus souvent, SEF ; et d'autre part la catégorie des services de régulation et de support, non marchands, biens publics, souvent SEI, ayant un impact majeur sur le bien-être humain (voir par ex. Bateman *et al.*, 2013), et dont la dégradation a des effets plutôt à moyen terme sur les services d'approvisionnement (voir Norgaard, 2010 ; Bekele *et al.*, 2013). Nous avons vu aussi plus haut que la relation que ces deux bouquets de services entretiennent avec la diversité biologique pourrait se présenter différemment. Nous reviendrons plus loin sur la pertinence de cette dichotomie.

D'un point de vue empirique, pour révéler des types de bouquets, c'est-à-dire différents patrons de concordance spatiale de services, des protocoles de traitements statistiques sont mobilisés (voir par ex., Maes *et al.*, 2012 ; Lavorel *et al.*, 2011 ; Raudsepp-Hearne *et al.*, 2010). Ils combinent des analyses multivariées, en composantes principales, classification, etc., pour faire émerger différents patrons d'association de services. Ces études révèlent des concordances spatiales par paires de services, ainsi que des associations plus complexes.

Échelles et limites spatiales des bouquets

Les choix de l'échelle et des limites spatiales des bouquets de service dépendent des associations spatiales évoquées plus haut. Une cartographie des services met en évidence antagonismes et coexistences ; l'analyse plus fine permet d'approcher les mécanismes d'interaction, de cibler les espaces les plus appropriés pour la fourniture de tels services, les espaces correspondant à des « points chauds » de services (Egoh *et al.*, 2008). Cependant, il existe peu de cartographies de services fiables ; on dispose le plus souvent d'une cartographie de la couverture végétale des sols, des implantations humaines et des usages, des caractéristiques morphologiques des espaces, etc. On ne dispose que de peu d'éléments relatifs à l'intensité des services produits sur ces sols, ou des services résultant de mécanismes intervenant à des échelles plus larges, le filtrage de l'eau par exemple, ou le stockage des gaz à effet de serre. Toute cartographie bénéficierait d'une compréhension des modes de fonctionnement de ces services, permettant des changements d'échelle, et d'une intégration des mesures ponctuelles à des représentations à échelle large — souvent *via* la construction de modèles spatiaux (Le Clec'h *et al.*, 2013).

La superposition de cartes permet d'identifier des sites où l'on peut combiner différents bouquets de services, lorsque les interactions entre services sont multiples et positives ; d'identifier des sites où il semblerait préférable de maximiser un type particulier de service, ou encore d'améliorer la qualité de certains bouquets. Cette superposition doit permettre de rechercher une optimisation spatiale, selon des critères à définir, utilisant notamment des indices composites. Ainsi en situation de front pionnier amazonien (au Brésil et en Colombie), Grimaldi *et al.* (2013) ont étudié la relation entre les structures paysagères (en particulier l'intensité de l'usage des paysages) et des bouquets de services (incluant des services de régulation au travers de la séquestration de carbone et des cycles de l'eau, et des services de support au travers de la fertilité et du maintien des sols). Ils mettent en évidence que les variations de services mesurées sont dues pour moitié à l'usage des terres, aux propriétés des sols et à l'interaction entre usages et propriétés, l'autre moitié, variance résiduelle, comprenant sans doute majoritairement des techniques d'utilisation des sols. Les relations entre services changent selon les paysages ; le stock de carbone présent dans la biomasse et l'infiltration de l'eau évoluent dans le même sens dans des paysages arborés, mais sont opposés lorsque l'on considère des paysages déforestés.

La composition des bouquets, leur dépendance aux facteurs biophysiques et sociaux demandent à être explorées sur de larges gradients de systèmes socioécologiques. Ce déficit de connaissances sur les variables qui pilotent les services et leur association dans l'espace limite nos capacités à prédire les tendances futures des services. Plusieurs études et synthèses suggèrent que, dans les zones à haut niveau de services d'approvisionnement, la perte de services de régulation est susceptible de pénaliser la durabilité du service d'approvisionnement, voire même de diminuer à terme la possibilité de diversifier les activités économiques (Bennett *et al.*, 2009 ; Rodriguez *et al.*, 2006 ; voir fig. 9.4).

Modèles de regroupement en bouquets

On peut caractériser un bouquet de services par un ou des indices de services écosystémiques (voir plus haut Lavelle *et al.*, 2014). L'ambition est d'utiliser des unités explicites et standardisées, de s'affranchir de l'absence de marché et de prix pour les services, et plus largement des questions de valeurs, de type individuel ou collectif, et de leurs variations selon les acteurs. Certains indices intègrent l'interdépendance entre le flux et le stock de capital naturel qui le génère, formalisant des effets différés dans le temps. Par exemple, l'*Ecosystem Service Index* (ESI) de Banzhaf et Boyd (2005) propose une mesure globale du niveau de bénéfices fourni par un bouquet de services, avec une pondération qui exprime la valeur attribuée au service. Le *Total Ecosystem Service Value* (TESV) de Maes *et al.* (2012) constitue un autre exemple, fondé sur une standardisation « min.-max. » de chaque service, permettant ensuite leur addition.

Ces indices composites présentent un certain nombre de limites. Une même valeur de l'indice peut résulter de combinaisons très différentes de services, supposant la substituabilité entre services. Une pondération présuppose des priorités ou des hiérarchies entre services, en fonction des valeurs des acteurs, et représente donc un objet de négociation. Ainsi, en Amazonie brésilienne, Lavelle *et al.* (2014) ont construit un indicateur synthétique de compromis de services, intégrant des indicateurs de biodiversité (création d'un indicateur *ad hoc*), de production agricole (exprimée en parité de pouvoir d'achat) et de bien-être humain (création d'un indicateur *ad hoc*). Ces auteurs montrent qu'à partir d'un certain degré d'anthropisation du paysage, l'indicateur synthétique constitué décroît significativement, les gains en termes de bien-être et de production agricole s'accompagnant de pertes très importantes de certains services écosystémiques et de biodiversité — ces travaux montrant en termes de services écosystémiques des observations déjà faites, sur les mêmes terrains, à une échelle bien plus large (Rodrigues *et al.*, 2009).

L'expression de chaque service dans sa propre unité de grandeur constitue une alternative, qui évite les problèmes de pondération et peut améliorer la lisibilité, et la légitimité, des travaux. Le regroupement des services peut alors s'effectuer selon différentes approches ; sur la base de l'étude des préférences sociales des acteurs (Martín-López *et al.*, 2012), ou des processus sociaux, culturels et historiques qui les imprègnent (Ernstson et Sörlin, 2013). Ces préférences sociales révèlent la diversité des valeurs et des perceptions associées au service écosystémique ; celles-ci varient selon les contextes (par ex., gradient rural / périurbain) mais aussi selon le genre, le style de vie et le niveau d'éducation. Sous-estimer ces dimensions sociales des services écosystémiques peut constituer un obstacle pour leur intégration au sein des différents secteurs de la société.

Enfin, les travaux sur les bouquets peuvent comparer les configurations en définissant des valeurs-seuils, des normes, par exemple une valeur minimale de matière organique dans les sols, ou de qualité de l'eau. Ces seuils définissent des limites à ne pas franchir au-delà desquelles les conséquences pour le bien-être humain sont importantes.

Mécanismes de variation des bouquets de services

La variation de la composition des bouquets est de fait très peu documentée, et leurs déterminants écologiques et socioéconomiques largement inconnus. Documenter sur de très larges gradients ces déterminants est essentiel pour renforcer notre compréhension de la dynamique des services écosystémiques. Cette dimension dynamique est importante pour explorer les effets seuils et les possibles irréversibilités susceptibles de se produire en matière de bouquet de services dans les écosystèmes. Il faut pour cela disposer de modèles mécanistes explicitant les dynamiques des différentes composantes de l'écosystème, leurs interactions, et formalisant les variables décisionnelles qui modulent les dynamiques naturelles. De tels modèles existent pour des services particuliers, mais pas pour des bouquets de services. Par exemple, au niveau du paysage, le modèle de Sabatier *et al.* (2013) propose un cadre spatialement explicite pour lier dynamiques anthropiques et dynamiques écologiques. La dynamique anthropique représente des décisions d'allocation dans l'espace de pratiques (par ex., fauche, pâturage) dans un paysage de prairie représenté par un réseau de parcelles appartenant à différentes fermes. Le choix des variables de décision a un impact direct sur la dynamique de la végétation prairiale, direct et indirect sur le cycle de vie d'oiseaux prairiaux. Un tel cadre permet d'explorer les antagonismes entre la production prairiale (destinée à l'alimentation des troupeaux) et la taille des populations d'oiseaux dans le paysage. Les paysages simulés révèlent des solutions de type « gagnant-sans-perdre » (*win-no-loose*) liées à la configuration de la mosaïque paysagère. Certaines configurations pourraient engendrer à long terme des extinctions des populations, alors que d'autres, plus diversifiées dans l'espace, vont permettre de compenser globalement certains effets locaux négatifs. Un tel cadre pourrait être étendu aux services écosystémiques.

Recherche des compromis et synergies

Bien que plusieurs revues d'envergure et méta-analyses insistent sur la nécessité d'une approche « multi-services » (Foley *et al.*, 2006 ; Kareiva *et al.*, 2007 ; Bennett *et al.*, 2009), les compromis ou synergies entre services à différentes échelles et sur un large gradient d'écosystèmes sont encore très peu envisagés.

Définition d'un compromis

Il s'agit de déterminer des critères pour établir des compromis, de définir les priorités, les échelles à prendre en compte. On parle de *compromis* (*tradeoff*) entre services si l'amélioration du service A ne peut être réalisée qu'en réduisant le service B. À l'inverse, on parle de *synergie* entre services lorsque deux services sont renforcés simultanément. Il est important de gérer ces compromis ou ces synergies pour réduire les coûts pour les groupes sociaux, renforcer la multifonctionnalité des paysages, le bien-être net, ainsi que d'autres valeurs associées. L'étude des compromis impose une échelle commune d'analyse (fondée sur le plus petit dénominateur commun en termes de données) ; elle demande de s'intéresser à la forme des relations liant les services (convexité, concavité, linéarité). Ainsi, dans l'exemple évoqué plus haut des travaux menés en Amazonie brésilienne, Lavelle *et al.* (2014) montrent qu'il existe une relation concave avec une inflexion très nette à un point précis entre indicateurs synthétiques de services et bien-être d'un côté, et degré d'anthropisation des paysages de l'autre.

Décider des compromis demande de se placer dans le cadre d'une analyse des systèmes socioécologiques et de leur gouvernance (Le Prestre, 2005), de cerner les perceptions des acteurs en matière de services, et d'envisager les services comme des biens communs à concevoir et à gérer collectivement. Éviter de passer au-delà du point d'inflexion d'une courbe impose de définir des règles communes, et de penser à des compensations. Ainsi, éviter la perte d'un service peut impliquer une perte de revenus pour les populations exploitant le milieu. Dans ce domaine, les outils de gestion préférables peuvent dépendre des acteurs prépondérants, selon qu'il s'agit de l'État, des marchés, de la société civile, etc. (Vatn, 2010). Après avoir longtemps préféré la régulation des rapports à l'environnement par l'État, la science politique a privilégié la gestion collective locale. Ainsi les travaux d'Ostrom (2005) constituent-ils une source d'inspiration fondamentale du MEA. Pourtant, si cette approche a fait la preuve de son efficacité dans un certain nombre de situations, le recours systémique à la gestion locale pose un ensemble de problèmes (solidité des institutions, continuité des sources de revenus des populations, etc.) qui ne permettent que difficilement d'imaginer une généralisation de ces solutions.

Modélisation des arbitrages entre bouquets

Compromis et synergies entre services dépendent des mécanismes de rétroaction dans les processus écologiques. Il est important de les connaître pour identifier les contrôles (c.-à-d. les variables de décision) susceptibles d'être actionnés pour modifier la forme du compromis. Plusieurs scénarios sont envisageables ; des solutions gagnant-gagnant, gagnant-perdant, ou encore perdant-perdant. Notre capacité de scénarisation reste encore limitée, demande des outils analytiques, multicritères, prenant en compte les disjonctions d'échelles qui existent entre processus écologiques et processus anthropiques. Ces outils devraient aussi incorporer des scénarios et des instruments de politique publique (Fisher *et al.*, 2008) qui sont considérés seulement dans une minorité d'études (29 % des études dans la méta-analyse de Seppelt *et al.*, 2011).

L'optimisation des relations entre services demande d'explorer des scénarios en matière d'usage des terres, opposant souvent deux grandes options. La première s'appuie sur une partition de l'espace entre des zones riches en biodiversité et des zones dédiées à une intensification des usages humains. Cette partition découple la fonction de production et celle de préservation de l'environnement (Green *et al.*, 2005). Elle invite à une spécialisation des espaces en termes de services, et accorde peu d'importance aux compromis et aux synergies locales entre services d'approvisionnement et autres services. Elle ne s'interroge pas sur la durabilité locale pour chaque bouquet de service, en réponse à des effets de long terme (dette d'extinction, voir par ex., Dullinger *et al.*, 2013). La seconde privilégie l'intégration agriculture-nature, et donc la coexistence des deux grands types de fonctions au sein d'un même espace (Fischer *et al.*, 2008). Elle invite à penser l'imbrication de multiples services dans l'espace (mosaïques de services) et pose de façon centrale la dépendance entre systèmes sociaux et systèmes écologiques. Elle impose de mieux comprendre et d'explorer des compromis et des synergies complexes, car multi-échelles et multi-acteurs.

L'un des enjeux tient à l'amélioration de ces compromis, et à l'augmentation du champ des compromis possibles entre bouquets de services. L'un des moyens consiste à modifier l'allocation spatiale des variables déterminant les relations entre services. Des méthodes d'optimisation multicritère de type Pareto[32] peuvent alors révéler les allocations optimales des déterminants des bouquets de services les mieux à même de réconcilier différents services (Teillard, 2012). Le bouquet résultera alors d'une décision multicritère où plusieurs critères antagonistes, c'est-à-dire plusieurs services, doivent être optimisés simultanément. Ce type de problème possède un ensemble de solutions non dominées représentables graphiquement par une frontière de Pareto ; celle-ci est une courbe d'équilibre telle que l'on ne peut pas améliorer l'un des critères sans en dégrader au moins un autre. Ce type d'approche est intéressant pour explorer avec des décideurs publics les conséquences de scénarios en termes de politiques publiques. Par exemple, à l'échelle de la France, Teillard (2012) montre qu'une réallocation optimale de l'intensité agricole aboutit à une solution de type *win-no-lose* (gagnant sans perdant) où une augmentation de biodiversité peut être atteinte sans perdre en production agricole. Modifier l'intensité demande cependant des politiques différenciées spatialement pour prendre en compte les différences des contextes locaux. Dans un souci de gouvernance, il importe d'aller au-delà du critère de Pareto, d'envisager la prise en compte de la justice environnementale et d'arriver à définir l'intérêt général au-delà d'une simple agrégation des intérêts particuliers, et de la supposition d'une redistribution juste des coûts et bénéfices (Sen, 2009).

---

32. L'optimisation multicritère de type Pareto cherche à optimiser les valeurs de plusieurs paramètres en interaction, en cherchant les combinaisons de valeurs maximales pour tous les paramètres. C'est le cas notamment de paramètres dont l'accroissement induit la réduction d'autres. Il s'agit de définir un équilibre de concurrence.

Arbitrages à l'échelle locale

Au-delà d'une exploration mathématique du champ des possibles en matière de services, il importe d'explorer le champ des solutions atteignables par la négociation entre les acteurs impliqués, étant donné leurs contraintes. Ceci demande d'autres démarches de modélisation de type participatif, de modélisation d'accompagnement par exemple, impliquant les acteurs dans les différentes phases de la conception de solutions. Elles fournissent aux acteurs des éléments de réflexion pour renforcer leurs capacités de projection dans le futur, leur compréhension de situations complexes et multi-échelles ; elles favorisent l'aide à la décision et à la concertation d'une diversité d'acteurs poursuivant des objectifs multiples, et parfois antagonistes (Souchère *et al.*, 2010). Dans une optique de gestion des bouquets de services, les pratiques des acteurs importent non seulement dans leurs dimensions techniques, mais aussi économiques et sociales. Ces nouveaux types de modèles pourraient favoriser le partage des connaissances et des représentations des acteurs sur les services. Par le biais de scénarios, ils peuvent aussi simuler les impacts des changements de pratiques sur les bouquets de services. En tant qu'outils conçus pour aider les acteurs à se concerter et à s'organiser, ils permettent de concevoir de nouvelles organisations de l'espace fournissant des bouquets de services diversifiés. De telles démarches innovantes impliquant les acteurs pour la gestion collective des services écosystémiques dans les agroécosystèmes sont en plein développement. Elles requièrent des observations, des analyses et la formalisation de ces efforts de conception et de développement d'innovations techniques et organisationnelles visant à gérer les services écosystémiques (Berthet *et al.*, 2012).

Arbitrages selon la dynamique des services à moyen terme : relations entre services d'approvisionnement et de régulation

Les possibilités de compromis et de synergies dépendent aussi de l'échelle temporelle considérée, et des règles de fonctionnement politique et économique à cette échelle (Norgaard, 2010), accordant les logiques de fonctionnement des acteurs et des écosystèmes.

Le problème du temps est particulièrement important lorsqu'il s'agit d'arbitrer entre services d'approvisionnement et de régulation/support. Les services de régulation/support déterminent la durabilité des services d'approvisionnement, à travers des mécanismes biophysiques et sociaux, ces derniers à travers la santé et la qualité de vie qu'ils assurent. D'un point de vue social, seuls les services d'approvisionnement étant rémunérés par les marchés, il semble crucial de corriger ces défaillances du marché, conduisant à des externalités importantes à l'échelle d'un État (voir le cas de la Grande-Bretagne, Bateman *et al.*, 2013). En d'autres termes, ces interdépendances couplées à cette asymétrie marchande conduisent, pour la gestion des services écosystémiques, à un dilemme des communs.

Face à ce dilemme des communs, l'avenir pourrait offrir une alternative contrastée. Il pourrait d'une part mieux intégrer le rôle des services non marchands, conduisant à leur amélioration (scénario 1 de la fig. 9.4), notamment à travers l'agroécologie, l'écologie de la santé, etc., permettant à terme un éventuel redéploiement des services d'approvisionnement. Un scénario alternatif serait le scénario tendanciel, prolongeant la dynamique actuelle, c'est-à-dire l'amélioration des services d'approvisionnement aux dépens de la

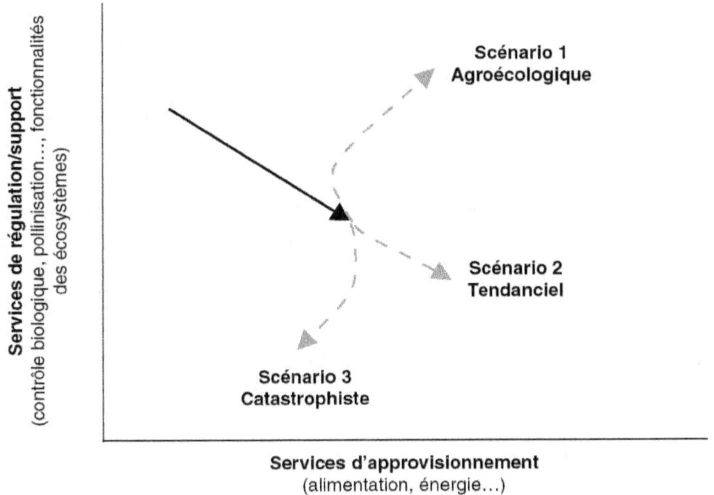

Figure 9.4. Dynamique présente, d'après le MEA (trait simple) et trois scénarios (pointillé) pour les deux bouquets de services, approvisionnement *vs* régulation/support.

biodiversité et des services écosystémiques de support et de régulation (scénario 2 de la fig. 9.4) ; ce scénario peut conduire à terme à une perte de l'ensemble des services (scénario 3 de la fig. 9.4), possibilité suggérée par l'effondrement de la pollinisation dans certains agroécosystèmes. Cette alternative heuristique souligne l'importance des dynamiques temporelles, la nécessité d'aller au-delà des perspectives locales, et/ou de court terme. Le moyen terme a été envisagé sous d'autres angles, à travers la notion de frontière des possibilités productives des économistes (Bekele *et al.*, 2013), ou de critère de durabilité, rapport critique entre services intéressant la génération présente et les générations futures (Norgaard, 2010).

Conclusion

La notion de biodiversité a accompagné l'apparition de nombreuses politiques publiques, protégeant des espèces et des espaces, accompagnées de création d'institutions et d'organisations (comme le CBD), de changements de représentations des acteurs (valeur intrinsèque des espèces menacées). Les notions de service écosystémique, de compromis entre services marchands et non marchands pourraient être tout aussi fécondes (voir IPBES), proposant une alternative dans la manière d'envisager une gouvernance des territoires, tenant compte de l'importance fonctionnelle, culturelle, de la biodiversité.

Les effets de la notion de service écosystémique sur la gouvernance des territoires pourraient dépendre largement de la manière dont sont envisagés les antagonismes et les compromis entre ces services. Pour que cette gouvernance tienne compte de manière équilibrée de l'ensemble des aspirations humaines, un certain nombre d'écueils demandent à être évités, et nous en évoquerons trois. Celui de la spécialisation, qui tente de maximiser sur un espace donné un bouquet de service sans tenir compte des contraintes biophysiques et sociales, ce qui pourrait être défavorable à l'ensemble des services (fig. 9.4). Celui du raisonnement à des échelles spatiales et/ou temporelles trop restreintes, alors qu'un intérêt majeur de la notion est d'aider à envisager les enjeux collectifs de moyen et long terme, considérant l'ensemble des interactions écologiques. L'échelle spatiale choisie doit permettre de tenir compte des externalités entre écosystèmes voisins. De même, l'échelle temporelle doit être suffisamment large, afin d'intégrer la dynamique de la biodiversité, ses effets sur les services. En effet, les réponses de la biodiversité peuvent ne pas être immédiates, associées notamment à une dette d'extinction lorsqu'il y a eu extension récente des services d'approvisionnement (Kuussaari *et al.*, 2009). La notion de *service évosystémique*, intégrant la capacité adaptative des services écosystémiques (Faith *et al.*, 2010), devrait permettre de mieux intégrer cette dimension temporelle. Enfin, celui de la négligence des intérêts collectifs associés aux services dits de « support » et de « régulation », au moins pour deux raisons : leur caractère social et le plus souvent non marchand, et la fréquente imprécision des entités biophysiques associées à ces services.

Au cœur de ces interactions, le devenir de la diversité biologique, dont dépend l'ensemble des services, est fondamental. À ce titre, le choix du contexte spatio-temporel, biophysique et social, dans lequel sont envisagées les interactions entre services, compromis et synergies, est essentiel. La pertinence de ces choix dépend d'une collaboration étroite entre sciences de la nature et sciences sociales.

Références

Agrawal A., 2005. *Environmentality: Technologiess of Government and the Making of Subjects*, Duke University Press, Durham, USA, 344 p.

Balvanera P., Pfisterer A.B., Buchmann N., He J.S., Nakashizuka T., Raffaelli D., Schmid B., 2006. Quantifying the evidence for biodiversity effects on ecosystem functioning and services. *Ecology Letters*, 9, 1146-1156.

Banzhaf H.S., Boyd J., 2005. *The Architecture and Measurement of an Ecosystem Service Index: Resources for the Future*, Discussion Paper DP 05-22, Washington, USA, 54 p.

Bateman I.J., Harwood A.R., Mace G.M., Watson R.T., Abson D.J., Andrews B., Binner A., Crowe A., Day B.H., Dugdale S., Fezzi C., Foden J., Hadley D., Haines-Young R., Hulme M., Kontoleon A., Lovett A.A., Munday P., Pascual U., Paterson J., Perino G., Sen A., Siriwardena G., Van Soest D., Termansen M., 2013. Bringing ecosystem services into economic decision-making: Land use in the United Kingdom. *Science*, 341, 45-50.

Bekele E.G., Lant C.L., Soman S., Misgna G., 2013. The evolution and empirical estimation of ecological-economic production. *Ecological Economics*, 90, 1-9.

Bennett E.M., Peterson G., Gordon L., 2009. Understanding relationships among multiple ecosystem services. *Ecology Letters*, 12, 1394-1404.

Berthet E., Bretagnolle V., Segrestin B., 2012. Analyzing the design process of farming practices ensuring little bustard conservation: Lessons from collective landscape management. *Journal of Sustainable Agriculture*, 36, 319-336.

Boyd J., Banzhaf H.S., 2007. What are ecosystem services? The need for standardized environmental accounting units. *Ecological Economics*, 63, 616-626.

Chan K.M.A., Satterfield T., Goldstein J., 2012. Rethinking ecosystem services to better address and navigate cultural values. *Ecological Economics*, 74, 8-18.

Costanza R., d'Arge D., De Groot R., Farber S., Grasso M., Hannon B., Limburg K., Naeem S., O'Neill R.V., Paruelo J., Raskin G.R., Sutton P., Van der Belt M., 1997. The value of the world's ecosystem services and natural capital. *Nature*, 387, 253-260.

Daily G.C., 1997. *Nature's Services: Societal Dependence on Natural Ecosystems*, Island Press, Washington D.C., 416 p.

Dullinger S., Essl F., Rabitsch W., Erb K.-H., Gingrich S., Haberl H., Hülber K., Jarošík V., Krausmann F., Kühn I., Pergl J., Pyšek P., Hulme P.E., 2013. Europe's other debt crisis caused by the long legacy of future extinctions. *Proceedings of the National Academy of Science of the U.S.A.*, 110 (18), 7342-7347.

Egoh B., Reyers B., Rouget M., Richardson D.M., Le Maitre D.C., Van Jaarsveld A.S., 2008. Mapping ecosystem services for planning and management. *Agriculture, Ecosystems and Environment*, 127, 135-140.

Ernstson H., Sörlin S., 2013. Ecosystem services as technology of globalization: On articulating values in urban nature. *Ecological Economics*, 86, 274-284.

Faith D.P., Magallon S., Hendry A., Conti E., Yahara T., Donoghue M., 2010. Ecosystem services: An evolutionary perspective on the links between biodiversity and human well-being. *Current Opinion in Environmental Sustainability*, 2, 66-74.

Fischer J., Brosi B., Daily G.C., Ehrlich P.R., Goldman R., Goldstein J., Lindenmayer D.B., Manning A.D., Mooney H.A., Pejchar L., 2008. Should agricultural policies encourage land sparing or wildlife-friendly farming? *Frontiers in Ecology and the Environment*, 6, 380-385.

Fisher B., Costanza R., Turner R.K., Morling P., 2009. Defining and classifying ecosystem services for decision making. *Ecological Economics*, 68, 643-653.

Fisher B., Turner K., Zylstra M., Brouwer R., De Groot R., Farber S., Ferraro P., Green R., Hadley D., Harlow J., Jefferiss P., Kriby C., Morling P., Mowatt S., Naidoo R., Paavola J., Strassburg B., Yu D., Balmford A., 2008. Ecosystem services and economic theory: Integration for policy-relevant research. *Ecological Applications*, 18, 2050-2067.

Foley J.A., DeFries R., Asner G.P., Barford C., Bonan G., Carpenter S.R., Chapin F.S., Coe M.T., Daily G.C., Gibbs H.K., 2006. Global consequences of land use. *Science*, 309, 570-574.

Green R.E., Cornell S.J., Scharlemann J.P., Balmford A., 2005. Farming and the fate of wild nature. *Science*, 307, 550-555.

Grimaldi M., Oszwald J., Dolédec S., del Pilar Hurtado M., de Souza Miranda I., Arnauld de Sartre X., Santos de Assis W., Castañeda E., Desjardins T., Dubs F., Guevara E., Gond V., Thaiz Santana Lima T., Marichal R., Michelotti F., Mitja D., Cornejo Noronha N., Delgado Oliveira M.N., Ramirez B., Rodriguez G., Sarrazin M., Lopes da Silva Jr. M., Gonzaga Silva Costa L., Lindoso de Souza S., Veiga I., Velasquez E., Lavelle P., 2013 Ecosystem services in Amazonian pioneer fronts: Searching for landscape drivers. *Landscape Ecology*, 29 (2), 311-328.

Johnston R.J., Russell M., 2011. An operational structure for clarity in ecosystem service values. *Ecological Economics*, 70, 2243-2249.

Kareiva P., Watts S., McDonald R., Boucher T., 2007. Domesticated nature: Shaping landscapes and ecosystems for human welfare. *Science*, 316, 1866-1869.

Kremen C., Williams N.M., Aizen M.A., Gemmill-Herren B., LeBuhn G., Minckley R., Packer L., Potts S.G., Roulston T., Steffan-Dewenter I., Vázquez D.P., Winfree R., Adams L., Crone E.E., Greenleaf S.S., Keitt T.H., Klein A.-M., Regetz J., Ricketts T.H., 2007. Pollination and other ecosystem services produced by mobile organisms: A conceptual framework for the effects of land-use change. *Ecology Letters*, 10, 299-314.

Kuussaari M., Bommarco R., Heikkinen R.K., Helm A., Krauss J., Lindborg R., Öckinger E., Pärtel M., Pino J., Rodà F., Stefanescu C., Teder T., Zobel M., Steffan-Dewenter I., 2009. Extinction debt: A challenge for biodiversity conservation. *Trends in Ecology and Evolution*, 24, 564-566.

Laliberté E., Wells J.A., DeClerck F., Metcalfe D.J., Catterall C.P., Queiroz C., Aubin I., Bonser S.P., Ding Y., Fraterrigo J.M., McNamara S., Morgan J.W., Sánchez Merlos D., Vesk P.A., Mayfield M.M., 2010. Land-use intensification reduces functional redundancy and response diversity in plant communities. *Ecology Letters*, 13, 76-86.

Larondelle N., Haase D., 2013. Urban ecosystem services assessment along a rural-urban gradient: A cross-analysis of European cities. *Ecological Indicators*, 29, 179-190.

Lavelle P., Rodríguez N., Arguello O., Bernal J., Botero C., Chaparro P., Chaparro P., Gomez Y., Gutierrez A., del Pilar Hurtado M., Loaiza S., Xiomara Pullido S., Rodriguez E., Sanabria C., Velasquez E., Fonte S.J., 2014. Soil ecosystem services and land use in the rapidly changing Orinoco River Basin of Colombia. *Agriculture, Ecosystems & Environment*, 185, 106-117.

Lavorel S., Grigulis K., Lamarque P., Colace M.P., Garden D., Girel J., Pellet G., Douzet R., 2011. Using plant functional traits to understand the landscape distribution of multiple ecosystem services. *Journal of Ecology*, 99, 135-147.

Le Clec'h S., Jegou N., Dufour S., Cornillon P.-A., Miranda I., Gonzaga Silva Costa L., Grimaldi M., Gond V., Arnauld de Sartre X., 2013. Cartographier le carbone stocké dans la végétation : Perspectives pour la spatialisation d'un service écosystémique. *Bois et forêts des tropiques*, 316 (2), 35-48.

Le Prestre P., 2005. *Protection de l'environnement et relations internationales*, Armand Colin, Paris, 477 p.

Luck G.W., Harrington R., Harrison P.A., Kremen C., Berry P.M., Bugter R., Dawson T.P., de Bello F., Diaz S., Feld C.K., Haslett J.R., Hering D., Kontogianni A., Lavorel S., Rounsevell M., Samways M.J., Sandin L., Settele J., Sykes M.T., Van den Hove S., Vandewalle M., Zobel M., 2009. Quantifying the contribution of organisms to the provision of ecosystem services. *Bioscience*, 59 (3), 223-235.

Luck G.W., Lavorel S., McIntyre S., Lumb K., 2012. Improving the application of vertebrate trait-based frameworks to the study of ecosystem services. *Journal of Animal Ecology*, 81, 1065-76.

Mace G.M., Norris K., Fitter A.H., 2012. Biodiversity and ecosystem services: A multilayered relationship. *Trends in Ecology and Evolution*, 27 (1), 19-26.

Maes J., Paracchini M. L., Zulian G., Dunbar M.B., Alkemad R., 2012. Synergies and trade-offs between ecosystem service supply, biodiversity, and habitat conservation status in Europe. *Biological Conservation*, 155, 1-12.

Martin E.A., Reineking B., Seo B., Steffan-Dewenter I., 2013. Natural enemy interactions constrain pest control in complex agricultural landscapes. *Proceedings of the National Academy of Science of the U.S.A.*, 110 (14), 5534-5539.

Martín-López B., Iniesta-Arandia I., García-Llorente M., Palomo I., Casado-Arzuaga I., García Del Amo D., Gómez-Baggethun E., Oteros-Rozas E., Palacios-Agundez I., Willaarts B., González J.A., Santos-Martín F., Onaindia M., López-Santiago C., Montes C., 2012. Uncovering ecosystem service bundles through social preferences. *PLoS ONE*, 7 (6), e38970.

MEA, 2005. *Ecosystems and Human Well-Being: Current State and Trends*, vol. 1, Island Press, Washington D.C., USA.

Meehan T.D., Werling B.P., Landis D.A., Gratton C., 2011. Agricultural landscape simplification and insecticide use in the Midwestern United States. *Proceedings of the National Academy of Science of the U.S.A.*, 108, 11500-11505.

Norgaard R.B., 2010. Ecosystem services: From eye-opening metaphor to complexity blinder. *Ecological Economics*, 69, 1219-1227.

Ostrom E., 2005. *Understanding Institutional Diversity*, Princeton University Press, Princeton, USA, 376 p.

Raudsepp-Hearne C., Peterson G.D., Bennett E.M., 2010. Ecosystem service bundles for analyzing tradeoffs in diverse landscapes. *Proceedings of the National Academy of Science of the U.S.A.*, 107, 5242-5247.

Rodrigues A.S.L., Ewers R.M., Parry L., Souza Jr. C., Veríssimo A., Balmford A., 2009. Boom-and-Bust development patterns across the Amazon deforestation frontier. *Science*, 324, 1435-1437.

Rodriguez J.P., Beard Jr. T.D., Bennett E.M., Cumming G.S., Cork S.J., Agard J., 2006. Trade-offs across space, time, and ecosystem services. *Ecology and Society*, 11 (1), 28, [en ligne], <http://www.ecologyandsociety.org/vol11/iss1/art28> (consulté le 24 déc. 2015).

Sabatier R., Doyen L., Tichit M., 2013. Heterogeneity and the trade-off between ecological and productive functions of agrolandscapes: A model of cattle/bird interactions in a grassland landscape. *Agricultural Systems*, 126, 38-49.

Sagoff M., 2011. The quantification and valuation of ecosystem services. *Ecological Economics*, 70, 497-50.

Sen A., 2009. *The Idea of Justice*, Penguin, Londres, UK, 496 p.

Seppelt R., Dorman C.F., Eppink F.V., Lautenbach S., Schmidt S., 2011. A quantitative review of ecosystem service studies: Approaches, shortcomings and the road ahead. *Journal of Applied Ecology*, 48, 630-636.

Souchère V., Millair L., Echeverria J., Bousquet F., Le Page C., Etienne M., 2010. Co-constructing with stakeholders a role-playing game to initiate collective management of erosive runoff risks at the watershed scale. *Environmental Modelling and Software*, 25, 1359-1370.

Teillard F., 2012. Reconciling food production and biodiversity in farmlands: The role of agricultural intensity and its spatial allocation, thèse de doctorat/PhD, Université René Descartes - Paris V, [en ligne], <http://thesesenligne.parisdescartes.fr/Rechercher-une-these/thesedetail?idthese=148> (consulté le 24 déc. 2015).

Tylianakis J.M., Rand T.A., Kahmen A., Klein A.-M., Buchmann N., Perner J., Tscharntke T., 2008. Resource heterogeneity moderates the biodiversity-function relationship in real world ecosystems. *PLoS Biology*, 6, 947-956.

Vatn A., 2010. An institutional analysis of payments for environmental services. *Ecological Economics*, 69, 1245-1252.

Wood C.L., Lafferty K.D., 2012. Biodiversity and disease: A synthesis of ecological perspectives on Lyme disease transmission. *Trends in Ecology and Evolution*, 28 (4), 239-247.

Chapitre 10

La part manquante de l'approche par services écosystémiques : analyse thermodynamique et trajectoire de durabilité

Driss EZZINE DE BLAS, José Manuel NAREDO et Erik GÓMEZ-BAGGETHUN

« L'approche par les services écosystémiques peut s'intégrer dans une solution plus globale, mais sa dominance dans l'évaluation de la situation et les solutions proposées nous aveugle quant à la compléxité des enjeux auxquels nous sommes confrontés. »

R.B. Norgaard, 2010, p. 1219.

Introduction

Le concept de *services écosystémiques* fut publicisé par le *Millenium Ecosystem Assessment* (MEA, 2005), offrant une vision renouvelée de notre relation à la biosphère, fondée sur l'interdépendance plus que sur l'exploitation. Néanmoins, de nombreuses limitations dans l'applicabilité du concept subsistent, tant d'un point de vue écologique que social ou économique. Sur le plan écologique, de nombreuses incertitudes persistent lorsqu'il s'agit d'expliquer le lien entre biodiversité, fonctions écologiques et services écosystémiques (de Blas *et al.*, 2009 ; Lamarque *et al.*, 2011). Les écosystèmes peuvent également avoir des impacts négatifs sur le bien-être humain : on parle alors de *disservices* écosystémiques (Gómez-Baggethun et Barton, 2013). D'un point de vue social, l'utilisation différentielle du concept par différentes communautés scientifiques et centres de pouvoir rend sa compréhension, ainsi que sa mise en application, hétérogène et conflictuelle (Barnaud et Antona, 2014). De plus, l'appropriation du concept par l'économie environnementale et néoclassique risque fort de conduire à des politiques et des mesures inadéquates pour la résolution des problèmes socioenvironnementaux qui ont été à l'origine de la genèse de ce concept (Norgaard, 2010 ; Milne et Adams, 2012 ; Tacconi, 2012).

Dans la suite de ce chapitre, en partant des sources qui ont alimenté la bioéconomie et sont à l'origine des travaux qui, plus tard, ont permis de penser le bénéfice que l'humanité tire des écosystèmes en termes de services, nous approfondirons les différences qui séparent l'approche originelle et la mise en application actuelle du concept de services écosystémiques. Nous détaillerons à travers trois exemples l'histoire de cette pensée ainsi que les modèles théoriques, basés sur la thermodynamique des systèmes, que nous déclinerons sur des cas concrets de processus économiques. Les exemples considérés sont celui d'un socioécosystème urbain et de deux systèmes agricoles. Puis, nous explorerons la manière dont la bioéconomie et l'approche par services écosystémiques capturent la durabilité des trajectoires de développement et du bien-être humain. La dernière section présentera quelques propositions méthodologiques et institutionnelles destinées à renforcer le rôle des services écosystémiques dans les stratégies de transformation du modèle économique actuel.

Les services écosystémiques à mi-chemin entre durabilité forte et durabilité faible : une perspective historique

Les années 1970 ont vu l'émergence d'un nouveau regard porté sur la relation entre socioéconomie et écologie. En effet, cette décennie a vu fleurir une diversité de travaux de recherche consacrés au lien entre économie et écosystèmes, travaux qui convergeaient dans leurs conclusions principales : le système économique consommateur de ressources fossiles et destructeur des écosystèmes, porté par l'élan de la révolution industrielle initiée deux siècles auparavant, met en danger la survie des sociétés humaines telles qu'on les connaît aujourd'hui si des changements systémiques ne sont pas mis en œuvre. C'est ainsi qu'Odum (1971), Meadows *et al.* (1972), Georgescu-Roegen (1975) et Passet (1979) démontrent, en prenant en compte les taux d'utilisation et d'échange d'énergie, la façon dont le système économique contemporain dépend d'une consommation tellement effroyable d'énergies fossiles que la vitesse à laquelle l'énergie est dépensée est démesurée par rapport à celle à laquelle elle se régénère.

Ce déséquilibre, ainsi que la prévision d'une forte augmentation de la population mondiale, expliquent les résultats du modèle proposé par Meadows *et al.* (1972), qui prévoit un effondrement de la croissance économique et de la population au cours de la seconde moitié du XXIe siècle. Les doutes que suscitèrent les prévisions formulées par ce rapport et l'évidence de la dépendance accrue du système capitaliste pré-globalisation aux énergies fossiles motivèrent les Nations unies à confier à une commission d'experts, coordonnée par Sachs, la définition des actions nécessaires pour corriger les défaillances du système économique. C'est ainsi que la commission Sachs proposa le terme d'*éco-développement* (Riddell, 1981 ; Glaeser, 1984 ; Sachs, 1984) et une reconfiguration du modèle économique des pays industrialisés, dans laquelle la conservation et la restauration des écosystèmes conditionneraient la croissance. Les pays moins industrialisés pourraient encore, pour un temps, privilégier une croissance aux dépens de l'environnement, mais à la condition qu'il s'agisse d'une croissance basée sur un système endogène, inspirée des caractéristiques biogéographiques et culturelles de chaque pays. Les pays plus industrialisés, pollueurs historiques, devraient faire tous les efforts possibles pour mettre l'écodéveloppement en pratique. Ces considérations furent discutées et promues à l'occasion de la déclaration de Stockholm, en 1972. Le concept d'*écodéveloppement* dut néanmoins affronter des adversaires économiques et politiques de taille. Ainsi, Henry Kissinger, secrétaire d'État des États-Unis de 1969 à 1977, demanda aux Nations unies de ne plus utiliser ce terme, et d'en trouver un qui soit plus convenable au regard du système économique des pays industrialisés. C'est dans ce contexte que la notion de *développement durable* fut présentée par le rapport Brundtland en 1987, puis entériné par la déclaration de Rio, en 1992.

Même si la sphère politique restait réfractaire à une remise en question radicale du modèle économique dominant, les chercheurs en sciences économiques réagirent à la montée des préoccupations environnementalistes. L'une des premières manifestations de ce soucis des économistes pour les questions environnementales fut la création de l'*Association of Environmental and Resource Economics* (AERE) qui date de 1979 (Turner *et al.*, 1994). Cette communauté se donna comme objectif de développer des méthodologies internalisant dans les fonctions économiques les impacts des activités humaines sur la nature à travers une conception large des méthodes d'analyse coûts-avantages (Gómez-Baggethun *et al.*, 2010). L'influence des approches métabolique (Georgescu-Roegen, 1975) et systémique (Odum, 1971 ; Meadows *et al.*, 1972 ; Passet, 1979) provoqua l'apparition d'un nouveau courant : l'économie *écologique* (et non plus environnementale) ayant pour ambition d'imposer au système économique les règles de fonctionnement des systèmes écologiques plutôt que l'inverse. La création de ce nouveau champ d'analyse avait pour origine des écologues systémiques et interdisciplinaires, ainsi que quelques économistes (minoritaires) qui n'appartenaient pas à l'AERE et qui souhaitaient proposer une nouvelle analyse économique des enjeux environnementaux, dans l'esprit des travaux réalisés quelques décennies plus tôt par Karl Polanyi, Kenneth Boulding ou Georgescu-Roegen. Ces deux écoles de pensée se différencient en plusieurs points, notamment : l'opposition entre *durabilité faible* (défendue par l'économie environnementale pour laquelle le capital naturel peut être substitué par du capital manufacturé) et *durabilité forte* (défendue par l'économie écologique pour laquelle le capital manufacturé et le capital naturel sont complémentaires mais non substituables) ; l'acceptation par l'économie environnementale du postulat de *commensurabilité* de tous les services écosystémiques à travers une valeur monétaire, la valeur économique totale (VET), contre la reconnaissance d'une *incommensurabilité* entre différentes valeurs par l'économie écologique, et prise en compte par exemple à travers des évaluations multicritères (Martínez-Alier, 1987, 2002 ; Munda, 2004 ; Spash, 2008).

C'est à ce croisement entre courants scientifiques (relevant de l'écologie, de l'économie, de la thermodynamique) et politiques (une approche qui se veut compatible avec le modèle industriel et financier en cours) que s'est développée la notion de *services écosystémiques* (Gómez-Baggethun *et al.*, 2010). Sa première formulation date de la fin des années 1960 et du début des années 1970, à une époque où la communauté scientifique commençait à évoquer des fonctions de la nature qui sont utiles aux sociétés humaines (King, 1966 ; Helliwell, 1969 ; Hueting, 1970 ; Odum et Odum, 1972 ; Braat *et al.*, 1979). Ces travaux furent suivis d'une introduction du terme de *service*, décliné en services naturels, écologiques, environnementaux ou écosystémiques (Westman, 1977 ; Pimentel, 1980 ; Ehrlich et Ehrlich, 1981 ; Thibodeau et Ostro, 1981 ; Kellert, 1984 ; De Groot, 1987). Les concepts de *capital naturel* (Schumacher, 1973) ainsi que celui de *services écosystémiques* se consolidèrent dans les années 1990 à travers le Programme pour la biodiversité du Beijer Institute (Perrings *et al.*, 1992, 1995), l'analyse de la valeur économique totale des services écosystémiques et du capital naturel proposée par Robert Costanza *et al.* (1997) et les initiatives de quelques organisations internationales, parmi lesquelles l'Évaluation mondiale de la biodiversité (1995). Le concept fut définitivement entériné par l'Évaluation des écosystèmes pour le millénaire (MEA, 2005), qui opéra aussi une jonction entre les sciences économiques et écologiques (détermination des fonctions écologiques et des services associés).

La question de la durabilité est au cœur de tous ces travaux, mais définir le développement durable en mettant l'accent uniquement sur l'équité intergénérationnelle (Brundtland, 1987) ne donne pas une feuille de route qui précise les moyens à mettre en œuvre pour l'atteindre. Hartwick (1977) et Solow (1986) proposent par exemple que l'équité intergénérationnelle puisse être obtenue en maintenant le stock de capital total génération après génération, notamment à travers l'investissement dans le capital humain, manufacturé et technologique de la rente issue de la consommation du capital énergétique non renouvelable (par ex., pétrole, charbon et gaz) et de la dégradation des écosystèmes, adoptant ainsi une exigence de durabilité faible (Neumayer, 1999). Même si, initialement, l'approche par les services écosystémiques se voulait un moyen d'exprimer la dépendance des sociétés humaines envers l'environnement (Odum et Odum, 1972 ; Odum, 1989), les approches coûts-avantages des activités économiques ont orienté le concept de services écosystémiques vers des exercices réductionnistes d'évaluation monétaire (Gómez-Baggethun et Naredo, 2012). Cette captation par l'économie néoclassique peut s'identifier par : le développement d'une méthodologie permettant d'estimer une valeur économique totale ; la mise en œuvre d'outils et de politiques d'internalisation des externalités environnementales négatives, notamment à travers des rémunérations conditionnées à une performance environnementale de certaines activités (connues sous le nom de *paiements pour services environnementaux*). Ces deux phénomènes ont contribué à renforcer la séparation entre certains systèmes socioéconomiques incluant des services écosystémiques très ciblés et le reste de la nature. La stratégie contraire, caractérisée par une durabilité forte, aurait comme objectif le maintien simultané du capital naturel et des différentes formes de capital économique, ceux-ci étant considérés comme des éléments complémentaires, en partie dépendants, mais non substituables (Costanza et Daly, 1992). Cette perspective, caractéristique de l'*économie écologique*, critique les modèles économiques dans lesquels le capital naturel — renouvelable et non renouvelable — est absent (Georgescu-Roegen, 1979 ; Daily, 1997), alors même qu'il constitue la base naturelle, organique et minérale essentielle au maintien du capital économique : « tout processus physique consiste en la transformation de matériaux (éléments de flux) par des agents spécifiques (éléments de fond) » (Georgescu-Roegen, 1986, p. 97-98).

Thermodynamique et services écosystémiques : qui capture le mieux le bien-être humain ?

Le bioéconomiste Georgescu-Roegen formule la critique du métabolisme circulaire de l'économie classique dans son ouvrage *The Entropy Law and the Economic*

Process (1971). Le métabolisme circulaire de l'économie néoclassique conçoit la relation entre consommation par les ménages et production par les entreprises comme un cercle fermé au sein duquel le secteur industriel fournit des biens et des services aux ménages, tandis que ceux-ci maintiennent et stimulent l'activité économique par la consommation. La croissance économique est alors alimentée par une augmentation constante de cette consommation. Micro-économiste de formation, Georgescu-Roegen identifie des limites théoriques dans cette approche néoclassique du développement économique, en la confrontant aux systèmes ruraux et agricoles de la Roumanie des années 1950 et 1960 (Georgescu-Roegen, 1960, 1965). Sa conception du processus économique comme transformation entropique des ressources naturelles (Georgescu-Roegen, 1971) conduit à la conclusion que toute transformation d'énergie et de matières premières, selon le deuxième principe de la thermodynamique, finit par un processus irréversible d'augmentation de l'entropie du système sous forme de dissipation de l'énergie et de production de déchets.

Pour Georgescu-Roegen, la transformation entropique des ressources naturelles rares et précieuses fonde les principes de la bioéconomie, « terme ayant pour objectif de nous faire penser à l'origine biologique de tout processus économique et de souligner le problème d'une existence humaine soumise à une disponibilité en ressources limitée, localisées et appropriées de façon irrégulière » (Georgescu-Roegen, 1977). La viabilité du système bioéconomique est donc liée à la thermodynamique du processus économique ou *métabolisme économique*, mais aussi à l'ensemble des valeurs et aux caractéristiques des institutions qui l'entourent (fig. 10.1).

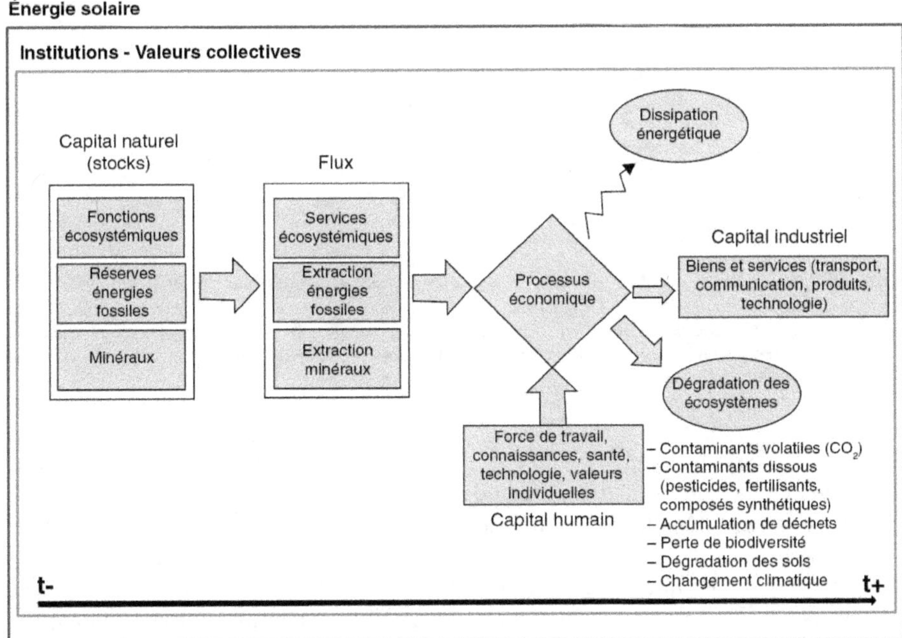

Figure 10.1. Modèle conceptuel de la bioéconomie.

Pour comprendre le rôle des services écosystémiques dans le métabolisme économique, appliquons ce cadre analytique à trois cas concrets : un milieu urbain et deux systèmes agricoles. Le métabolisme du milieu urbain est dépendant d'un grand nombre de matières premières et d'énergies fossiles provenant des stocks de la biosphère. Il est aussi dépendant de l'énergie provenant de sources renouvelables comme l'hydro-électricité, les panneaux solaires et l'énergie éolienne (Naredo et Rueda, 2012). Les flux en services d'approvisionnement, services de régulation et services culturels viennent compléter l'ensemble des entrées du système urbain (fig. 10.2).

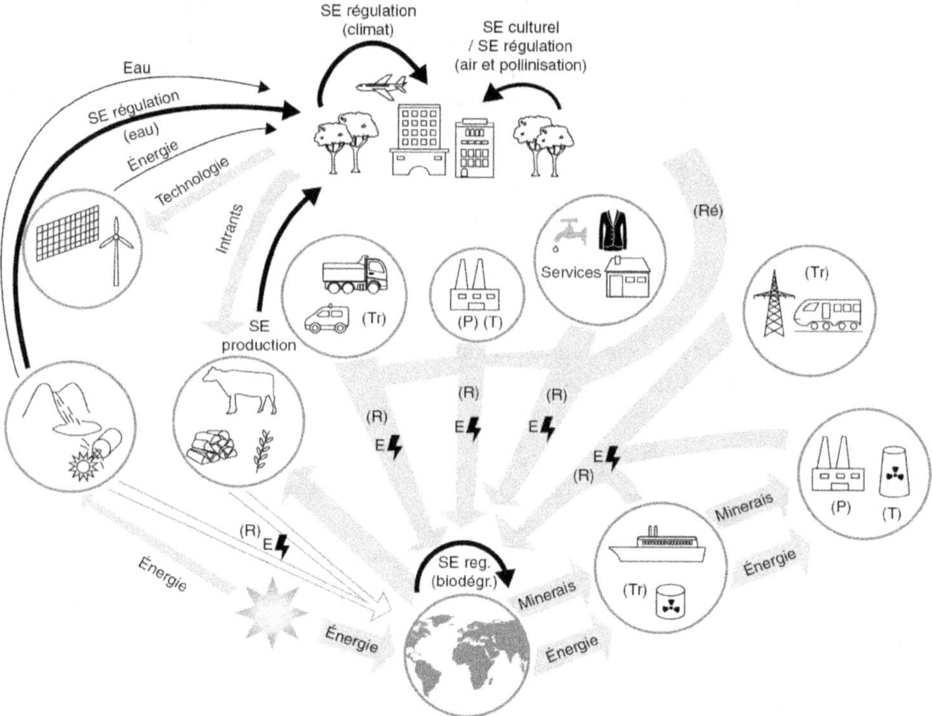

Figure 10.2. Exemple du métabolisme d'un système urbain (d'après Naredo et Rueda, 2012). Les flux en services écosystémiques sont représentés par les flèches de couleur noire. (P) : production ; (Ré) : réutilisation et recyclage ; (R) : résidus et pollution ; (ES) : dissipation d'énergie ; SP : services de provision (agriculture) ; SR : services de régulation (purification de l'air, pollinisation, biodégradation, climat, régulation du cycle hydrologique) ; SC : services culturels ; (T) : transformation ; (Tr) : transport.

Le volume de l'ensemble des flux en services écosystémiques, même s'il se trouve sous-estimé du fait de limitations méthodologiques (voir Gomez-Baggethun et Barton, 2013), est par définition clairement inférieur à l'ensemble des flux en matières premières et en énergie, ainsi qu'aux flux liés à la pollution. En restant à la marge de ces flux, les services écosystémiques ne capturent pas avec suffisamment de force l'ensemble des avantages ou des inconvénients associés aux différentes trajectoires écologiques et économiques de différents modèles urbains. C'est aussi le cas lorsqu'il s'avère nécessaire de faire un choix raisonné entre différents systèmes agricoles : dans le Sud-Est de l'Espagne, la production de tomates est assurée par des systèmes agricoles protégés par un recouvrement de sable et par des systèmes agricoles hors-sol. Le premier modèle, parce qu'une couche de sable retient l'humidité, protège les cultures des amplitudes thermiques et le sol de l'érosion éolienne. Il est bien sûr beaucoup moins énergivore que les cultures hors-sol (fig. 10.3). L'avantage comparatif du premier système sur le second est beaucoup plus net si l'on prend en compte l'ensemble des flux de matière et d'énergie à l'entrée et à la sortie des cultures et pas seulement les services écosystémiques (López-Gálvez et Naredo, 1996).

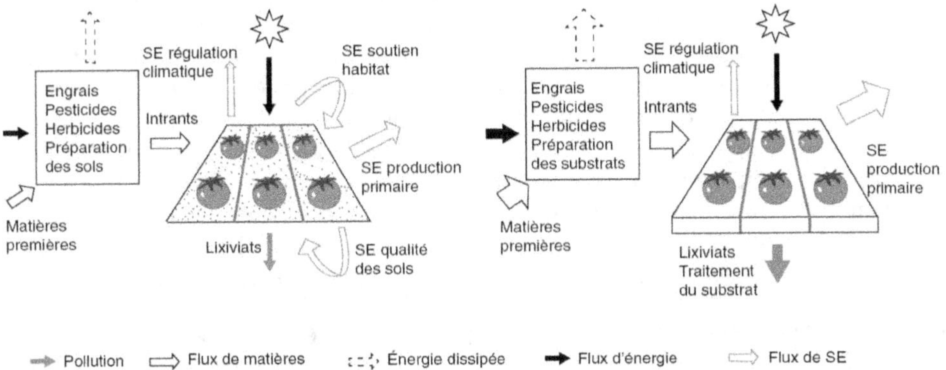

Figure 10.3. Flux de matières, d'énergie, de services écosystémiques et pollution dans une culture sous recouvrement superficiel sableux (à g.) et dans la culture hors-sol (à dr.).

Par exemple, le bilan total des nutriments (magnésium, potassium, calcium, nitrogène et phosphore) retrouvés dans les lixiviats est de 4 074 kg/ha pour les cultures hors-sol, alors que pour les cultures sous couvert sableux il s'élève à 300 kg/ha, en raison d'une meilleure captation minérale (grâce à la texture du sol et à l'activité microbienne). Il est intéressant de noter qu'au niveau de la production de tomates finale, qui est classée en trois standards de qualité, le système agricole hors-sol produit un plus grand nombre de tomates dans le premier standard (faible qualité), alors que la culture sous couvert sableux produit un volume supérieur pour les deux qualités suivantes. Les aides agricoles européennes et le cadre de régulation espagnol, en faussant les prix, rendent cependant le modèle hors-sol plus profitable et économiquement plus avantageux, alors qu'il est davantage pernicieux pour l'environnement et, à long terme, pour notre bien-être.

Les exemples précédents montrent bien que l'impact des trajectoires de développement contemporaines sur le bien-être humain n'est que partiellement capturé par les services écosystémiques. Les signaux les plus forts proviennent de l'épuisement des stocks en énergies fossiles et en matières premières, et de leur transformation anthropique en énergie dissipée — à l'origine d'une partie du réchauffement climatique — et en une myriade de polluants atmosphériques, dissous et physiques. Le faible lien unissant bien-être humain et services écosystémiques expliquerait que des services écosystémiques clés puissent se dégrader (MEA, 2005), alors que les indicateurs reflétant notre bien-être augmentent à l'échelle planétaire[33] (Raudsepp-Hearne *et al.*, 2010 ; Duraiappah, 2011 ; Nelson, 2011).

Pour expliquer ce paradoxe, Raudsepp-Hearne *et al.* (2010, 2011) mettent l'accent sur le manque d'évidence du lien entre bien-être humain et la production de services écosystémiques autres que les services de provision ; sur le rôle de la technologie qui permet de nous déconnecter partiellement de notre dépendance vis-à-vis des écosystèmes ; et sur l'existence d'un possible effet de retardement entre le moment où les écosystèmes se dégradent et le moment où cela se répercute sur le bien-être humain.

Notre analyse montre que les services écosystémiques n'offrent qu'une partie des signaux adéquats pour valider ou rejeter ces trois hypothèses. C'est ainsi, par exemple, que les flux en services écosystémiques ne captent pas la bioaccumulation qui a lieu dans les organismes des substances inorganiques provenant de la pollution des activités industrielles. En outre, la variable *temps* reste la plus importante, car elle gouverne la transformation entropique des ressources naturelles, rares et précieuses, de la biosphère. L'effet de retardement évoqué par la troisième hypothèse est donc un fait. Il appelle une trajectoire de développement dans laquelle la création de richesse aille de pair avec la régénération des processus écologiques nécessaire au renouvellement de la biosphère.

Au-delà des services écosystémiques, l'économie écologique propose des outils pour une nouvelle révolution marginaliste

Plusieurs signaux indiquent une dégradation du bien-être dans le long terme, avec des degrés d'incertitude quant à son horizon temporel : il faut considérer le rapprochement des pics d'épuisement des ressources minérales et énergétiques fossiles (Valero et Valero, 2010), le manque d'alternatives au niveau de l'organisation macroéconomique (Jackson, 2009), une augmentation de l'inégalité dans la répartition des richesses entre les pays et à l'intérieur des pays (Piketty, 2013), et la menace croissante que fait peser le changement climatique sur les sociétés (IPCC, 2012). L'approche par les services écosystémiques ne suffit pas pour apporter des réponses au vaste défi qui lui est posé. Mais nous ne sommes pas à court d'alternatives. L'économie écologique, comme discipline, avance aujourd'hui plusieurs propositions concrètes. Nous ébauchons ici deux lignes d'innovation majeures, qui peuvent apporter une partie des réponses aux défis signalés dans ce chapitre.

Établir une comptabilité économique qui prenne en compte les coûts de régénération de la biosphère

Le métabolisme de la société industrielle détériore le capital naturel de la planète (Naredo, 2009). Il est donc nécessaire d'intégrer les différents coûts que l'économie impose aux socioécosystèmes ainsi qu'à la base minérale et énergétique de la planète, de façon à guider le secteur économique vers des activités qui régénèrent le stock du capital naturel au lieu de l'épuiser. Guider le secteur économique suppose d'avoir à disposition une métrique et une comptabilité énergétique appropriée, différenciant flux et stocks. La

---

33. Le plus utilisé étant l'indice de développement humain (IDH), voir http://hdr.undp.org/en/content/human-development-index-hdi (consulté le 31 déc. 2015).

mise en place d'une comptabilité énergétique des activités économiques permet de quantifier l'évolution et la détérioration du capital naturel planétaire, pour déterminer avec précision la durabilité et le degré de viabilité d'un système économique particulier (voir Carpintero, 2005, pour une application au système économique espagnol). Cette comptabilité doit prendre en compte la nature des besoins en énergie pour reconstruire les stocks utilisés — c'est-à-dire l'*exergie* ou coût de leur régénération à leur niveau initial —, la complexité en termes chimiques des ressources utilisées, et le rôle de ces ressources dans l'amélioration ou la dégradation des niveaux de vie.

Cette approche étend le cadre d'analyse du cycle de vie, qui se concentre dans les étapes qui vont « du berceau au cimetière », pour intégrer les étapes qui vont du « cimetière au berceau », en considérant le coût, et donc la nécessité, de la conversion des résidus en ressources. Sans la prise en compte du coût monétaire de la restauration des stocks, les méthodes actuelles d'évaluation des coûts de l'activité économique resteront focalisées sur le seul coût de leur extraction. L'amélioration apportée par la prise en compte du coût du maintien des services écosystémiques est insuffisante pour exprimer l'ensemble des coûts de la trajectoire économique actuelle.

Le paradigme actuellement dominant, en adoptant les approches de l'économie de l'environnement (revenant à internaliser les externalités), elle-même fondée sur l'économie néoclassique (centrée sur les fonctions de production et de rente), explique pourquoi des activités industrielles thermodynamiquement insensées, caractérisées par un solde énergétique négatif, peuvent être considérées comme économiquement intéressantes.

Associer innovation micro- et macroéconomique et innovation institutionnelle

Les innovations méthodologiques apportées par une nouvelle comptabilité énergétique ne seront pas efficaces sans leur mise en application à différentes échelles économiques et politiques. C'est dans cet esprit que Norgaard (2010), Barbault et Weber (2010) critiquent la mise en application projet-à-projet du concept de services écosystémiques, lui reprochant de ne pas permettre une amélioration perceptible des relations humains-nature. Une approche systémique est nécessaire au niveau des paradigmes guidant les politiques d'innovation aux échelles institutionnelles et économiques, car elles sont interconnectées (Jackson, 2009). Par exemple, parmi les cinq types de capital qui composent notre système socioécologique — c'est-à-dire le capital humain, social, naturel, financier et manufacturé —, l'ensemble de la pression fiscale est porté sur le capital humain et sur le capital manufacturé, et en moindre mesure sur le capital financier (Jackson, 2009). Un basculement des régulations visant à diminuer les taxes sur le capital humain pour les reporter sur le capital naturel aurait comme objectif de créer une dynamique de type « pollueur-dépollueur ».

Conclusion

Les services écosystémiques sont « les bénéfices que la société humaine tire des écosystèmes ». Cette définition a opéré une séparation entre l'humain et la biosphère. La bioéconomie met en pratique l'intégration des activités humaines dans la biosphère à travers l'analyse de la transformation entropique que la société humaine génère sur l'ensemble des stocks et des flux de la biosphère. L'espèce humaine fait partie de ces flux, et doit y participer différemment si nous voulons une planète viable pour les générations à venir. L'amélioration du bien-être humain au prix de la dégradation de la biosphère, qui est notre support de vie, ne durera pas longtemps sans des changements importants de notre trajectoire de développement.

L'approche par services écosystémiques ne permet pas de capturer toutes les dimensions de la dégradation de notre support de vie, et de son lien fragile avec le bien-être humain. Le concept de services écosystémiques, tel qu'il est actuellement mis en application, est articulé autour d'une liste restreinte de services et d'écosystèmes, et souvent soumis aux méthodologies néoclassiques des bilans coût-bénéfice. La communauté scientifique, la volonté politique et les organisations devraient se tourner vers les propositions formulées par l'économie écologique qui, peut-être parce qu'elle vise des changements plus profonds, reçoivent moins de publicité que le développement des connaissances portant sur les services écosystémiques. Il est nécessaire de suivre, au niveau global, avec une comptabilité claire et précise, la vitesse de dégradation des stocks en matières premières, en ressources non renouvelables et la perte des écosystèmes, ainsi que les différents flux de contamination qui affectent notre santé et nos supports de vie. Il sera ainsi possible de rendre compte, non seulement du coût d'extraction, mais surtout du coût de restauration et de régénération de ces stocks. Ces indicateurs, comme c'est le cas actuellement des indicateurs macroéconomiques tels que le produit intérieur brut ou le taux d'inflation, permettront la définition de stratégies institutionnelles précises, aussi bien au niveau fiscal qu'au niveau sectoriel : des stratégies et des politiques ayant pour objectif la mise à disposition des ressources économiques nécessaires pour stimuler une dynamique de création de richesse liée à l'amélioration équitable de la santé de la biosphère, et dépendante d'elle.

Références

Barbault R., Weber J., 2010. *La Vie, quelle entreprise ! Pour une révolution écologique de l'économie*, Seuil, Paris, 208 p.

Barnaud C., Antona M., 2014. Deconstructing ecosystem services: Uncertainties and controversies around a socially constructed concept. *Geoforum*, 56, 113-123.

Braat L.C., Van der Ploeg S.W.F., Bouma F., 1979. *Functions of the Natural Environment: An Economic-Ecological Analysis*, Institute for Environmental Studies, Free University, Amsterdam, Pays-Bas, 73 p.

Brundtland G.H., 1987. *Our Common Future. Report of the World Commission on Environment and Development*, Oxford University Press, Oxford, UK, 383 p.

Carpintero O., 2005. *El Metabolismo de la economía española : Recursos naturales y huella ecológica (1955-2000)*, Fundación César Manrique, Teguise, Lanzarote, 636 p.

Costanza R., d'Arge R., De Groot R., Farber S., Grasso M., Hannon B., Limburg K., Naeem S., O'Neill R.V., Paruelo J., Raskin G.R., Sutton P., Van der Belt M., 1997. The value of the world's ecosystem services and natural capital. *Nature*, 387, 253-260.

Costanza R., Daly H., 1992. Natural capital and sustainable development. *Conservation Biology*, 6, 37-46.

Daily G.C., 1997. *Nature's Services: Societal Dependence on Natural Ecosystems*, Island Press, Washington D.C., USA, 392 p.

de Blas D.E., Pérez M.R., Sayer J.A., Lescuyer G., Nasi R., Karsenty A., 2009. External influences on and conditions for community logging management in Cameroon. *World Development*, 37 (2), 445-456.

De Groot R.S., 1987. Environmental functions as a unifying concept for ecology and economics. *The Environmentalist*, 7 (2), 105-109.

Duraiappah A.K., 2011. Ecosystem services and human well-being: Do global findings make any sense? *BioScience*, 61 (1), 7-8.

Ehrlich P.R., Ehrlich A.H., 1981. *Extinction: The Causes and Consequences of the Disappearance of Species*, Random House, New York, USA, 305 p.

Georgescu-Roegen N., 1960. Economic Theory and Agrarian Economics. *Oxford Economic Papers*, N.S., 28, 1-40. [Réédité *in : Energy and Economic Myths*, 1976, Pergamon Press, New York, USA, 408 p.]

Georgescu-Roegen N., 1965. The institutional aspects of peasant economies: A historical and analytical review. *In* : Seminar on Subsistence and Peasant Economies, 28 fév. - 6 mars, East-West Center, Honolulu. [Une version abrégée de cette contribution a été publiée *in* : *Energy and Economic Myths*, 1976, Pergamon Press, New York, USA, 408 p.]

Georgescu-Roegen N., 1966. *Analytical Economics: Issues and Problems*, Harvard University Press, Cambridge, USA. / *La Science économique : Ses problèmes et ses difficultés*, Dunod, Paris, 1970, 301 p.

Georgescu-Roegen N., 1971. *The Entropy Law and the Economic Process*, Harvard University Press, Cambridge, USA, 450 p.

Georgescu-Roegen N., 1975. Energy and economic myths. *Southern Economic Journal*, 41, 347-381.

Georgescu-Roegen N., 1977. The steady state and ecological salvation: A thermodynamic analysis. *BioScience*, 27 (4), 266-270.

Georgescu-Roegen N., 1979. Comments on the paper by Daly and Stiglitz. *In* : *Scarcity and Growth Reconsidered* (V.K. Smith, ed.), John Hopkins University Press, Baltimore, USA, 95-105.

Georgescu-Roegen N., 1986. The entropy law and the economic process in retrospect. *Eastern Economic Journal*, 12, 3-35.

Glaeser B., ed., 1984. *Ecodevelopment: Concepts, Policies, Strategies*, Pergamon, New York, USA, 247 p.

Gómez-Baggethun E., Barton D., 2013. Classifying and valuing ecosystem services for urban planning. *Ecological Economics*, 86, 235-245.

Gómez-Baggethun E., De Groot R., Lomas P., Montes C., 2010. The history of ecosystem services in economic theory and practice: From early notions to markets and payment schemes. *Ecological Economics*, 69, 1209-1218.

Gómez-Baggethun E., Naredo J.M., 2012. Río+20 en perspectiva. Economía verde: Nueva reconciliación virtual entre ecología y economía. *In : Situación Mundo 2012*, World Watch Institute, Washington D.C., USA, 347-368.

Hartwick J.M., 1977. Intergenerational equity and the investing of rents from exhaustible resources. *The American Economic Review*, 972-974.

Helliwell D.R., 1969. Valuation of wildlife resources. *Regional Studies*, 3, 41-49.

Hueting R., 1970. Moet de natuur worden gekwantificeerd? (Should nature be quantified?). *Economica Statistische Berichten*, 55 (2730), 80-84 (en néérlandais).

IPCC, 2012. Summary for Policymakers. *In : Managing the Risks of Extreme Events and Disasters to Advance Climate Change Adaptation* (C.B. Field , V. Barros, T.F. Stocker, D. Qin, D.J. Dokken, K.L. Ebi, M.D. Mastrandrea, K.J. Mach, G.-K. Plattner, S.K. Allen, M. Tignor, P.M. Midgley, eds.), a special report of Working Groups I and II of the Intergovernmental Panel on Climate Change, Cambridge University Press, Cambridge (UK) / New York (USA), 1-19.

Jackson T., 2009. *Prosperity without Growth: Economics for a Finite Planet*, Commission for Sustainable Development / Earthscan, Londres, UK, 288 p.

Kellert S.R., 1984. Assessing wildlife and environmental values in cost-benefit analysis. *Journal of Environmental Management*, 18 (4), 355-363.

King R.T., 1966. Wildlife and man. *New York Conservationist*, 20 (6), 8-11.

Lamarque P., Quétier F., Lavorel S., 2011. The diversity of the ecosystem services concept and its implications for their assessment and management. *Comptes rendus biologies*, 334 (5-6), 441-449.

López-Gálvez J., Naredo J., 1996. *Sistemas de producción e incidencia ambiental del cultivo en suelo enarenado y en sustratos*, Fundación Argentaria y Visor Dis., Madrid, Espagne, 294 p.

Maris V., Bechet A., 2009. From adaptive management to adjustive management: A pragmatic account of biodiversity values. *Conservation Biology*, 24 (4), 966-973.

Martínez-Alier J., 1987. *Ecological Economics*, Basil Blackwell, Oxford, UK, 247 p.

Martínez-Alier J., 2002. *The Environmentalism of the Poor*, Edward Elgar, Cheltenham, UK, 328 p.

MEA, 2003. *Ecosystems and Human Well-being: A Framework for Assessment*, Island Press, Washington D.C., USA, 212 p.

MEA, 2005. *Ecosystems and Human Well-being: Synthesis*, Island Press, Washington D.C., USA, 160 p.

Meadows D.H., Meadows D.L., Randers J., Beherns III W.W., 1972. *The Limits to Growth*, Universe Books, New York, USA, 205 p.

Milne S., Adams B., 2012. Market masquerades: Uncovering the politics of community-level payments for environmental services in Cambodia. *Development and Change*, 43 (1), 133-158.

Munda G., 2004. Social Multi-Criteria Evaluation (SMCE): Methodological foundations and operational consequences. *European Journal of Operational Research*, 158, 662.

Naredo J.M., 2009. *Raíces económicas del deterioro ecológico y social*, Siglo XXI, Madrid, Espagne, 320 p.

Naredo J.M., Rueda S., 2012. El libro verde de sostenibilidad urbana y local en el ámbito de la economía. *In : Libro verde de sostenibilidad urbana y local en la era de la información* (S. Rueda, ed.), Ministerio de agricultura, alimentación y medio ambiente, Espagne, 523-573.

Nelson G.C., 2011. Untangling the environmentalist's paradox: Better data, better accounting, and better technology will help. *BioScience*, 61 (1), 9-10.

Neumayer E., 1999. *Weak versus Strong Sustainability*, Edward Elgar, Cheltenham, UK, 271 p.

Norgaard R.B., 2010. Ecosystem services: From eye-opening metaphor to complexity blinder. *Ecological Economics*, 69, 1219-1227.

Odum E.P., 1989. *Ecology and Our Endangered Life Support System*, Sinauer Association, Sunderland, UK, 283 p.

Odum E.P., Odum H.T., 1972. Natural areas as necessary components of man's total environment. *Transactions of the 37th North American Wildlife and Natural resources Conference*, vol. 37, Wildlife Management Institute, Washington D.C., USA, 178-189.

Odum H.T., 1971. *Environment, Power and Society*, John Wiley, New York, USA, 336 p.

Odum H.T., 1996. *Environmental Accounting: Emergy and Environmental Decision Making*, John Wiley, New York, USA, 384 p.

Passet R., 1979. *L'Économique et le vivant*, Payot, Paris, 287 p.

Pauli G., 2010. *The Blue Economy*, Paradigm publications, Taos, USA, 308 p.

Perrings C., Folke C., Mäler K.G., 1992. The ecology and economics of biodiversity loss: The research agenda. *Ambio*, 21, 201-211.

Perrings C.A., Mäler K.-G., Folke C., Holling C.S., Jansson B.-O., eds., 1995. *Biodiversity Loss: Economic and Ecological Issues*, Cambridge University Press, New York, USA, 350 p.

Piketty T., 2013. *Le Capital au XXIe siècle*, Seuil, Paris, 976 p. / *Capital in the 21st century*, Harvard University Press, Cambridge, USA, 696 p.

Pimentel D., 1980. Environmental quality and natural biota. *BioScience*, 30 (11), 750-755.

Raudsepp-Hearne C., Peterson G.D., Tengö M., Bennett E.M., 2011. The paradox persists: How to resolve it? *BioScience*, 61 (1), 11-12.

Raudsepp-Hearne C., Peterson G.D., Tengö M., Bennett E.M., Holland T., Benessaiah K., MacDonald G.K., Pfeifer L., 2010. Untangling the environmentalist's paradox: Why is human well-being increasing as ecosystem services degrade? *BioScience*, 60 (8), 576-589.

Riddell R., 1981. *Ecodevelopment. Economics, Ecology, and Development: An Alternative to Growth Imperative Models*, Gower, Farnborough, UK, 218 p.

Sachs I., 1984. The strategies of ecodevelopment. *Ceres, FAO Review on Agriculture and Development*, 17, 17-21.

Schumacher E.F., 1973. *Small is Beautiful: Economics as if People Mattered*, Blond & Briggs, Londres, UK, 288 p.

Solow R.M., 1986. On the intergenerational allocation of natural resources. *The Scandinavian Journal of Economics*, 88 (1), 141-149.

Spash C., 2008. Deliberative monetary valuation and the evidence for a new value theory. *Land Economics*, 83, 469-488.

Tacconi L., 2012. Redefining payments for environmental services. *Ecological Economics*, 73, 29-36.

Thibodeau F.R., Ostro B.D., 1981. An economic analysis of wetland protection. *Journal of Environmental Management*, 12, 19-30.

Turner R.K., Pearce D., Bateman I., 1994. *Environmental Economics: An Elementary Introduction*, Harvester Wheatsheaf, Hemel Hempstead / Johns Hopkins University Press, Baltimore, USA, 324 p.

Valero A., Valero A., 2010. Physical geonomics: Combining the exergy and Hubbert peak analysis for predicting mineral resources depletion. *Resources, Conservation and Recycling*, 54 (12), 1074-1083.

Westman W., 1977. How much are nature's services worth? *Science*, 197, 960-964.

Chapitre 11

Concepts et formalismes de la durabilité pour la biodiversité et les services écosystémiques

Luc DOYEN, Philip ROCHE et Muriel TICHIT

De la conservation à la gestion durable de la biodiversité

Les changements globaux incluant changement climatique et changements d'usage ont conduit à des modifications importantes de la biodiversité, marine ou terrestre, aux différentes échelles biotiques concernées, c'est-à-dire génétiques, spécifiques, écosystémiques. La surpêche, l'intensification et la déprise agricole, les invasions d'espèces liées à la mondialisation, en particulier, induisent des évolutions préoccupantes, avec notamment des phénomènes d'extinction, d'érosion, de déclins et d'homogénéisation de la biodiversité (Butchart *et al.*, 2010). Ces évolutions d'espèces, de peuplements, de communautés ou d'écosystèmes ont des conséquences sur les sociétés humaines *via* les dommages, menaces, risques et vulnérabilités qu'elles font peser sur les biens économiques et les services écosystémiques fournis par cette biodiversité. Des valeurs d'usage direct, notamment alimentaire (pêche, chasse), énergétique (bois) ou médical (plantes), des valeurs d'usage indirect lié à la pollinisation, aux cycles de l'eau ou du carbone, des valeurs récréatives ou esthétiques, valeurs d'option et capacité d'adaptation peuvent être ainsi perdues ou affaiblies, et ce de manière plus ou moins irréversible. À titre d'exemple, les changements survenus au cours des dernières décennies dans les écosystèmes marins affectent les activités de pêche et la production des services écosystémiques, comme le souligne la stagnation ou le déclin des captures mondiales (FAO, 2013 ; Cury et Miserey, 2008) en dépit d'efforts de pêche de plus en plus importants. Les dynamiques de ces socioécosystèmes marins sont donc très préoccupantes, notamment en matière de sécurité alimentaire, en particulier pour les pays en développement soumis à une forte pression démographique (Godfray *et al.*, 2010).

Il convient donc de gérer durablement cette biodiversité dans une perspective non seulement de conservation mais aussi de bien-être, de richesse et de développement pour les sociétés humaines. La création de l'IPBES met ainsi en évidence la nécessité de développer l'interface entre aide à la décision et sciences écologiques. Les politiques publiques sous-jacentes doivent participer d'une logique générale de développement durable, réconciliant exigences environnementales, économiques et sociales dans une perspective d'équité intra- et intergénérationnelle. Penser ces arbitrages et ces interactions impose un effort de recherche interdisciplinaire, intégratif et systémique. La bioéconomie ou l'économie écologique s'inscrivent dans cette perspective (Clark, 1990 ; Costanza, 1991 ; Doyen *et al.*, 2013). L'objectif est d'éclairer le pilotage des socio-écosystèmes en jeu en analysant, évaluant et élaborant des stratégies de gestion, des politiques publiques et des scénarios pour la viabilité et la résilience de la biodiversité ainsi que pour les biens et services qu'elle rend. Dans cette perspective, le choix des critères et des indicateurs de durabilité est un enjeu central (Heal, 1998).

Perspective multicritère et multidisciplinaire

La gestion durable de la biodiversité requiert une perspective à la fois de conservation environnementale et de développement du bien-être pour les sociétés humaines. Les arbitrages et les synergies sous-jacents imposent une démarche interdisciplinaire et des approches multicritères, multidimensionnelles, prenant en compte des indicateurs de performance écologique, économique et sociale, comme l'illustre la figure 10.1 (Thébaud *et al.*, 2013).

La complémentarité entre objectifs écologiques et socioéconomiques renvoie au débat entre soutenabilités forte et faible (Neumayer, 2010). Dans l'hypothèse de durabilité faible, il existe une substitution potentielle entre capital artificiel (par ex., les machines) et capital naturel. Cette conception de la durabilité est celle qui prévaut dans de nombreuses organisations internationales. Le niveau de substituabilité entre les facteurs de production et l'efficacité de la technologie joue alors un rôle majeur dans la durabilité. Pour les services écosystémiques, dans cette hypothèse de durabilité faible, une forte substituabilité pourrait donc être associée à une perte forte de biodiversité, compensée par des technologies performantes. Cette vision est bien sûr très critiquée par

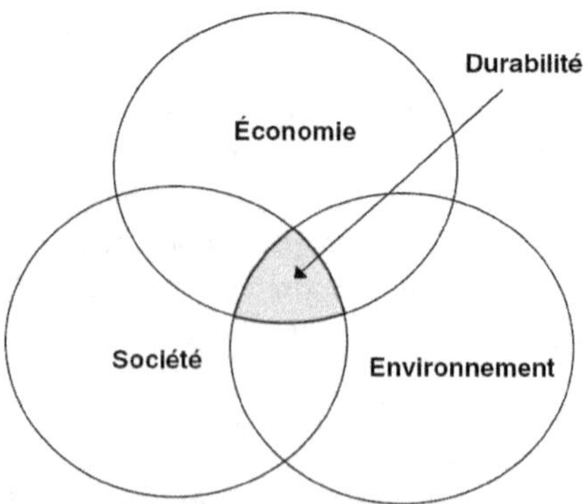

Figure 11.1. La durabilité, à l'interface entre écologie et socioéconomie.

les tenants de l'approche de la durabilité forte, où le capital naturel n'est pas substituable au capital et aux technologies générés par les activités humaines, et où la biodiversité reste un objectif majeur, complémentaire des services écosystémiques. Cette approche est donc plus explicitement multicritère.

Par ailleurs, les écosystèmes contribuent de manière générale à la fourniture simultanée de plusieurs services. À titre d'exemple, les plantes fixent le carbone et produisent simultanément de la biomasse. Ce concept de multiservice est difficile à intégrer dans les méthodologies d'évaluation des services, mais néanmoins semble important pour la compréhension des systèmes naturels, et leur comparaison avec les systèmes artificialisés ou les solutions technologiques en tant que pourvoyeurs de services. Par ailleurs, les écosystèmes naturels ne sont pas seulement fournisseurs de bénéfices, de services ou de biens à travers leur biodiversité et leur fonctionnement, mais ils peuvent également apporter des effets négatifs, que l'on peut appeler « disservices ». Ce terme de disservice a été évoqué dans la littérature écologique pour désigner les fonctions ou entités écologiques qui représentent un mal ou une nuisance pour l'homme ou ses activités (par ex., la compétition par les espèces non domestiques dans les cultures, les parasites, les prédateurs des cultures, les vecteurs de maladies ou les maladies elles-mêmes). Il convient cependant de noter que ce terme de disservice est peu accepté, et que ses contours restent à déterminer. L'analyse de compromis entre les services pour l'intégration des services et des disservices est un enjeu majeur. Il peut exister également des compromis entre la fourniture de service et la conservation de la biodiversité. Ainsi, l'utilisation de zones humides pour la purification de l'eau peut fournir un grand bénéfice pour la qualité de l'eau et le maintien de la biodiversité spécifique associée à ces milieux, mais peut également favoriser des espèces considérées comme nuisibles (les moustiques, par ex.).

En outre, le choix des métriques de biodiversité reste l'objet de nombreux débats entre indices de richesse, métriques fonctionnelles ou taxonomiques ou espèces emblématiques. Comme l'illustre la définition donnée par la CDB (2010), le terme biodiversité englobe de nombreuses composantes. Nous pouvons notamment distinguer la biodiversité ordinaire de la biodiversité remarquable. Cette dichotomie peut se traduire à l'échelle génétique, spécifique ou écosystémique. À l'échelle génétique, une population locale peut présenter des caractéristiques originales, mais existe aussi la diversité génétique ordinaire entre individus, qui permet globalement l'évolution de l'espèce. Au niveau spécifique, certaines espèces, dites emblématiques, sont associées à un patrimoine culturel fort, et de ce fait inscrites sur des listes de protection (liste de l'UICN). Elles sont souvent rares. Inversement, les espèces ordinaires forment un ensemble beaucoup plus abondant et contribuent, par leurs interactions et fonctionnalités, au maintien des écosystèmes. Enfin, au niveau des écosystèmes, certains habitats ou territoires particulièrement originaux et rares à l'échelle régionale, nationale (tourbières) ou internationale (récifs coralliens) peuvent être distingués (sites classés). D'un autre côté, une mosaïque d'habitats plus ordinaires constitue l'essentiel des paysages et est responsable de leurs propriétés fonctionnelles. La biodiversité remarquable étant clairement identifiée, sa protection peut faire l'objet de mesures ciblées (aires de protection, espèces protégées). La biologie de la conservation a ainsi historiquement porté ses efforts sur des espèces emblématiques en danger, comme l'éléphant en Afrique, les baleines au niveau marin, ou au niveau de la biodiversité terrestre en France métropolitaine l'ours, le loup ou encore l'outarde canepetière. Néanmoins, l'importance de la biodiversité ordinaire est aujourd'hui de plus en plus soulignée dans la perspective de la mise en place d'une gestion durable et globale de la biodiversité et des services écosystémiques (Chevassus-au-Louis *et al.*, 2009). C'est par exemple le cas du *Farmland Bird Index* choisi par l'Union européenne pour étudier les changements structurels de la biodiversité en réponse aux pressions de l'agriculture (Balmford *et al.*, 2003). De même, de nombreux scientifiques et porteurs d'enjeu au niveau des milieux marins plaident aujourd'hui pour une approche écosystémique des pêches (FAO, 2003) intégrant à la fois diversité halieutique ordinaire et espèces emblématiques (tortues marines, par ex.).

De nombreux indicateurs de biodiversité sont disponibles dans la littérature (Magguran, 1988). Afin de bien comprendre l'impact des décisions économiques sur la biodiversité, le jeu d'indicateurs choisis doit balayer diverses caractéristiques de la communauté, comme par exemple sa structure, sa qualité et sa taille (Barbault et Chevassus-au-Louis, 2004). Les plus connus sont la richesse spécifique, les indicateurs d'hétérogénéité du type Shannon ou de Simpson, ou des indicateurs plus fonctionnels comme l'indice trophique. Par ailleurs, certains indicateurs présentent une légitimité institutionnelle : ils ont été choisis comme indicateurs de référence par une agence publique, et sont donc maintenant largement renseignés dans différents contextes et/ ou depuis plusieurs années, ce qui offre de nombreux points de comparaison. Ces indicateurs officiels ont un fort pouvoir en termes de communication. Plus globalement, il apparaît que c'est la conjugaison de plusieurs indicateurs écologiques qui est pertinente, et non un indicateur universel. Il devient alors nécessaire de réfléchir à une combinaison adéquate d'indicateurs officiels et d'indicateurs plus académiques pour décrire efficacement la biodiversité tout en gardant un pouvoir communicationnel (Mouysset *et al.*, 2012), ainsi que le souligne la figure 11.2.

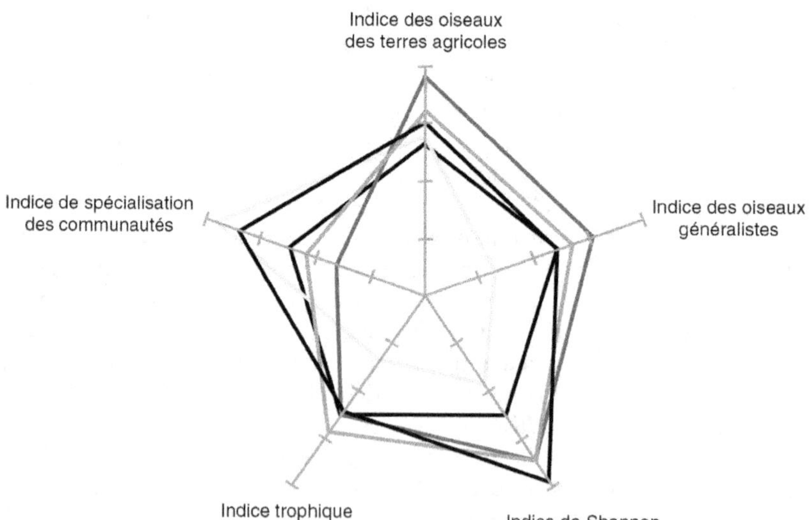

Figure 11.2. Diagramme multicritère en agroécologie (Mouysset *et al.*, 2012).

Ces traductions françaises des indicateurs correspondent aux termes internationaux suivants (en sens horaire) : *Farmland Bird Index*, *Generalist Bird Index*, *Shannon Index*, *Community Trophic Index* et *Community Specialization Index*.

Équité intergénérationnelle

L'équité intergénérationnelle est un autre ingrédient majeur de la durabilité (Howarth et Norgaard, 1990). Elle a été popularisée par le Sommet de la Terre de Rio, en 1992, où un droit des générations futures, gage de garantie du développement économique et social, a été mis en avant. Cette notion ajoute une dimension temporelle forte aux principes éthiques usuels de justice sociale et d'équité ; elle traduit une volonté de non report vers les générations futures des risques environnementaux, sociaux et économiques du développement.

En économie, l'arbitrage entre les générations présentes et les générations futures est souvent fait par l'intermédiaire du choix d'un taux d'actualisation (Ferrari et Méry, 2008). Sur la base d'une « préférence pour le présent » manifestée par les acteurs, un taux d'actualisation positif est généralement utilisé dans les calculs inter-temporels de valeur, aboutissant souvent à des arbitrages en faveur des générations présentes et au détriment de l'intérêt des générations futures ; ce choix est difficilement défendable sur le plan éthique, car il est du devoir des générations présentes de tenir compte du bien-être des générations futures, surtout lorsque les choix faits aujourd'hui ont des conséquences lourdes pour demain. Ainsi, une autre difficulté réside dans le choix de l'horizon temporel et de la profondeur du long, voire du très long terme. L'inertie et l'impact diffus dans le temps des dynamiques écologiques impliquent de projeter le décideur public dans un horizon de très long terme, supérieur à quelques décennies, voire à quelques siècles. Un « effet précaution » (Gollier et Zeckhauser, 2005) peut ainsi conduire à adopter un taux d'actualisation décroissant lorsque l'incertitude sur le futur, notamment sur celui de la croissance, est prise en compte. Les approches rawlsiennes et maximin (Doyen et Martinet, 2012) pour l'équité intergénérationnelle visent à s'affranchir du taux d'actualisation en se focalisant sur les générations les plus défavorisées. Là encore, une perspective multicritère, moins intégrative en comparaison de l'approche escomptée, est mise en avant.

Cette dimension du développement durable impose de prendre en compte l'hétérogénéité des acteurs, notamment spatiale, au sein de chaque génération et sur la base également de la justice sociale. À l'échelle internationale, elle implique notamment de prendre en compte les besoins et intérêts des autres États dans l'utilisation des ressources naturelles, notamment des ressources naturelles partagées, comme pour la pêche hors des ZEE (zones économiques exclusives). La situation des pays en développement est à cet égard centrale, et l'équité intergénérationnelle se traduit notamment ici par le principe des responsabilités communes, mais différenciées. Les politiques visant à conserver et à enrichir la diversité biologique des habitats et des écosystèmes entendent profiter à l'ensemble de la société, qui doit pouvoir bénéficier de toutes les valeurs qui s'y attachent — c'est-à-dire des bénéfices matériels qu'elle procure, mais aussi d'autres effets moins aisément quantifiables. Cependant, si les politiques de gestion de la biodiversité et des services écosystémiques peuvent, à l'instar des autres mesures environnementales, contribuer au bien-être global, elles risquent aussi de faire des gagnants et des perdants. Ainsi, les restrictions concernant l'utilisation des terres appliquées dans les pays développés pour protéger la biodiversité bénéficient à l'ensemble de la collectivité, mais peuvent parfois réduire les revenus de leurs propriétaires. Dans les pays en développement où les ressources naturelles sont une source de revenu importante, la protection de la biodiversité peut réduire l'accès à ces ressources, et donc pénaliser les plus pauvres. Ces effets sont appelés « effets de répartition » ou « effets redistributifs », et il est important de les comprendre et de les intégrer dans les évaluations et les indicateurs (Bagnoli *et al.*, 2008). Pour la biodiversité terrestre et l'occupation des sols, ces enjeux d'équité se retrouvent dans les débats entre *land sharing* et *land sparing* (Phalan *et al.*, 2011). La figure 11.3, inspirée de Mouysset et ses collègues (2013), met ainsi en évidence des occupations de sols agricoles contrastées en termes de répartition spatiale pour la France métropolitaine à l'horizon 2050 selon différents scénarios d'aversion au risque. Dans le cas (a), illustrant la spécialisation du territoire, la diversité supposée favorable à la biodiversité est localisée dans certaines régions tandis que, dans le cas (b), la diversification est forte, et étalée dans la plupart des régions.

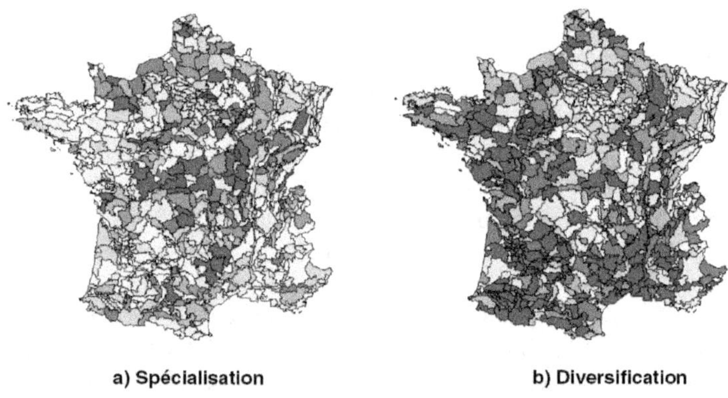

Figure 11.3. Scénarios d'occupation des sols agricoles pour la France métropolitaine.
En gris foncé, une forte diversité (ici favorable à la biodiversité oiseau) ; en gris pâle, une faible diversité. Dans le cas (a), la diversité est localisée dans certaines régions et on parle de *land sparing* ; à l'inverse dans le cas (b), la diversification est forte dans la plupart des régions, et on parle de *land sharing* (Mouysset *et al.*, 2013).

La durabilité bioéconomique entre équilibres, optimalité et viabilité

Pour opérationnaliser la durabilité en faveur de la biodiversité et les services écosystémiques et prendre en compte les ingrédients décrits précédemment, différentes approches de modélisation et méthodes quantitatives sont proposées. Doyen et ses collègues (2013) distinguent trois grandes classes d'approches mathématiquement formalisées : les approches d'équilibre, les approches d'optimalité inter-temporelle et les approches de viabilité.

Approches par stationnarités : MSY *vs* MEY

Les approches d'équilibre et l'étude des stationnarités constituent une démarche importante et historique (Clark, 1990) pour traiter de la durabilité en bioéconomie. Représentés sur la figure 11.4, le MSY (*Maximum Sustainable Yield*), le MEY (*Maximum Economic Yield*, Larkin *et al.*, 2011) ou l'équilibre dit « d'accès libre » (OA, *Open Access*) sont des concepts de référence pour la gestion des ressources renouvelables, largement utilisés dans le domaine halieutique. L'idée normative fondamentale des MSY et MEY consiste à mettre les ressources à l'équilibre en ne prélevant que le surplus de croissance généré par le renouvellement de ces ressources. Le MSY maximise les prélèvements à l'équilibre, comme l'indique la figure 11.3, permettant une production maximale tout en maintenant le stock de manière pérenne, ce qui constitue un pas important vers une réconciliation de l'écologie et de l'économie. Adoptant une vision plus économique que productive, le MEY optimise les profits à l'équilibre, intégrant des données monétaires comme le prix du revenu des prélèvements et les coûts d'effort. En revanche, l'équilibre dit « bionomique » OA supposant que la rente est dissipée du fait de l'accès libre est plutôt une situation à éviter. Il est souvent associé à une situation asymptotique d'un mécanisme représentant la nature d'accès libre de la ressource, où l'intensité de prélèvement évolue en fonction de la profitabilité. Ces approches stationnaires ont néanmoins le défaut d'être trop statiques, et de s'étendre difficilement au cadre incertain, c'est-à-dire dans des contextes avec des incertitudes exogènes affectant la dynamique des systèmes, voire dans des contextes multi-espèces ou écosystémiques. Malgré de nombreuses faiblesses et en dépit de ces critiques, ces concepts et points de référence sont néanmoins encore abondamment mobilisés, pour la gestion des pêches par exemple.

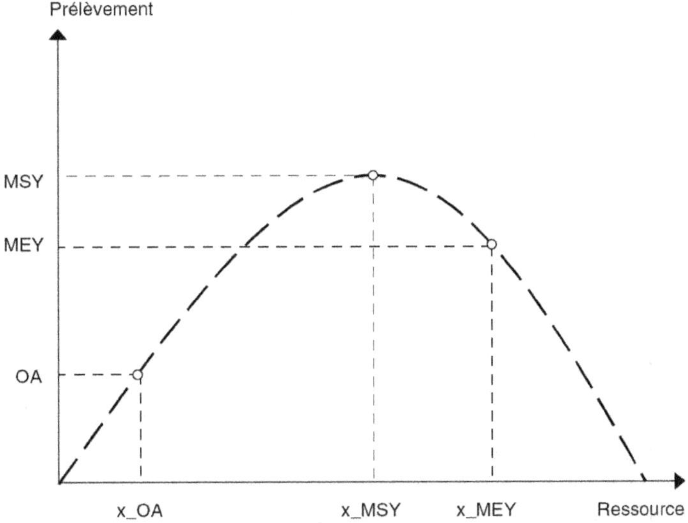

Figure 11.4. Relation entre la quantité de prélèvement et la quantité de ressource disponible dans un écosystème.

La courbe représente les équilibres de l'écosystème. Le MSY (*Maximum Sustainable Yield*), le MEY (*Maximum Economic Yield*), l'OA (*Open Access*) sont des équilibres particuliers. Le MSY maximise le prélèvement. Le MEY maximise les profitabilités. L'équilibre OA est associé à une dissipation de la rente.

Approches d'optimalité inter-temporelle

La prise en compte plus explicite dans les socioécosystèmes des dynamiques et des transitoires au-delà des équilibres a amené les bioéconomistes à mobiliser les approches d'optimalité inter-temporelle et de contrôle optimal (Clark, 1990). Dans ce contexte, les approches économiques les plus courantes pour les évaluations et les critères inter-temporels hors équilibre sont liées aux valeurs actualisées de critères de coût-bénéfice ou de coût-efficacité. L'analyse coût-bénéfice renvoie à un critère inter-temporel intégrant bénéfices, coûts et dommages actualisés exprimés en termes monétaires. La question sous-jacente à une telle analyse est de savoir si les gains agrégés dans le temps d'une politique excèdent les coûts, sacrifices et pertes qu'elle entraîne. Une politique de référence est donc celle qui optimise ce critère. Une difficulté majeure d'une telle analyse pour la biodiversité est l'évaluation des dimensions non marchandes fournies par cette biodiversité. D'autre part, les perspectives de durabilité des ressources ne sont pas nécessairement compatibles avec ce type d'approche. Le choix du taux d'actualisation peut ainsi être critique pour l'équité intergénérationnelle, en induisant une préférence pour le présent préjudiciable pour les générations futures. Clark (1990) montre même dans quelle mesure l'extinction d'une espèce peut être optimale dans ce contexte pour certaines valeurs du taux d'actualisation et de coût.

Des variantes intéressantes dans ce cadre d'optimalité inter-temporelle sont fournies par les critères rawlsiens de type « maximin », prenant en compte la génération la plus défavorisée (Doyen et Martinet, 2012).

L'analyse coût-efficacité ou coût-avantage est aussi une variante intéressante, qui peut être utilisée pour révéler la politique de coût minimal parmi celles réalisant des

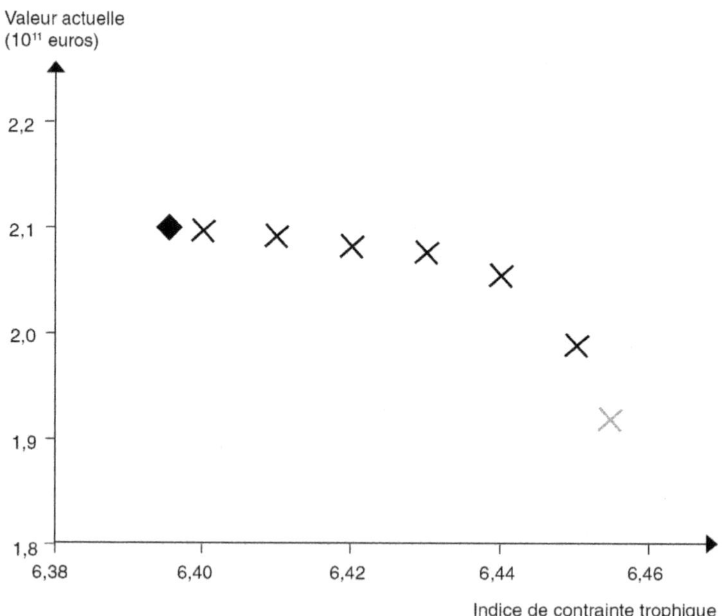

Figure 11.5. Arbitrages bioéconomiques entre biodiversité et performance économique (Mouysset *et al.*, 2014).

La biodiversité s'entend selon l'indice trophique de la communauté des oiseaux communs et la performance économique selon la valeur actualisée des revenus agricoles.

objectifs donnés de conservation, le plus souvent exprimés en quantités, comme l'illustre la figure 11.5 pour la biodiversité oiseau. Cette approche permet d'éviter l'écueil de l'évaluation monétaire d'objectifs non marchands. Elle renvoie à l'optimisation inter-temporelle sous contrainte (Polasky *et al.*, 2005 ; Mouysset *et al.*, 2014).

L'optimalité au sens de Pareto peut aussi permettre une prise en compte directe et explicite des enjeux multicritères liés à la gestion de la biodiversité dans toutes ses composantes, comme le suggèrent Groot et ses collègues (2009).

Approche de viabilité

Par ailleurs, des approches fondées sur l'idée de faisabilité, d'acceptabilité ou de sécurité, comme celle de la viabilité, peuvent s'avérer fécondes pour aborder la durabilité bioéconomique. Ces approches se focalisent sur la compatibilité des dynamiques en jeu avec des contraintes représentant la bonne santé et la sécurité des systèmes (Béné *et al.*, 2001 ; Baumgartner et Quaas, 2009 ; Doyen *et al.*, 2013). Ces contraintes sont souvent écologiques, comme les seuils d'extinction inspirés de l'analyse de viabilité des popula-tions (PVA, *Population Viability Analysis*, Morris et Doak, 2003). Dans le même esprit, Rockström et ses collègues (2009) proposent un cadre de « frontières planétaires », de points de basculement, qui ne doivent pas être franchis afin de préserver la viabilité du système Terre. La prise en compte de contraintes socioéconomiques (profitabilité garantie des exploitations, sécurité alimentaire, etc.) est désormais mise en avant (Doyen *et al.*, 2012 ; Pereau *et al.*, 2012 ; Mouysset *et al.*, 2013 ; Cissé *et al.*, 2013 ; Hardy *et al.*, 2013) et participe de démarches multicritères de co-viabilité. Ces approches renvoient méthodologiquement à l'invariance des systèmes dynamiques. Elles souhaitent permettre de dépasser l'antagonisme apparent entre l'écologie, souvent préoccupée par des questions de survie et de conservation, et l'économie, plutôt attachée à la recherche de l'efficience et de l'optimalité. Dans le contexte bioéconomique, des liens forts ont été montrés entre les approches de viabilité et les approches usuelles d'équilibre de type MSY ou MEY (Béné *et al.*, 2001), soulignant que les équilibres constituent un cas particulier de viabilité. D'autre part, des liens forts ont été montrés entre la viabilité et l'approche rawlsienne du « maximin » (Doyen et Martinet, 2012), mettant en évidence l'équité intergénérationnelle sous-jacente et le fait que le « maximin » constitue une sorte de viabilité « maximale ». Enfin, dans un cadre stochastique, De Lara et Doyen (2008) soulignent les connexions fortes de la viabilité avec les approches de précaution et le risque d'extinction de la PVA.

La résilience : une condition nécessaire, mais insuffisante

Dans les domaines où les questions de chocs, de vulnérabilité et de risques sont essentielles, comme c'est le cas pour l'adaptation au changement climatique, l'influence du concept de résilience est particulièrement croissante. Non seulement les universitaires y font de plus en plus référence, mais les porteurs d'enjeux et les organisations (gouver-nementales et/ou non gouvernementales) explorent désormais de plus en plus les moda-lités de sa mise en œuvre dans leurs domaines d'application respectifs. Ainsi, au niveau international, de nombreuses institutions et organismes de recherche, tels le CGIAR ou les agences de développement comme l'ONU, la FAO ou encore l'Unicef, ont adopté le concept dans plusieurs de leurs programmes. Beaucoup considèrent comme positif le fait que la résilience soit devenue un nouveau paradigme. Mais le concept est reçu par d'autres (Béné, 2013) avec une certaine inquiétude, pour des raisons à la fois conceptuelles et empiriques. L'absence de définition et de métriques claires, liée à la trop forte malléabilité du concept, est particulièrement préoccupante. Davoudi et Porter (2012) parlent même d'un « concept glissant ».

Le mot résilience désigne de manière générale la capacité d'un organisme, d'un groupe ou d'une structure à s'adapter à un environnement changeant. En écologie, la résilience est la capacité d'un écosystème ou d'une espèce à retrouver un fonctionnement ou un développement normal après avoir subi une perturbation, un choc (Holling, 1973). On évoquera par exemple la résilience d'un écosystème forestier pour décrire sa capacité à se reconstituer à la suite d'un incendie. Par extension, on évoque aussi la résilience au sujet des solutions trouvées par des communautés humaines face aux crises qu'elles doivent affronter, tels les guerres, les tsunamis, les crises climatiques, etc. Même si la notion de résilience a plusieurs définitions formelles et n'est pas complètement stabilisée (Folke *et al.*, 2010), elle met l'accent sur la nécessité de persistance. En ce besoin de persistance, nous trouvons une première connexion avec le développement durable et la gestion viable des écosystèmes. La résilience serait ainsi une durabilité robuste, capable de résister et de s'adapter à des perturbations sévères. En ce sens, elle serait une condition nécessaire à la gestion viable des écosystèmes, de la biodiversité et des services écosystémiques. Néanmoins, si par résilience on désigne seulement la capacité à se maintenir, il peut exister une « mauvaise » résilience. La résilience est mauvaise quand elle rétablit des choses qui ne fonctionnent pas ou sont nocives. Notamment, une reconstruction à l'identique peut incarner une mauvaise résilience liée à l'inertie. Toute résilience n'est donc pas bonne à prendre. Il faut donc préciser ce par rapport à quoi est définie cette résilience. Ainsi la résilience est-elle une condition nécessaire, mais non suffisante pour opérationnaliser la durabilité. Deffuant et Gilbert (2011) proposent en conséquence de définir et de quantifier la résilience par rapport à des objectifs et à des contraintes de viabilité plutôt que des conditions initiales ou des états d'équilibre. Rougé et ses collègues (2013) mobilisent en ce sens les outils de viabilité stochastique pour traiter de la résilience d'un lac dans un contexte d'eutrophisation. L'idée fondamentale consiste ici à définir la résilience comme la probabilité maximale d'atteinte du noyau de viabilité en un temps fini. L'étude du rôle joué par l'adaptativité (Béné, 2013) et par la diversité (Loreau *et al.*, 2001) dans la résilience des sociosystèmes est un enjeu scientifique majeur.

Quelle gouvernance pour les politiques bioéconomiques ?

L'hétérogénéité des acteurs concernés par la gestion de la biodiversité et des services écosystémiques rend difficile la mise en place de la durabilité, et participe à la complexité des processus de décision publique viable. Les acteurs (pêcheurs, agriculteurs, agences de conservation, touristes, collectivités locales, gouvernements, etc.) peuvent différer à la fois dans leurs préférences, leurs stratégies, par leur niveau d'information et leur rôle dans la dynamique des socioécosystèmes en jeu. Ainsi certains agents ont-ils des stratégies routinières, inertielles ou myopes, alors que d'autres peuvent fonder leurs décisions sur des choix plus « rationnels ». Les intérêts des différents agents ou groupes sociaux en présence sont souvent contradictoires. La définition des politiques publiques doit alors se faire à l'aide d'un arbitrage. La manière de penser les arbitrages est décisive. Force est de constater que les progrès des sciences écologiques n'ont pas encore permis une réelle convergence des opinions sur les meilleures politiques à mener en matière de conservation et de gestion de la biodiversité. Les sciences sociales (sociologie, philosophie, psychologie, droit, histoire, géographie, sciences politiques, économie, etc.) sont aujourd'hui interpellées pour construire les moyens d'aboutir à un consensus. La question de l'acceptabilité des décisions par des acteurs hétérogènes en liaison avec l'équité inter- et intragénérationnelle est ainsi au cœur de la gouvernance. Se trouve aussi posée la question des instruments et des incitations de politique publique. On distingue généralement trois types d'instruments (Weitzman, 1974) : réglementaire, monétaire, informationnel. Les instruments réglementaires visent à contraindre le comportement sous peine de sanctions administratives ou judiciaires. À titre d'exemple, on peut citer les quotas de pêche ou de chasse, ou encore les aires protégées. Les instruments économiques visent, eux, à inciter à l'adoption de comportements plus favorables à l'environnement *via* un signal prix. Les principaux d'entre eux, en bioéconomie, sont les taxes (taxes de débarquement, licences, etc.), les subventions, les marchés de quotas transférables, les mesures de compensation. Enfin, les instruments informationnels visent à inciter à l'adoption de comportements plus favorables à l'environnement *via* un signal informationnel comme les écolabels. Du point de vue de la gouvernance, on peut être séduit par des méthodes décentralisées comme les marchés de quotas transférables, qui sont des marchés régulés.

Dans ce contexte, la théorie des jeux (Finus, 2001) et les approches multi-agents (Lagabrielle *et al.*, 2010) peuvent être éclairantes pour penser les arbitrages et la gouvernance. Les apports de cette théorie, aussi bien dans sa branche coopérative (coalition) que sa branche non coopérative (optimum de Nash), statique ou dynamique (jeux évolutionnaires), à l'étude des problèmes environnementaux et de développement durable, sont déjà nombreux et significatifs. La gestion de la biodiversité est liée à des problèmes de décision entre plusieurs agents en situation de conflit potentiel sur la part des services ou valeurs de la biodiversité dont chacun peut bénéficier, ou sur la part des dommages (des disservices) que chacun doit supporter. Les agents ne prennent pas en compte toutes les conséquences externes de leurs actes. Dans le cas d'une ressource renouvelable, une conséquence catastrophique et irréversible de telles externalités est l'épuisement de la ressource, comme le souligne la tragédie des biens en commun de Hardin (1968). La « guerre du poisson » (Breton et Keoula, 2010 ; Doyen et Pereau, 2012) en est une autre illustration pour la pêche. Les concepts et méthodes proposés par la théorie des jeux sont à même d'appréhender et de rendre compte de la complexité des interactions et des dynamiques stratégiques en jeu. Ainsi, en proposant des outils et des modèles traitant des défauts de coopération ou de coordination et des processus de négociation dans un contexte multi-acteur et multicritère, elle doit permettre de relever des défis essentiels pour la gestion durable de la biodiversité et des services écosystémiques.

Références

Bagnoli P., Goeschl T., Kovács E., 2008. *People and Biodiversity Policies: Impacts, Issues and Strategies for Policy Action*, OCDE, Paris, 253 p.

Balmford A., Green R.E., Jenkins M., 2003. Measuring the changing state of nature. *Trends in Ecology and Evolution*, 18 (7), 326-330.

Barbault R., Chevassus-au-Louis B., 2004. *Biodiversité et changements globaux : Enjeux de société et défis pour la recherche*, ADPF - ministère des Affaires étrangères, Paris, 242 p.

Baumgartner S., Quaas M., 2009. Ecological-economic viability as a criterion of strong sustainability under uncertainty. *Ecological Economics*, 68 (7), 2008-2020.

Béné C., 2013. Towards a quantifiable measure of resilience. *IDS Working Papers*, 434, 1-27.

Béné C., Doyen L., Gabay D., 2001. A viability analysis for a bio-economic model. *Ecological Economics*, 36, 385-396.

Breton M., Keoula M.Y., 2010. A great fish war model with asymmetric players. *Cahiers du Gérad*, G-2010-73, 30 p.

Butchart S.H.M., Walpole M., Collen B., Van Strien A., Scharlemann J.P.W., Almond R.E.A., Baillie J.E.M., Bomhard B., Brown C., Bruno J., Carpenter K.E., Carr G.M., Chanson J., Chenery A.M., Csirke J., Davidson N.C., Dentener F., Foster M., Galli A., Galloway J.N., Genovesi P., Gregory R.D., Hockings M., Kapos V., Lamarque J.-F., Leverington F., Loh J., McGeoch M.A., McRae L., Minasyan A., Morcillo M.H., Oldfield T.E.E., Pauly D., Quader S., Revenga C., Sauer J.R., Skolnik B., Spear D., Stanwell-Smith D., Stuart S.N., Symes A., Tierney M., Tyrrell T.D., Vié J.-C., Watson R., 2010. Global biodiversity: Indicators of recent declines. *Science*, 328 (5982), 1164-1168.

CDB, 2010. Biodiversity Indicators & the 2010 Biodiversity Target: Outputs, experiences and lessons learnt from the '2010 Biodiversity Indicators Partnership', CBD Technical Series, 53, [en ligne], <https://www.cbd.int/doc/publications/cbd-ts-53-en.pdf> (consulté le 24 déc. 2015).

Chevassus-au-Louis B., Salles J.-M., Pujol J.-L., 2009. Approche économique de la biodiversité et des services liés aux écosystèmes : Contribution à la décision publique, rapport du Centre d'analyse stratégique, La Documentation française, Paris, 376 p.

Cissé A.A., Gourguet S., Doyen L., Blanchard F., Péreau J-C., 2013. A bio-economic model for the ecosystem-based sustainable management of the coastal fishery in French Guiana. *Environmental and Development Economics*, 20 (3), 1-25, [en ligne] <http://journals. cambridge.org/download.php?file=%2F758_B3B0E18FD739787F78A3F9B6C29399E4_ journals__EDE_S1355770X13000065a.pdf&cover=Y&code=4a304d7e686f68403592b187 924f0996> (consulté le 24 déc. 2015).

Clark C.W., 1990. *Mathematical Bioeconomics: The Optimal Management of Renewable Resources*, Wiley-Interscience, 2nde édit., New York, USA, 400 p.

Costanza R., 1991. *Ecological Economics: The Science and Management of Sustainability*, Columbia University Press (réimpression), New York, USA, 525 p.

Cury P., Miserey Y., 2008. *Une mer sans poissons*, Calmann-Lévy, Paris, 270 p.

Davoudi S., Porter L., 2012. Resilience: A bridging concept or a dead end? *Planning Theory & Practice*, 13 (2), 299-333.

De Lara M., Doyen L., 2008. *Sustainable Management of Natural Resources: Mathematical Models and Methods*, Springer-Verlag, Berlin-Heidelberg, Allemagne, 266 p.

Deffuant G., Gilbert N., eds., 2011. *Viability and Resilience of Complex Systems: Concepts, Methods and Case Studies from Ecology and Society*, Springer-Verlag Berlin-Heidelberg, Allemagne, 224 p.

Doyen L., Cissé A.A., Gourguet S., Mouysset L., Hardy P.-Y., Béné C., Blanchard F., Jiguet F., Péreau J.-C., Thébaud O., 2013. Ecological-economic modelling for the sustainable management of biodiversity. *Computational Management Science*, 10, 353-364.

Doyen L., Martinet V., 2012. Maximin, viability and sustainability. *Journal of Economic Dynamics and Control*, 36 (9), 1414-1430.

Doyen L., Pereau J.-C., 2012. Sustainable coalitions in the commons. *Mathematical Social Sciences*, 63 (1), 57-64.

Doyen L., Thébaud O., Béné C., Martinet V., Gourguet S., Bertignac M., Fifas S., 2012. A stochastic viability approach to ecosystem-based fisheries management. *Ecological Economics*, 75, 32-42.

FAO, 2003. *The Ecosystem Approach to Fisheries*, FAO, Rome, [en ligne], <http://www.fao.org/docrep/005/y4470e/y4470e00.htm> (consulté le 24 déc. 2015).

FAO, 2013. *FAO Statistical Yearbook 2013*, FAO, Rome, [en ligne], <http://www.fao.org/docrep/018/i3107e/i3107e00.htm> (consulté le 24 déc. 2015).

Ferrari S., Méry J., 2008. Équité intergénérationnelle et préoccupations environnementales : Réflexions autour de l'actualisation. *Management et avenir*, 20, 240-257, [en ligne], <www.cairn.info/revue-management-et-avenir-2008-6-page-240.htm> (consulté le 24 déc. 2015).

Finus M., 2001. *Game Theory and International Environmental Cooperation*, Edward Elgar Publishing, Cheltenham, UK, 432 p.

Folke C., Carpenter S.R., Walker B., Scheffer M., Chapin T., Rockström J., 2010. Resilience thinking: Integrating resilience, adaptability and transformability. *Ecology and Society*, 15 (4), art. 20.

Godfray H.C.J., Beddington J.R., Crute I.R, Haddad L., Lawrence D., Muir J.F., Pretty J., Robinson S., Thomas S.M., Toulmin C., 2010. Food security: The challenge of feeding 9 billion people. *Science*, 327 (5967), 812-818.

Gollier C., Zeckhauser R.J., 2005. Aggregation of heterogeneous time preferences. *Journal of Political Economy*, 113 (4), 878-898.

Groot J.C.J., Rossing W.A.H., Tichit M., Turpin N., Jellema A., Baudry J., Verburg P.H., Doyen L., Van de Ven G.W.J., 2009. On the contribution of modelling to multifunctional agriculture: Learning from comparisons. *Journal of Environmental Management*, 90 (supp. 2), S147-S160.

Hardin G., 1968. The tragedy of the commons. *Science*, 162 (3859), 1243-1248.

Hardy P.-Y., Doyen L., Béné C., Schwartz A.M., 2013. Food security versus environment conservation: A case study of Solomon Islands' small-scale fisheries. *Environmental Development*, 8, 38-56.

Heal G., 1998. *Valuing the Future: Economic Theory and Sustainability*, Columbia University Press, New York, USA, 224 p.

Holling C., 1973. The resilience of terrestrial ecosystems: Local surprise and global change. *In* : *Sustainable Development of the Biosphere* (W.C. Clark, R.E. Mund, eds.), Cambridge University Press, Cambridge, UK, 2nde édit., 1986, 292-317.

Howarth R., Norgaard R.B., 1990. Intergenerational resource rights, efficiency, and social optimality. *Land Economics*, 66 (1), 1-11.

Lagabrielle E., Botta A., Daré W., David D., Aubert S., Fabricius C., 2010. Modelling with stakeholders to integrate biodiversity into land-use planning: Lessons learned in Réunion Island (Western Indian Ocean). *Environmental Modelling and Software*, 25 (11), 1413-1427.

Larkin S.L., Alvarez S., Sylvia G., Harte M., 2011. Practical considerations in using bio-economic modelling for rebuilding fisheries. *OECD Food, Agriculture and Fisheries Working Papers*, 38, 39 p.

Loreau M., Naeem S., Inchausti P., Bengtsson J, Grime J.P., Hector A., Hooper D.U., Huston M.A., Raffaelli D., Schmid B., Tilman D., Wardle D.A., 2001. Biodiversity and ecosystem functioning: Current knowledge and future challenges. *Science*, 294 (5543), 804-808.

Magguran A.E., 1988. *Ecological Diversity and its Measurement*, Princeton University Press, Princeton, USA, 179 p.

MEA, 2005. *Ecosystems and Human Well-being: A Framework for Assessment*, Island Press, Washington D.C., USA, 266 p.

Morris W.F., Doak D.F., 2003. *Quantitative Conservation Biology: Theory and Practice of Population Viability Analysis*, Sinauer Associates, Sunderland, USA, 480 p.

Mouysset L., Doyen L., Jiguet F., 2012. Different policy scenarios to promote various targets of biodiversity. *Ecological Indicators*, 14, 209-221.

Mouysset L., Doyen L., Jiguet F., 2013. How does economic risk aversion affect biodiversity? *Ecological Applications*, 23 (1), 96-109.

Mouysset L., Doyen L., Pereau J.-C., Jiguet F., 2014. Benefits and costs of biodiversity in agricultural public policies. *European Review of Agricultural Economics*, 42, 51-76.

Neumayer E., 2010. *Weak versus Strong Sustainability: Exploring the Limits of Two Opposing Paradigms*, 3e édit., Edward Elgar Publishing, Cheltenham, 288 p.

Pereau J.-C., Doyen L., Little R., Thébaud O., 2012. The triple bottom line: Meeting ecological, economic and social goals with Individual Transferable Quotas. *Journal of Environmental Economics and Management*, 63 (3), 419-434.

Phalan B., Malvika O., Balmford A., 2011. Reconciling food production and biodiversity conservation: Land sharing and land sparing compared. *Science*, 333 (6047), 1289-1291.

Polasky S., Nelson E., Lonsdorf E., Fackler P., Starfield A., 2005. Conserving species in a working landscape: Land use with biological and economic objectives. *Ecological Applications*, 15 (4), 1387-1401.

Rockström J., Steffen W., Noone K., Persson Å., Chapin III F.S. , Lambin E.F., Lenton T.M., Scheffer M., Folke C., Schellnhuber H.J., Nykvist B., de Wit C.A., Hughes T., Van der Leeuw S., Rodhe H., Sörlin S., Snyder P.K., Costanza R., Svedin U., Falkenmark M., Karlberg L., Corell R.W., Fabry V.J., Hansen J., Walker B., Liverman D., Richardson K., Crutzen P., Foley J.A., 2009. A safe operating space for humanity. *Nature*, 461, 472-475.

Rougé C., Mathias J.D., Deffuant G., 2013. Extending the viability theory framework of resilience to uncertain dynamics, and application to lake eutrophication. *Ecological Indicators*, 29, 420-433.

Thébaud O., Smith T., Doyen L., Planque B., Lample M., Mahevas S., Quaas M., Mullon C., Vermard Y., Innes J., 2013. Building ecological-economic models and scenarios of marine resource systems: workshop report. *Marine Policy*, 43, 382-386.

Weitzman M.L., 1974. Prices vs. quantities source. *The Review of Economic Studies*, 41 (4), 477-491.

Chapitre 12

L'institutionnalisation de l'approche par les services écosystémiques : dimensions scientifiques, politiques et juridiques

Rémi Mongruel, Philippe Méral, Isabelle Doussan et Harold Levrel

Introduction

Ce chapitre décrit et analyse la diffusion de l'approche par les services écosystémiques dans l'univers de la prise de décision en matière de gestion de l'environnement. L'approche par les services écosystémiques est désormais institutionnalisée, ce dont témoigne le fait qu'elle constitue un objet de recherche bien identifié d'une part, et une référence admise pour la définition ou la révision de certaines politiques publiques d'autre part. Cette institutionnalisation de fait masque cependant un certain nombre de controverses. La science des services écosystémiques est particulièrement jeune, et par conséquent non encore stabilisée, ce que reconnaissent beaucoup d'experts en ce domaine, mais pas forcément les promoteurs de son utilisation aux fins de l'élaboration des politiques publiques. Pour contribuer à séparer ce qui fait consensus de ce qui fait débat, il est utile de revenir à l'origine du concept de services écosystémiques et à l'histoire de son institutionnalisation, en s'intéressant à la triple dimension que présente ce processus : d'abord à sa dimension scientifique, qui concerne à la fois le domaine de l'écologie et celui de l'économie, puis à sa dimension politique, perceptible notamment à travers le rôle qu'ont joué les organisations intergouvernementales et les ONG internationales, et enfin à sa dimension juridique, qui permet de décrire la façon dont le concept de services écosystémiques a récemment été repris dans les textes de loi. La discussion évoquera les débats qui ont cours dans ces trois sphères, celles des sciences, de la politique et du droit, au sujet des fondements scientifiques d'une part, et de l'opérationnalisation d'autre part de l'approche par les services écosystémiques.

L'émergence du concept de services écosystémiques dans l'arène scientifique

Les publications récentes portant sur l'origine du concept de services écosystémiques (SE) attribuent sa genèse aux travaux menés par les écologues américains au début des années 1970 (Braat et De Groot, 2012 ; Gómez-Baggethun *et al.*, 2010 ; Méral, 2012 ; Mooney et Ehrlich, 1997 ; Pesche *et al.*, 2013). Si une première liste de SE a été proposée dès 1970 par un groupe d'experts réunis à l'Institut de technologie du Massachusetts (MIT) dans une étude connue sous le nom de *Study of Critical Environmental Problems* (SCEP, 1970), c'est en effet surtout à travers les travaux d'écologues tels que Paul et Ann Ehrlich, ou encore Harold Mooney que cette notion a été développée (Ehrlich et Ehrlich, 1981 ; Ehrlich et Mooney, 1983). Initialement, ces travaux ont été menés dans le cadre de la préparation de la conférence des Nations unies sur l'environnement humain, dite conférence de Stockholm, tenue en 1972 dans un contexte intellectuel marqué à la fois par l'émergence de l'analyse de la dynamique des systèmes (Forrester, 1971) et de l'approche écoénergétique (Odum et Odum, 1981), mais aussi par l'introduction du concept d'« économie stationnaire » (Daly, 1973 ; Georgescu-Roegen, 1971) et des thèses « néo-malthusiennes » (Ehrlich et Holdren, 1971 ; Holdren et Ehrlich, 1974). Ces idées inspireront fortement le célèbre rapport Meadows intitulé *Halte à la croissance* (Meadows *et al.*, 1972), lui aussi produit, d'ailleurs, par une équipe de chercheurs du MIT. Ainsi, le contexte dans lequel s'est développé le concept de services écosystémiques se caractérise-t-il par la volonté de certains scientifiques de renouveler leurs approches — en intégrant les aspects systémiques, énergétiques et dynamiques des processus écologiques — et de s'organiser afin d'alerter sur la possible atteinte des limites des capacités de charge de la planète, situation liée à un développement économique et démographique sans précédent.

Assez rapidement émerge l'idée que l'évaluation des « services de la nature » peut permettre de favoriser la sensibilisation du public à ces questions, et d'améliorer la prise en compte de l'environnement dans les décisions publiques (Westman, 1977) ; l'idée d'une telle évaluation demeure cependant assez peu prisée des économistes, en raison des problèmes conceptuels et méthodologiques auxquels elle se heurte. À cette époque, deux courants scientifiques distincts s'intéressent à la question des services écosystémiques et de leur évaluation. Le premier d'entre eux est composé d'écologues de formation, travaillant sur les relations homme-nature. Robert Costanza, Leon Braat et Rudolf De Groot en sont les principaux représentants. Leurs travaux visent à proposer une analyse économique des fonctions écologiques, considérées comme fondamentales pour le bien-être humain (Braat *et al.*, 1979 ; Costanza, 1979 ; De Groot, 1987 ; Hueting, 1974). Le second de ces courants est constitué d'économistes qui formalisent la contribution de la nature au développement des sociétés humaines en partant de la notion de capital naturel, et essaient d'incorporer dans les modèles économiques standard de bien-être ou de croissance les processus de consommation, de préservation ou de restauration dont cette forme de capital fait l'objet. Ses principaux représentants sont Karl-Göran Mäler, Partha Dasgupta et Geoffrey Heal (Dasgupta et Heal, 1979 ; Mäler, 1974).

La jonction entre les travaux des économistes et des écologues sur cette question des services écosystémiques s'opère progressivement, durant les années 1980 et 1990. Elle a lieu essentiellement au sein de la Société internationale d'économie écologique créée en 1989 à l'initiative de Robert Costanza (Costanza et Daly, 1987) et qui lance la même année son propre journal, *Ecological Economics* ; mais aussi *via* la réorganisation, en 1991, de la Fondation Beijer installée à Stockholm, qui devient un institut de recherche international, le *Beijer International Institute of Ecological Economics*, et dont l'objectif premier est de promouvoir la coopération entre économistes et écologues, et plus largement entre sciences sociales et sciences de la nature. C'est dans ce cadre que vont être discutés les principes de la soutenabilité dite « faible », qui admet l'hypothèse de substituabilité entre les différentes formes de capital et les types de bénéfices qu'ils procurent, et de la soutenabilité dite « forte », qui utilise la notion de capital naturel critique et fixe des seuils de non-substituabilité entre formes de capitaux, du fait de l'irréversibilité de certains processus de dégradation de l'environnement et des risques d'effondrement du système qui en découlent (Pearce et Turner, 1989). Ces collaborations donnent également naissance à des représentations des socioécosystèmes associant les notions de biodiversité, de capital naturel critique et de flux de biens et services écologiques (Jansson *et al.*, 1994 ; Pearce et Perrings, 1995).

S'ils s'intéressent aux services écosystémiques, ces économistes les considèrent alors avant tout comme un moyen d'évaluer le capital naturel, *via* notamment la notion de valeur nette actualisée des flux de biens et services fournis par le capital naturel (Costanza et Daly, 1992). Quant au capital naturel critique, il ne pourra jamais être défini autrement que comme la fraction du capital naturel responsable des « fonctions écologiques critiques », toute la question étant de savoir au-delà de quel seuil de déplétion pour les fonctions de production, de pollution pour les fonctions de régulation ou de destruction pour les fonctions de support, la soutenabilité des socioécosystèmes est menacée (Ekins *et al.*, 2003). Par ailleurs, les services écologiques seront de plus en plus fréquemment reliés à la biodiversité, notamment dans les travaux du Beijer Institute, soit pour démontrer que la conservation de la biodiversité est une assurance contre la dégradation du capital naturel et donc une nécessité pour assurer le maintien des fondements de l'activité économique et du bien-être humain (Folke *et al.*, 1996), soit, plus concrètement, parce que leur évaluation sera supposée permettre de juger de l'importance économique des pertes de biodiversité (Perrings *et al.*, 1992).

Les services écosystémiques font donc partie intégrante de cette compréhension forte du développement durable, sans pour autant être conceptualisés au-delà des travaux initiaux issus des années 1970. Ils sont intégrés à un schéma d'analyse plus global des relations homme-nature, mettant simplement en avant la complexité des écosystèmes et des processus écologiques. C'est la raison pour laquelle, par exemple, la question d'une différenciation des fonctions et des services écosystémiques est rarement documentée à cette époque. L'accent est davantage porté sur les incertitudes, les effets d'échelle, les phénomènes de rupture, et les travaux de l'époque cherchent un moyen de concilier exploitation et conservation des écosystèmes et de la biodiversité dans cette interprétation forte du développement durable (De Groot, 1987 ; Holling, 1987 ; Perrings *et al.*, 1995).

Les économistes travaillant sur les questions écologiques se répartissent néanmoins progressivement entre ceux qui approfondissent les réflexions théoriques sur les interactions entre écosystèmes et sociosystèmes, courant dominant au sein de l'économie écologique et auquel appartient initialement Costanza, et ceux, plus proches du courant de l'économie de l'environnement, qui souhaitent adopter une démarche pragmatique tournée vers l'action politique en cherchant à démontrer les coûts représentés par la destruction de la nature (Méral, 2010). Ces derniers trouveront un domaine d'application porteur en investissant le thème émergeant de la biodiversité au tournant des années 1990 et en posant les jalons de l'évaluation monétaire à des fins opérationnelles (encadré), qui fusionnera vingt ans plus tard avec la science des services écosystémiques dans le TEEB (voir plus loin). Mais la prégnance des débats autour du développement durable et de la notion de capital naturel critique au sein du courant de l'économie écologique a pour résultat que l'institutionnalisation du concept de services écosystémiques *via* l'expertise scientifique, amorcée à la fin des années 1970, est mise en veille durant les années 1980 et le début des années 1990. Ainsi, le rapport Brundtland (1987) ne fait aucune mention des services écosystémiques, et marque au contraire un jalon important dans l'histoire du concept de « développement durable ». Il en sera de même dans les documents officiels émanant de la CNUED (Rio, 1992) et des conventions internationales sur le climat et la biodiversité qui en découleront.

**Rôle de l'évaluation monétaire de la biodiversité
dans l'institutionnalisation du concept de service écosystémique**

L'autre tendance significative qui conduit à l'institutionnalisation du concept de SE à l'échelle internationale est la montée en puissance de l'évaluation monétaire de la biodiversité. Portée en grande partie par les organisations intergouvernementales et les ONG internationales (notamment la Banque mondiale et l'UICN) et les scientifiques impliqués dans les problématiques de conservation, l'évaluation monétaire est envisagée comme un remède à la sous-estimation de la valeur (utilitaire) des écosystèmes (McNeely, 1988 ; Munasinghe et McNeely, 1994). Cette monétarisation de la biodiversité qui naît au milieu des années 1990 repose sur une systématisation des techniques d'évaluation économique expérimentées aux États-Unis et en Europe depuis les années 1960 (Clawson, 1959 ; Krutilla, 1967 ; Ridker et Henning, 1967), puis déclinées selon les composantes de la valeur économique totale : valeur d'usage direct ou indirect, marchande ou non marchande, et de non-usage (Pearce et Moran, 1994). Progressivement, les ONG internationales dédiées à la conservation se sont emparées de cet argument économique pour justifier leurs actions auprès de bailleurs, ou des administrations des pays où elles interviennent. Dans ce contexte particulier, le concept de services écosystémiques, malgré un certain flou sémantique (on parle alors plutôt de « services environnementaux » en raison justement de cette filiation sémantique avec le discours des économistes basé sur les externalités), présente alors un double intérêt : il permet de développer une rhétorique destinée à stimuler la levée de fonds pour le financement des aires protégées, et de clarifier ce à quoi pouvaient renvoyer les valeurs monétaires de la biodiversité, en permettant de décrire dans le détail les bénéfices que cette dernière offre à l'homme.

L'institutionnalisation du concept de service écosystémique par les organisations internationales

Il faut attendre la fin des années 1990 pour que le concept de services écosystémiques retrouve une place centrale dans les arènes scientifiques mais aussi politiques. L'article de Costanza *et al.* (1997) consacré à la valeur des services écosystémiques et du capital naturel mondial, ainsi que l'ouvrage de Gretchen Daily (1997) sont souvent cités comme des facteurs ayant contribué à déclencher ce renouveau. Toutefois, celui-ci est le résultat de tendances plus lourdes, dépassant largement le seul milieu académique. Un rôle majeur a été joué par les grandes fondations en faveur de l'environnement et du développement durable, dotées d'une forte capacité de mobilisation des réseaux scientifiques et politiques de haut niveau.

En 1986 déjà, deux organisations non gouvernementales, le World Resources Institute (WRI) et l'International Institute for Environment and Development (IIED), déploraient dans un rapport conjoint que « les services environnementaux, gratuits, ne deviennent pleinement appréciés qu'après que le bon fonctionnement des écosystèmes a été perturbé » (WRI et IIED, 1986, p. 98). Le relai a ensuite été pris par les organisations intergouvernementales, avec notamment la parution, en 1995, du *Global Biodiversity Assessment*, commissionné par le PNUE (Programme des Nations unies pour l'environnement) et financé par le GEF (Global Environment Facility ou Fonds pour l'environnement mondial — voir Heywood et Watson, 1995). Dès lors, les grandes initiatives internationales en faveur de la protection de l'environnement vont clairement promouvoir la thématique des services écosystémiques. En 1998 paraît le rapport intitulé « *Protecting our planet / Securing our future: Linkages among environmental issues and human needs* », porté par le PNUE et la Banque mondiale (avec l'appui de la Nasa — voir Watson *et al.*, 1998). Ce rapport part du constat que la Terre fournit aux hommes des biens et des services essentiels à leur santé et à leur survie, et en dresse une liste qui préfigure largement celle qui sera adoptée dans le futur *Millennium Ecosystem Assessment*. Cette approche est mobilisée au service d'un objectif clairement affiché : dépasser la segmentation des problématiques sectorielles liées à l'existence de conventions internationales thématiques sur la diversité biologique, la désertification, le changement climatique, etc., et proposer une vision globale et « écosystémique » des enjeux environnementaux. En pratique, les auteurs du rapport en appellent à des évaluations scientifiques intégrées, mais aussi à un renforcement de la coordination des initiatives prises par les grandes organisations internationales traitant des questions environnementales pour une plus grande efficacité des décisions politiques, à l'image du travail engagé par l'Intergovernmental Panel for Climate Change (IPCC), créé en 1988 sous l'égide des Nations unies, et dont l'influence dans la mise au point du protocole de Kyoto est jugée par l'ensemble de ces experts comme ayant été déterminante.

Fortes de cette dynamique, ces différentes organisations vont amorcer dès mai 1998 « un nouveau processus international d'évaluation » sur la base d'une proposition formulée par Walter Reid, alors vice-président du WRI. Afin de préparer le rapport biennal que le WRI édite conjointement avec la Banque mondiale, le PNUE et le PNUD (Programme des Nations unies pour le Développement), une série d'activités est alors programmée selon la séquence suivante : réaliser des analyses pilotes sur les écosystèmes globaux (*Pilot Analysis of Global Ecosystems* ou Page), orienter le rapport 2000-2001 du WRI sur cette approche écosystémique globale, et lancer les consultations qui pourraient conduire à la mise en place d'une évaluation scientifique internationale complète (Méral, 2010). Dès juin 1998, une fondation privée en faveur du développement durable en Amérique latine, Avina Group, apporte son soutien financier au projet, et les mois qui suivent serviront à rédiger les rapports du Page. L'initiative prend corps avec la création du comité de pilotage exploratoire du futur MEA, dont la coordination est confiée à Reid, et qui se réunit une première fois en février 1999. De nouveaux donateurs rejoignent alors l'initiative : United Nations Foundation, Packard Foundation, Global Environmental Facility. La seconde réunion du comité de pilotage exploratoire en octobre de la même année est l'occasion d'officialiser l'implication des grandes organisations internationales : agences ou programmes des Nations unies (PNUD, PNUE), Banque mondiale, International Council for Science, World Resources Institute, World Business Council for Sustainable Development, World Conservation Union. Cette large mobilisation va poser les fondations du *Millennium Ecosystem Assessment* (MEA).

En avril de l'année 2000 paraît une première version du rapport 2000-2001 du WRI, intitulée « *People and Ecosystems: The Fraying Web of Life* », dans laquelle l'accent est clairement mis sur les services écosystémiques (WRI, 2000). Ainsi, dès l'avant-propos, les quatre représentants des institutions concernées (Banque mondiale, WRI, PNUE, PNUD) écrivent : « Il est évident que les économies mondiales dependent des biens et des services dérivés des écosystèmes; il est également évident que la vie humaine elle-même dépend du maintien dans le temps de la capacité des écosystèmes à fournir cette multitude de bénéfices. » (Préface, p. 1). Ils en appellent officiellement au lancement du MEA, proposition relayée aussitôt par le secrétaire général de l'ONU, Kofi Annan, qui en fait l'une des cinq plus importantes initiatives pour « soutenir le futur » lors de l'assemblée pour le Millénaire (*Millennium Report to the United Nations General Assembly*). La Conférence des parties de la Convention sur la diversité biologique (en mai 2000), celle de la Convention sur la lutte contre la désertification (en décembre 2000), ainsi que le Comité permanent de la convention Ramsar sur les zones humides (en octobre 2000) reconnaissent alors à leur tour l'initiative. Cette même année, le montage financier est complété par de nouveaux apports venant de donateurs essentiellement privés : la Summit Foundation et la Wallace Global Foundation pour l'achèvement de la phase de transition, puis le gouvernement norvégien, la Rockefeller Foundation et la Packard Foundation pour la réalisation du MEA lui-même.

L'apogée du processus d'institutionnalisation du concept de services écosystémiques aura donc été le MEA, conduit entre 2001 et 2005 sous la responsabilité de Walter Reid, Robert Watson et Abdul Zakri. Légitimé par son ampleur et sa rigueur — l'exercice a rassemblé plus de 1 300 chercheurs pendant plus de trois ans et a donné lieu à de nombreux rapports, traduits en plusieurs langues —, le MEA est parvenu à imposer à la fois son cadre d'analyse, notamment sa typologie des services répartis en quatre grandes catégories, et son diagnostic d'une forte érosion de 15 des 26 grands services écosystémiques identifiés (MEA, 2005). Les services écosystémiques les plus menacés sont principalement les services de régulation et les services culturels, de nature collective ou publique et qui ne sont pas échangés sur des marchés (atténuation de l'érosion des sols, pollinisation, recyclage des déchets organiques, habitats de reproduction pour les animaux ou paysage pour l'homme). À l'inverse, ceux qui ont bénéficié d'une forte croissance durant les cinquante dernières années sont les services de prélèvement, de nature privée, dont les produits peuvent être vendus sur des marchés, et fondant aujourd'hui les secteurs de la sylviculture, de l'agriculture et de l'aquaculture (Levrel *et al.*, 2014). Mais, rétrospectivement, il apparaît que le MEA est surtout mentionné pour la dynamique institutionnelle qu'il a réussi à insuffler : il représente en définitive un jalon dans l'histoire, davantage connu pour son cadre logique et sa contribution à la reconnaissance de l'approche par les services écosystémiques au niveau mondial que pour le contenu scientifique et méthodologique de ses rapports.

Depuis la publication des rapports du MEA, cette dynamique institutionnelle s'est poursuivie *via* les travaux du TEEB (The Economics of Ecosystems and Biodiversity), dont les principaux ont été menés entre 2008 et 2010 et qui cherchent à articuler la caractérisation des services écosystémiques, leur évaluation monétaire et leur intégration dans la prise de décision (TEEB, 2010a), *via* la parution du rapport sur le coût de l'inaction en matière de protection de la biodiversité (Braat et ten Brik, 2008), inspiré de l'approche du rapport Stern sur l'inaction en matière de changement climatique, et surtout *via* la création de l'IPBES (Intergovernmental Platform on Biodiversity and Ecosystem Services) en 2012. La création de l'IPBES, qui parachève la reconnaissance de la notion de services écosystémiques dans les négociations internationales, illustre l'efficacité des différents réseaux qui se sont saisis du sujet depuis le début des années 1990. Elle résulte de la fusion, sous l'égide du PNUE, du processus consultatif pour un IMoSEB (*International Mechanism of Scientific Expertise on Biodiversity*), lancé à l'issue de la conférence internationale « Biodiversité : science et gouvernance » de janvier 2005 à Paris et soutenu ensuite par le réseau de scientifiques Diversitas, avec la stratégie de poursuite du MEA avalisée en mai 2008 lors de la IXe réunion de la Conférence des parties de la Convention sur la diversité biologique. Jusqu'à sa création, la promotion d'une organisation du type IPBES, coordonnant l'expertise mondiale sur la biodiversité pour la mettre à disposition des gouvernements, aura été assurée dans une série d'articles publiés dans les revues scientifiques les plus diffusées, au premier rang desquelles *Science* et *Nature*, par les chefs de file des domaines de recherche concernés, notamment Harold Mooney pour l'écologie et Charles Perrings pour l'économie (Larigauderie et Mooney, 2010 ; Loreau *et al.*, 2006 ; Mooney et Mace, 2009 ; Perrings *et al.*, 2010 ; Perrings *et al.*, 2011a).

Finalement, la montée en puissance du concept de service écosystémique, depuis le MEA notamment, est bien le résultat d'une co-construction entre science et politique à l'échelle internationale. Dans ce processus, les réseaux de personnalités scientifiques ayant fait carrière dans les organisations internationales et les connexions entre ces réseaux établies à la faveur d'un grand évènement scientifique ou politique jouent un rôle central (voir tab. 12.1). Trois Américains, représentant respectivement une organisation internationale intergouvernementale (Robert Watson pour la Banque mondiale), une organisation internationale non gouvernementale (Walter Reid pour le World Resources Institute) et la communauté scientifique internationale (Harold Mooney, professeur de biologie à l'université de Stanford et membre fondateur du réseau Diversitas), ont occupé, alternativement ou ensemble, mais de façon systématique, une fonction clé dans chacune des grandes initiatives ayant trait aux services écosystémiques depuis vingt ans. Ils apparaissent comme les principaux artisans de la constitution de la communauté internationale intéressée à la science des services écosystémiques, et à son insertion dans le débat politique.

L'institutionnalisation de cette approche n'a donc pas été un processus distinct de celui de sa construction scientifique. La longue maturation du MEA aura permis à certains scientifiques, notamment les membres du réseau Diversitas, de faire relayer leurs préoccupations pour la conservation de la biodiversité par des organisations internationales non gouvernementales, puissantes et structurées, jusqu'à atteindre le niveau intergouvernemental. Ultérieurement, le TEEB, placé comme le MEA sous l'égide

Tableau 12.1. Personnalités impliquées dans au moins deux des principales initiatives internationales concernant les services écosystémiques et lancées depuis 1995.

	Diversitas Scientific Committee (est. 1991)	*Global Biodiversity Assessment* (pub. 1995)	**Protecting our Planet** (pub. 1998)	*People and Ecosystem* (pub. 2001)
Watson Robert Tony (USA), World Bank		Responsable	Co-auteur	
Reid Walter (USA), World Resources Institute		Éditeur (Synthèse pour les décideurs)	Co-auteur	Contributeur principal du chapitre 2
Mooney Harold (USA), Stanford University	Membre (2014), ancien responsable	Coordinateur	Co-auteur	
Perrings Charles (USA), Arizona State University	Ancien membre (co-responsable)	Coordinateur		
Oteng-Yeboah Alfred (Ghana), University of Ghana				
Baste Ivar Andreas (Norvège), Norwegian Directorate for Nature Management		Coordinateur et éditeur (Synthèse pour les décideurs)		
Zakri Abdul Hamid (Malaisie), United Nations University				
Mace Georgina (UK), University College London	Chair (2014)			
Dasgupta Partha (UK), University of Cambridge	Membre d'office (2014)			
Arico Salvatore (Italie), Unesco-Natural Sciences	Membre d'office (2014)			

Pub. : date de publication. Est. : date estimée de début de l'action.

Millenium Ecosystem Assessment (pub. 2003 et 2005)	IMoSEB (2005-2008)	MEA Follow up Strategy (est. 2008)	TEEB (démarrage en 2008)	IPBES (est. 2012)	Total des actions
Co-responsable du Bureau	Membre du Comité de direction	Co-responsable du Comité de pilotage		Membre du Bureau	6
Éditeur et auteur principal (Rapport de synthèse, 2005)		Membre du Comité de pilotage	Membre du Comité de pilotage		6
Co-rédacteur principal (Synthèse pour les décideurs)	Membre du Comité de pilotage international	Membre du Comité de pilotage			6
	Membre du Comité de pilotage et du Comité scientifique	Membre du Comité de pilotage	Équipe du Rapport de Synthèse (2011)		5
Représentant Institutionnel	Membre du Comité de pilotage international		Contributeur « TEEB pour les décideurs 2009 »	Membre du Bureau	4
	Membre du Comité de direction			Membre du Bureau	3
Co-responsable du bureau		Membre du Groupe de mise en œuvre		Membre du Bureau	3
	Membre du Comité de pilotage et du Comité scientifique		Équipe du Rapport de synthèse (2010)		3
Membre du Bureau		Membre du Comité de pilotage			3
Représentant institutionnel		Membre du Groupe de mise en œuvre			3

	Diversitas Scientific Committee (est. 1991)	*Global Biodiversity Assessment* (pub. 1995)	**Protecting our Planet** (pub. 1998)	*People and Ecosystem* (pub. 2001)
Schei Peter-Johann (Norvège), Fridtjof Nansen Institute	Ancien membre		Co-auteur	
Lubchenco, Jane (USA), Oregon State University, NOAA	Membre du Comité de pilotage (2014)	Coordinateur	Co-auteur	
Dirzo Rodolfo (Mexique), UNAM	Ancien membre (co-responsable)	Coordinateur	Co-auteur	
May Peter H. (Brésil), Federal Rural University of Rio de Janeiro				
Barbier Edward B. (USA), University of Wyoming	Ancien membre			
Daily Gretchen (USA), Stanford University			Co-auteur	
David Cooper (UK), Secrétariat du 10ᵉ CDB, Nations Unies	*Appointed member* (2014)			
Angela Cropper (Trinidad et Tobago), directrice exécutive adjointe du programme des Nations unies pour l'Environment (UNEP)				
Loreau Michel, (France), CNRS, Station biologique de Moulis	Ancien membre (responsable)			
Scholes Robert (Afrique du Sud), CSIR	Ancien membre (co-responsable)			
McNeely Jeffrey (USA), ancien directeur scientifique IUCN (Suisse)		Contributeur	Co-auteur	

Pub. : date de publication. Est. : date estimée de début de l'action.

Millenium Ecosystem Assessment (pub. 2003 et 2005)	IMoSEB (2005-2008)	MEA Follow up Strategy (est. 2008)	TEEB (démarrage en 2008)	IPBES (est. 2012)	Total des actions
Membre du Bureau					3
					3
					3
			Membre du Comité de pilotage	*Multi-disciplinary expert Panel member*	2
			Membre du Comité de pilotage		2
Contributeur		Membre du Comité de pilotage			2
		Membre du Groupe de mise en œuvre			2
Membre du Bureau		Membre du Groupe de mise en œuvre			2
	Membre du Comité de pilotage international				2
	Membre du Comité de pilotage international				2
			Relecteur		2

du PNUE et considéré comme son extension économique (Braat et De Groot, 2012), aura permis de faire la jonction entre ce mouvement et les scientifiques travaillant de longue date sur l'évaluation des services écosystémiques (Rudolf De Groot, Leon Braat, Robert Costanza), de la biodiversité (Charles Perrings, Jeffrey McNeely) et du capital naturel (Edward Barbier, Karl-Göran Mäler). Cette jonction ne permettra cependant pas le dépassement des limites inhérentes à l'évaluation économique des services écosystémiques et son utilisation pour l'aide à la décision, comme en témoignent nombre des messages clés du rapport de synthèse sur les fondements méthodologiques et les recommandations du TEEB (2010b).

Cependant les débats scientifiques autour de cette approche ne se limitent pas aux méthodes d'évaluation des services écosystémiques, et c'est pourquoi l'un des principaux constats qu'il est possible de dresser aujourd'hui est l'absence de stabilité du concept. Cela se reflète très clairement dans la multitude des cadres d'analyse proposés depuis la parution des rapports du MEA et du TEEB, et la diversité de leurs déclinaisons opérationnelles. La question se pose alors de savoir comment la notion de services écosystémiques a été incorporée dans les dispositifs juridiques, ce que nous examinerons en nous focalisant sur l'Europe et la France.

L'institutionnalisation du concept de services écosystémiques dans les dispositifs juridiques

Les promoteurs de l'approche par les services écosystémiques ont toujours affiché l'ambition d'en faire un cadre opérationnel pour la gestion de l'environnement. Dès lors, la diffusion du concept dans les textes juridiques traitant de l'environnement doit être analysée, de même que la mise en place des instruments de gestion préconisés par cette approche. Dans le champ du droit, c'est le terme de « fonctions » qui, dans un premier temps, est préféré. Ainsi en est-il dans la convention de Ramsar relative aux zones humides d'importance internationale, signée en 1971, qui fonde ses objectifs de protection sur les fonctions écologiques que ces milieux naturels remplissent : régulation du régime des eaux et habitats faune/flore. C'est le cas également des forêts : « les ressources et les terres forestières doivent être gérées d'une façon écologiquement viable afin de répondre aux besoins sociaux, économiques, écologiques, culturels et spirituels des générations actuelles et futures » et leur l'utilisation doit permettre de maintenir « leur capacité à satisfaire les fonctions écologiques, économiques et sociales pertinentes, aux niveaux local, national et mondial ». Dans ce dernier cas, si l'expression de « services écosystémiques » n'est pas employée, celle de « fonctions économiques et sociales » en est très proche. De manière plus explicite, une décision de la Vᵉ Conférence des parties de la Convention sur la diversité biologique préconisera l'approche par écosystèmes « pour préserver les services qu'ils assurent » (Bonnin, 2012). La diffusion de l'approche par les services écosystémiques dans le droit de l'environnement a donc commencé alors même qu'elle n'était pas encore formalisée, et encore moins stabilisée.

On remarque toutefois un flou terminologique dans les textes juridiques et les déclarations de politiques publiques où le terme de « fonctions » — écologiques, écosystémiques, environnementales, économiques, sociales — désigne aussi bien des *fonctions* au sens strict du terme que des *services*. Ainsi, dans l'exemple déjà cité et concernant les forêts, sous le terme de « fonctions économiques et sociales » sont en réalité visés des services de prélèvement et des services culturels. Il en va de même dans le projet de directive de l'UE sur les sols, dont l'objet est de définir « un cadre pour la protection des sols et la préservation de leur capacité à remplir [...] des fonctions écologiques, économiques, sociales et culturelles ». Ce flou sémantique est également bien illustré par la directive 2004/35/CE du 21 avril 2004 sur la « responsabilité environnementale ». Les termes de « fonctions » et de « services écologiques » apparaissent dans la définition même du dommage à l'environnement, lequel s'entend comme « une modification négative mesurable d'une ressource naturelle ou une détérioration mesurable d'un service lié à des ressources naturelles [...] ». Les services sont définis dans ce même texte comme « les fonctions assurées par une ressource naturelle au bénéfice d'une autre ressource naturelle ou du public ». On peut d'ailleurs penser que « les fonctions assurées par une ressource naturelle au bénéfice d'une autre ressource naturelle » correspondent aux « services de support » et à certains « services de régulation » au sens du MEA. Mais on peut aussi leur conserver le sens de « fonctions », et qualifier de « services » les fonctions qui sont assurées « au bénéfice du public ».

Il est aussi intéressant de comparer deux textes de droit français, l'un portant sur la biodiversité, l'autre sur l'agriculture et la forêt. Le projet de loi relatif à la biodiversité prévoit l'ajout de « la sauvegarde des services » fournis par les espaces, les espèces, les ressources, la biodiversité, etc., aux objectifs de la politique de protection de l'environnement, qualifiant ainsi « d'intérêt général » « leur protection, leur mise en valeur, leur restauration, leur remise en état et leur gestion » (art. L110-1 du Code de l'environnement, figurant dans la partie relative aux « principes généraux »). Ce même texte prévoit que les missions du Conseil national de protection de la nature comprennent désormais, outre « la protection des espaces naturels », « le maintien des processus biologiques et des services écosystémiques auxquels ils participent [...] » (futur art. L134-2 du Code de l'environnement). Enfin, on lira également dans ce texte que « les eaux et substrats nécessaires aux ressources halieutiques pour accomplir leurs fonctions de reproduction, d'alimentation ou de croissance jusqu'à leur maturité sont appelés zones fonctionnelles halieutiques » (futur art. L924-1 du Code rural et de la pêche maritime), et font à ce titre l'objet d'une protection particulière. Quant à la Loi d'avenir pour l'agriculture, l'alimentation et la forêt, son titre V concerne la forêt, et reconnaît « d'intérêt général » : « La protection de la ressource en eau et de la qualité de l'air par la forêt dans le cadre d'une gestion durable ; la protection ainsi que la fixation des sols par la forêt, notamment en zones de montagne ; la fixation du dioxyde de carbone par les bois et forêts et le stockage de carbone dans les bois et forêts, le bois et les produits fabriqués à partir de bois, contribuant ainsi à la lutte contre le changement climatique » (art. 67 de la loi citée et art. L112-1 du Code forestier). Ainsi, ce sont bien les fonctions et les services des espaces forestiers qui sont visés, sans pour autant que les termes soient utilisés dans le texte de loi.

Au-delà des termes employés, le fait que des textes juridiques (de droit international, européen ou national) affichent dans leurs objectifs, depuis plusieurs années, la prise en compte ou la protection de certains services et fonctions, amène deux remarques. D'une part, la protection juridique ne se limite pas aux SE mais englobe bien les fonctions écologiques, en cohérence avec la pluralité des valeurs, intrinsèques et instrumentales, reconnues par le droit. D'autre part, l'intégration des SE dans le droit ne semble pas pour autant modifier fondamentalement, du moins à l'heure actuelle, les outils de gestion et les modes de décision. À titre d'exemple, le droit de la forêt est fondé depuis une vingtaine d'années sur la notion de gestion durable propre à assurer la multifonctionnalité des forêts (production de bois, accueil du public près des agglomérations, notamment) sans que les instruments « classiques » de gestion en soient fondamentalement modifiés, qu'il s'agisse des procédures d'autorisation de défrichement ou de l'établissement de plans de gestion pour les forêts publiques et privées.

On peut remarquer également que le recours à la notion de services pourrait servir à orienter les politiques publiques vers des soutiens à des pratiques agricoles favorables à l'environnement, comme le recommande la FAO dans son rapport annuel de 2007 intitulé « Payer les agriculteurs pour des services environnementaux » (voir encadré, sur l'origine et la diffusion des paiements pour services environnementaux, p. 205). Dans ce cas, la notion de services devrait servir à créer ou à renforcer la légitimité d'une politique agricole plus favorable à l'environnement.

La notion de service écosystémique est aussi utilisée de manière stratégique pour légitimer des subventions publiques existantes. À titre d'exemple, les règlements d'application des mesures agroenvironnementales qui se sont succédé depuis 1999 font tous référence aux mesures ou paiements environnementaux destinés à « satisfaire à la demande croissante de la société en matière de services écologiques ». Or l'environnement n'est dans la politique agricole commune que l'un des fondements d'une politique plus large de soutien public à l'agriculture, et les « services » ici se coulent dans le moule existant des mesures d'application sans le modifier fondamentalement. Ainsi, la liste des pratiques permettant l'attribution d'aides s'est enrichie depuis 1992, mais elles ne sont pas rattachées explicitement à des fonctions ou à des services écosystémiques particuliers. De même, le montant des aides est-il toujours calculé sur les pertes de revenus et les surcoûts liés à leur mise en œuvre, et non pas sur une valeur estimée du service rendu. En conséquence, les contrats conclus par les agriculteurs pour bénéficier des aides publiques ne sont pas, en droit, des « contrats de services ». L'agriculteur s'engage à mettre en œuvre certaines pratiques dont on peut supposer qu'elles participent au maintien ou à la restauration de fonctions ou de services écosystémiques, mais sans que ces services ou fonctions soient l'objet même du contrat. En conséquence, l'échec de ces pratiques à assurer ces fonctions ou services ne constitue pas une cause de résiliation ou de non-paiement des aides, par exemple.

Si la notion de service écosystémique peut aujourd'hui se couler relativement aisément dans les techniques juridiques existantes, c'est que le droit relatif aux ressources naturelles a souvent été construit à partir d'une approche utilitariste. Le droit des forêts, de l'eau, et même dans une moindre mesure de la biodiversité, s'est ainsi créé car il s'agissait de ressources utiles à l'homme. Rien d'étonnant donc à ce que les outils juridiques existants appréhendent au moins les services les mieux connus, les plus documentés, ou ceux sur lesquels les menaces sont les plus anciennes, car ils ont fondé, sans être nommés ainsi, une bonne part des mesures de protection.

Toutefois, si les notions de service et de fonction ne semblent pas avoir modifié de manière substantielle les mesures et les processus juridiques existants, cela n'est peut-être que provisoire. On peut en effet avancer l'hypothèse que par manque d'indicateurs ou de données scientifiques suffisantes concernant leur identification et leur mesure, les services et les fonctions n'ont pas encore vraiment percolé dans l'ensemble du système juridique : ils sont restés en quelque sorte dans ses couches superficielles, ou se sont glissés sans effort dans les structures décisionnelles et les outils existants dès lors qu'aucune modification n'était nécessaire. En revanche, les données issues des sciences de l'écologie, de l'agronomie, de l'économie, des sciences humaines, qui ne manqueront pas d'évoluer dans les prochaines années si l'on considère le nombre de programmes de recherche dédiés aux services écosystémiques, pourraient amener à reconfigurer les outils et les dispositifs décisionnels de gestion de l'environnement, en modifiant les zonages d'application des instruments juridiques pour prendre en compte les écosystèmes visés ou en ouvrant les processus de participation aux bénéficiaires locaux des services écosystémiques, par exemple.

De plus, les tenants de la cogestion adaptative des écosystèmes soulignent qu'un système de gestion de ressources renouvelables a une cohérence d'ensemble, et que vouloir le remettre en question soulève des résistances à tous les niveaux (Holling et Gunderson, 2002). Si la notion de service écosystémique doit apporter des changements dans la manière dont les écosystèmes sont gérés, ce ne sera, selon ces auteurs, qu'à la suite de crises majeures dans le système de gestion et avec l'arrivée d'une nouvelle génération d'acteurs dans ce système, dont les « croyances » seront différentes de celles de la génération précédente.

Services écosystémiques et paiements pour services environnementaux

Les paiements pour services environnementaux, souvent considérés comme le pendant opérationnel de la notion de service écosystémique, se sont pourtant imposés dans les politiques de conservation de la biodiversité avant la popularisation de la notion de service écosystémique par le MEA. Ceci s'explique par le fait que les paiements pour services environnementaux et l'approche par les services écosystémiques n'ont en réalité pas les mêmes origines, et qu'ils ont simplement commencé à être traités conjointement dans le cadre du *TEEB for Policy Makers* (2011).

Les paiements pour services environnementaux ont été élaborés entre la fin des années 1990 et le début des années 2000 par les biologistes de la conservation travaillant en collaboration avec les ONG environnementalistes, notamment l'UICN, afin que le financement de la protection de la biodiversité se fasse de manière non plus indirecte, mais directe, à travers des démarches incitatives. Les services environnementaux alors visés étaient limités à la séquestration du carbone, la biodiversité, la filtration de l'eau, l'érosion des sols et aux services récréatifs (Pesche *et al.*, 2013). Après une première expérience aux États-Unis dès 1985 dans le cadre du *Conservation Reserve Program*, leur mise en application à grande échelle s'effectuera dans les pays du Sud, d'abord au Costa Rica avec le *Payment for Ecosystem Services Program* (PESP) lancé en 1996, puis dans d'autres pays riches en biodiversité comme la Bolivie, l'Équateur, le Mexique, le Panama et le Salvador (Pesche *et al.*, 2013 ; Wunder *et al.*, 2008). Ces expériences attirèrent l'attention des ONG développementalistes telles que l'IIED et des bailleurs de fonds de l'aide internationale au développement, notamment la Banque mondiale. La jonction entre pionniers de l'approche par les services écosystémiques, actifs depuis les années 1970 dans les milieux scientifiques et gouvernementaux, et les promoteurs des paiements pour services environnementaux, plutôt issus des ONG et du secteur privé, devait précisément s'opérer à l'occasion du MEA, qui permit en outre à ces deux influents réseaux de collaborer formellement avec la mouvance de l'économie écologique, intéressée à la fois à l'approche par les services écosystémiques et aux paiements pour services environnementaux, et avec les scientifiques impliqués dans l'analyse des conséquences du changement climatique sur la santé des écosystèmes (Pesche *et al.*, 2013).

Les débats sur les fondements scientifiques et l'opérationnalité

Il existe une contradiction entre la persistance de fortes controverses scientifiques sur les portées et les limites de l'approche par les services écosystémiques, et la place croissante qu'elle occupe dans les programmes de recherche, le débat public et, au moins en tant que nouveau référentiel, dans les dispositifs de gestion. Ce processus de diffusion rapide risque alors de cristalliser un certain nombre de notions, de concepts, de cadres et d'outils qui ne sont pas forcément ceux pour lesquels le consensus scientifique est le plus fort. La communauté scientifique elle-même doit cependant endosser une part de responsabilité dans cet état de fait, en raison de l'activisme de certains de ses représentants pour accélérer non seulement le développement de la « science des services écosystémiques », mais surtout son utilisation immédiate pour la prise de décisions jugées urgentes en matière de préservation de la biodiversité et des écosystèmes.

Moins d'un an après la parution des premières références scientifiques reconnues sur l'évaluation des services écosystémiques (Costanza *et al.*, 1997 ; Daily, 1997), Jane Lubchenco plaçait cette notion au cœur de l'argumentaire de son discours à destination de la communauté nord-américaine des sciences appliquées, l'appelant à adopter un nouveau contrat avec la société pour répondre efficacement à l'urgence environnementale (Lubchenco, 1998). Mettre la science des services écosystémiques au service de la conservation de la biodiversité devient alors un objectif clairement affiché par les biologistes de la conservation (Armsworth, 2007). Les scientifiques impliqués dans la mise en place de l'IPBES recommandent ensuite que l'approche par les services écosystémiques soit utilisée pour justifier la définition d'objectifs forts en matière de conservation de la biodiversité (Mace *et al.*, 2010). En particulier, ils soulignent que pour être acceptables, ces objectifs doivent tenir compte du bien-être humain ; l'évaluation des services écosystémiques (Perrings, 2011b) peut y contribuer. Le TEEB est enfin supposé contribuer au bon déroulement de ce programme, notamment dans sa dimension intentionnaliste et performative (*TEEB for Policy Makers*, 2011 ; *TEEB for Business*, 2011).

L'approche se diffuse donc désormais dans toutes les sphères : scientifiques, politiques et juridiques. Dans le monde de la recherche, elle fait l'objet, ainsi que l'a souhaité une fraction agissante de la communauté scientifique, d'une production croissante et d'un fort soutien par les guichets de financement. Dans le domaine de la décision publique, l'évaluation de la nature tendant à devenir un prérequis dans l'élaboration d'une politique environnementale, l'approche par les services écosystémiques apparaît alors comme un moyen de proposer des évaluations économiques qui soient à la fois réalisables (par séparation des fonctions écologiques) et acceptables (l'évaluation simultanée de plusieurs services rendus peut créer l'illusion d'une prise en compte de la totalité des préoccupations de la société). En principe, fondé sur une définition claire et admise, le cadre devrait être adaptable au type d'écosystème considéré et surtout au contexte décisionnel pour lequel le concept est mobilisé (Fisher *et al.*, 2009 ; TEEB, 2010a). Mais alors que le débat sur l'adaptabilité du cadre aux situations concrètes n'est pas tranché (Wallace, 2007 ; Nahlick *et al.*, 2012), les travaux se multiplient qui associent l'approche par les SE à des outils de gestion, en particulier les paiements pour services environnementaux (PSE). Or si la mise en place d'instruments incitatifs tels que les PSE constitue typiquement une situation dans laquelle l'évaluation économique des services écosystémiques est pertinente, ces instruments visent en pratique la réduction des dommages à l'environnement, et non pas la production de services. Ils se basent donc davantage sur l'évaluation du coût de renoncement à ces pratiques dommageables que sur une évaluation des services en tant que telle.

L'institutionnalisation de l'approche par les services écosystémiques aura par ailleurs ravivé le débat déjà ancien concernant la faisabilité et la pertinence de l'évaluation monétaire de l'environnement. Les critiques adressées à Costanza et à ses co-auteurs à la suite de la parution de leur fameux article de 1997 auront permis de préciser les limites de fiabilité de ces évaluations (Norgaard et Bode, 1998 ; Norgaard, 2010). De manière générale, vouloir appréhender les biens et services écosystémiques dans toute leur étendue ne doit pas faire oublier que l'évaluation économique, *a fortiori* monétaire, n'est fiable que pour mesurer des changements marginaux dans la disponibilité, la demande ou l'utilisation de ces services (Heal, 2000). Et si l'on peut approcher de manière fiable les valeurs d'usage direct et indirect de nombreux services écosystémiques, les valeurs de non-usage associées aux services culturels esthétiques et spirituels, ou celles associées aux fonctions écologiques fondamentales qui assurent les services de support sont en revanche plus délicates à estimer. En effet, évaluer ce types de services soulève des problèmes à la fois techniques — leur valeur est moins tangible et familière aux yeux des individus — et éthiques — l'attribution d'une valeur monétaire aux éléments constitutifs de la vie sur Terre peut sembler immoral (Levrel *et al.*, 2014). En pratique, l'absence de consensus scientifique quant aux méthodes et à leur validité semble avoir abouti à une très faible utilisation effective de ces évaluations dans les prises de décisions (Laurans *et al.*, 2013). *A contrario*, si l'évaluation de la nature est utilisée quand le cadre juridique l'impose, cette utilisation ne débouche pas forcément sur des décisions favorables à la préservation : c'est ce qu'a démontré l'utilisation des analyses coûts-bénéfices dans le cadre de la mise en œuvre de la directive cadre sur l'eau en France (Feuillette *et al.*, 2015).

L'approche par les services écosystémiques poursuivait deux objectifs : elle se voulait globalisante pour être didactique et porter l'alerte, et elle devait justifier la mise en place de nouveaux instruments de gestion capables de produire un changement institutionnel significatif en faveur de la protection de la nature. En pratique, elle n'apparaît pas encore suffisamment opérationnelle pour prendre des décisions de portée générale en matière d'environnement. L'évaluation comme outil d'aide à la décision est fortement mise en avant, mais il sera toujours impossible d'évaluer les fonctions et les services dans leur globalité, et, ce type d'évaluations demeurant toujours aussi sujettes à caution que difficiles à interpréter, elles n'aboutissent en définitive qu'à poser la question du changement institutionnel qui permettrait de mieux gérer les services (Costanza *et al.*, 2014). Finalement, cela nous ramène au constat que Geoffrey Heal faisait dès 2000 : « Si notre intention est de préserver ces services, alors l'évaluation monétaire est en grand partie non pertinente. Je l'affirme : l'évaluation monétaire n'est ni nécessaire, ni suffisante pour la conservation. Nous conservons beaucoup de choses que nous n'évaluons pas et nous ne conservons pas beaucoup de choses qui ont de la valeur. » (p. 29). À quoi peut servir l'évaluation des services écosystémiques ? Comment impulser le changement institutionnel que leur gestion requiert ? Ces questions restent actuellement toujours sans réponses précises.

Compte tenu de ses limites avérées, il est sans doute temps d'admettre que l'évaluation des services, quand elle poursuit des fins opérationnelles, devrait toujours se concentrer sur des approches partielles autour des points de basculement (si un risque de dégradation irréversible est trop élevé, comment le faire descendre au moindre coût à un niveau acceptable ?) ou des points de blocage (si des dégradations ont déjà lieu, par quelles incitations peut-on infléchir les comportements impactants en vue d'inverser la tendance ?). C'est dans cette perspective qu'il convient de replacer le rôle de l'analyse économique des problèmes d'environnement : elle devrait simplement porter sur la faisabilité et l'acceptabilité des innovations institutionnelles qui permettront de répondre aux impératifs écologiques, ce qui serait déjà une contribution significative à l'amélioration de l'action collective en matière de gestion des écosystèmes, qui pâtit des incertitudes dues à l'incomplétude des connaissances scientifiques, et des contraintes liées aux enjeux économiques sectoriels et à l'inertie du changement organisationnel. Ceci revient à dire que l'évaluation des services écosystémiques à des fins opérationnelles pourra servir à la mise en œuvre d'une politique de conservation dont les objectifs généraux ont déjà été acceptés. Elle échouera probablement à influencer la phase qui se situe en amont, lorsque la société, au regard d'un problème ou d'une situation donnés, devra décider d'inscrire son action dans le cadre d'une politique de conservation, éventuellement compatible avec le maintien de certaines activités humaines, plutôt que dans celui d'une politique de développement, éventuellement durable et respectueuse de l'environnement.

Mais est-il envisageable de faire évoluer les institutions dans le sens recherché sans avoir produit au préalable une analyse sérieuse des dispositifs de gestion existants ? Ignorer cette étape ne peut que conduire à prendre le risque de proposer des mesures de gestion qui se révèleraient inefficaces, voire non pertinentes ou même redondantes. Or la vision du changement institutionnel que véhicule le TEEB pourrait se résumer de la manière suivante : la gestion des services écosystémiques va susciter l'émergence d'instruments complètement nouveaux, tels les taxes ou les paiements pour services environnementaux, qui vont aboutir à la mise en place d'une véritable « économie verte » (*TEEB for Policy Makers*, 2011). Les promoteurs de cette approche semblent admettre l'hypothèse selon laquelle les nouvelles institutions qu'elle permettra de mettre en place produiront de toute façon des effets plus grands que les institutions existantes, si bien que ces dernières n'ont pas vraiment besoin d'être analysées relativement à leurs effets sur les services écosystémiques (Mongruel et Levrel, 2013). Pour le moment, force est de constater que la mise en œuvre de l'approche par les services écosystémiques (et ses avatars de type PSE ou mesures compensatoires) dans les démarches de gestion opérationnelle ne s'accompagne d'aucune démarche rigoureuse en termes d'analyse institutionnelle par les acteurs qui la promeuvent. Ces analyses se cantonnent au domaine scientifique sans être véritablement utilisées pour l'instant par les décideurs publics (Legrand *et al.*, 2013 ; Muradian *et al.*, 2010 ; Muradian et Rival, 2013 ; Sattler et Matzdorf, 2013). Pourtant, de telles analyses permettent par exemple de révéler des mécanismes d'appropriation privée de biens publics derrière l'application de certains mécanismes tels que les PSE et les mesures compensatoires[34] (McElwee, 2012 ; Milne et Adams, 2012 ; Robertson, 2004).

En vertu de l'acception actuelle, les services environnementaux sont les services « rendus à l'environnement par l'homme », ou encore les efforts consentis pour préserver certains services écosystémiques, et pour lesquels certains acteurs reçoivent

---

34. De tels travaux commencent à voir le jour dans le champ émergeant de l'écologie politique.

un paiement (une compensation) de la part de la collectivité. Le problème est que dans de nombreux cas, ces acteurs s'étaient auparavant approprié ces services pour en faire une utilisation destructrice, soit en les surexploitant, soit en produisant des externalités négatives. Conceptuellement, le paiement intervient alors pour que le service soit rétrocédé à la communauté par celui (ou par le groupe social) qui se l'est approprié. En pratique, et en se situant dans une perspective sociale plus dynamique, ce ne sont pas toujours les mêmes acteurs qui sont concernés : on remplace alors (y compris *via* le renouvellement démographique) des utilisateurs destructeurs de l'environnement par des utilisateurs respectueux, mais sans que les utilisateurs destructeurs aient payé leur « dette écologique »[35]. De la même manière, les mesures compensatoires, dont les référentiels d'équivalence font de plus en plus fréquemment appel à la notion de SE à compenser, sont des mécanismes certes acceptables en apparence (parce que négociés et formalisés), mais qui fondamentalement peuvent permettre de perpétuer l'appropriation de la nature par les utilisateurs qui en font un usage destructeur. Ces possibles dérives illustrent le fait que les institutions de gestion des services écosystémiques sont encore très incomplètes et donc potentiellement incohérentes, notamment au regard des critères de justice et d'équité.

Conclusion

L'analyse de l'institutionnalisation de l'approche par les services écosystémiques nous a permis de démontrer qu'elle s'est constituée progressivement autour d'objectifs scientifiques et politiques ambitieux, mais relativement généraux : repenser les rapports des sociétés humaines avec les écosystèmes dont ils dépendent dans le cadre d'une vision intégrée et pluridisciplinaire, et faire évoluer l'ensemble des dispositifs de gestion existants vers la prise en compte de ces interdépendances et de leur complexité. Désormais, les services écosystémiques apparaissent dans les politiques d'environnement (protection de la biodiversité, politique de l'eau, politique maritime), mais aussi dans les politiques de développement local, *via* la problématique de l'aménagement du territoire, et dans certaines politiques sectorielles, notamment la politique agricole. Au-delà de son influence sur le champ sémantique couvert par les grandes politiques publiques, cette approche se décline également en outils de gestion tels que les mécanismes de compensation ou les paiements pour services environnementaux.

Malgré l'engouement qu'elle a suscité depuis la parution du rapport du *Millennium Ecosystem Assessment* en 2005, l'approche par les services écosystémiques éprouve quelques limites dans ses applications opérationnelles, qui tiennent selon nous à des ambiguïtés non dissipées. Sa portée intégratrice va bien au-delà de la collaboration entre écologues et économistes pour construire un cadre d'analyse commun. Par construction, l'approche consiste à faire cohabiter explicitement deux conceptions de la gestion de la nature : celle de la conservation, attachée en premier lieu aux services de régulation et de support, qui sont les plus difficiles à appréhender, et celle de l'utilisation durable des ressources, préoccupée avant tout des usages directs, dépendant des services de prélèvement ou de certains services culturels (Serpantié *et al.*, 2012). Par conséquent, là où

---

35. Ni d'ailleurs qu'ils aient pu pour autant toucher un « double dividende » en se faisant payer pour cesser leurs destructions antérieures.

l'approche par les services écosystémiques fait irruption, elle ne peut qu'aboutir à une redéfinition du compromis existant entre ces deux conceptions, qui sont à l'œuvre depuis que l'homme se préoccupe de ses relations avec la nature. Fondamentalement, sa prétention est d'objectiver, qui plus est pour les remettre en cause au bénéfice de la conservation, des compromis sociaux en utilisant une base scientifique qui combine essentiellement écologie et économie, alors que la complexité des situations à analyser requerrait bien d'autres apports, à commencer par ceux des sciences politiques, de la sociologie ou du droit. Aussi son institutionnalisation à marche forcée n'a-t-elle gommé ni l'incomplétude de son cadre d'analyse, notamment sur la gouvernance environnementale, ni la faible fiabilité de ses méthodes d'évaluation, qui l'empêchent de traiter rigoureusement de questions aussi complexes. Au final, la portée opérationnelle de l'approche s'en trouve fortement amoindrie pour ce qui concerne l'aide à la décision, le cadre d'analyse adopté de façon conventionnelle aussi bien par les scientifiques que les gestionnaires souffrant d'un déficit conceptuel notamment sur son versant de l'analyse des institutions et plus largement de la demande sociale.

Au-delà du compromis entre conservation et utilisation durable, l'approche par les services écosystémiques se heurte à la définition du périmètre des populations concernées par les différents types de services fournis par un même écosystème, qui peuvent aller des populations locales, pour certains services culturels ou de prélèvement, à l'humanité entière pour d'autres services plus fondamentaux. Il n'est pas anodin de rappeler ici que les personnalités clés de l'institutionnalisation de cette approche sont essentiellement des Nord-Américains ou des Européens, ce qui signifie que l'approche tend à propager une vision occidentalocentrée des rapports homme-nature et des impératifs de conservation. Sur le plan opérationnel, lorsqu'il s'agira de faire évoluer les politiques environnementales ou d'en définir de nouvelles, les dispositifs de gestion des services écosystémiques s'appliqueront à des échelles qui pourront être choisies du point de vue des fonctions écologiques à préserver ou du point de vue de la demande sociale. La question centrale est ici celle du niveau auquel se décideront en pratique les arbitrages : un niveau d'arbitrage trop agrégé va avoir tendance à masquer l'impératif de justice dans l'accès aux services écosystémiques, ce qui pose un problème d'acceptabilité sociale et donc de faisabilité, tandis qu'un niveau trop désagrégé tendrait à occulter les phénomènes d'interdépendances entre composantes d'un écosystème, ce qui pose un problème de pertinence.

Organisé autour de la collaboration transdisciplinaire entre écologues et économistes pour servir la cause des politiques de conservation de la nature, ce cadre d'analyse se restreint donc bien souvent à une confrontation entre offre (fonctions écologiques à même de fournir les services écosystémiques) et demande (bénéfices attendus de ces services). L'hypothèse implicite est qu'il convient dans tous les cas, ou du moins pour les services considérés comme les plus importants du point de vue de la conservation, d'accroître la première et de limiter la seconde, sans voir que l'une comme l'autre font déjà l'objet d'un dispositif de gestion le plus souvent complexe. Or l'approche par les services écosystémiques devrait avant tout permettre d'identifier avec un plus grand degré de précision ce qui, dans le cadre de gestion existant, doit effectivement être soit fondamentalement repensé (par ex., par l'adoption de nouvelles mesures réglementaires contraignantes, éventuellement impulsées par un échelon de gouvernance supérieur), soit simplement aménagé à la marge (par ex., en introduisant des incitations économiques pour infléchir certains comportements), selon que l'on se trouverait confronté à un problème de conservation de services impliquant de ne pas dépasser de seuil critique ou à un problème de redistribution de services pouvant se traiter comme une « simple » affaire d'atténuation d'impacts.

Au final, nous pouvons identifier trois chemins au long desquels la diffusion et l'institutionnalisation de l'approche par les services écosystémiques semblent devoir se poursuivre à court terme. Les objectifs de gestion opérationnels pourraient dans certains cas se recentrer sur les seuls éléments de l'environnement considérés comme utiles pour rendre des services ou assurer des fonctions supportant ces services. La hiérarchie opérée par le droit entre des objectifs prioritaires de santé et de sécurité des populations, par exemple, et des objectifs de préservation d'espaces ou d'espèces menacées de disparition, mais « inutiles » ou dont on ne connaît pas l'utilité pourrait encore s'accentuer (Doussan, 2009). Le droit de l'environnement par exemple, qui protège actuellement la valeur tant intrinsèque qu'instrumentale de la biodiversité, pourrait ainsi paradoxalement délaisser la protection d'intérêts non strictement humains au profit des services et des fonctions considérés comme absolument indispensables aux besoins humains « fondamentaux » : la sécurité, la santé mais aussi le développement économique. Les critères retenus pour accorder une protection juridique à certains éléments de l'environnement joueront ici un rôle particulièrement important. D'un autre côté, l'identification plus fine de « bénéficiaires » de certains services pourrait amener à modifier les structures décisionnelles actuellement quasi exclusivement basées sur des découpages administratifs sans lien, ni avec les structures écologiques (hormis le cas de l'eau et la notion de bassins hydrographiques en France depuis 1964, et plus récemment introduits dans le droit de l'Union européenne), ni avec les populations concernées. Enfin, il apparaît assez réaliste de supposer que le recours aux mesures de compensation écologique pour des projets prévoyant la destruction d'espaces naturels pourrait être facilité par l'adoption d'une approche par services ou fonctions qui permettrait des propositions d'équivalence et de substituabilité plus aisées, et donc plus fréquentes.

Références

Armsworth P.R., Chan K.M.A., Daily G.C., Ehrlich P.R., Kremen C., Ricketts T.H., Sanjayan M.A., 2007. Ecosystem-service science and the way forward for conservation. *Conservation Biology*, 21 (6), 1383-1384.

Bonnin M., 2012. L'émergence des services environnementaux dans le droit international de l'environnement : Une terminologie confuse. *VertigO, la revue électronique en sciences de l'environnement*, 12 (3), < https://vertigo.revues.org/12889> (consulté le 24 déc. 2015).

Braat L.C., De Groot R., 2012. The ecosystem services agenda: Bridging the worlds of natural science and economics, conservation and development, and public and private policy. *Ecosystem Services*, 1, 4-15.

Braat L.C., ten Brink P., eds., 2008, The Cost of Policy Inaction (COPI): The case of not meeting the 2010 Biodiversity target, report to the European Commission under contract ENV.G.1./ETU/2007/0044, Alterra report 1718, Wageningue/Brussels, Pays-Bas/Belgique, 136 p.

Braat L.C., Van der Ploeg S.W.F., Bouma F., 1979. *Functions of the natural environment: An economic-ecological analysis*, Institute for Environmental Studies, Publication 79/9, Free University Press, Amsterdam, Pays-Bas, 73 p.

Brundtland G., 1987. *Our Common Future: Report of the World Commission on Environment and Development*, Oxford University Press, Oxford, UK, 383 p.

Clawson M., 1959. *Methods for measuring the demand for and value of outdoor recreation*, Resources for the Future, Washington D.C., USA, 36 p.

Costanza R., 1979. Embodied energy basis for economic-ecologic systems, Ph.D. dissertation, University of Florida, Gainesville, USA, 254 p.

Costanza R., Daly H.E., 1987. Toward an ecological economics. *Ecological Modelling* 38, 1-7.

Costanza R., Daly H.E., 1992. Natural capital and sustainable development. *Conservation Biology*, 6 (1), 37-46.

Costanza R., d'Arge R., De Groot R., Farber S., Grasso M., Hannon B., Limburg K., Naeem S., O'neill R.V., Paruelo J., Raskin R.G., Sutton P., Van den Belt M., 1997. The value of the world's ecosystem services and natural capital. *Nature*, 387, 253-260.

Costanza R., De Groot R., Sutton P., Van der Ploeg S., Anderson S.J., Kubiszewski I., Farber S., Turner R.K., 2014. Changes in the global value of ecosystem services. *Global Environmental Change*, 26, 152-158.

Daily G.C., 1997. *Nature's Services: Societal Dependence on Natural Ecosystems*, Island Press, Washington D.C., USA, 392 p.

Daly H.E., 1973. *Toward a Steady-State Economy*, W.H. Freeman & Co Ltd, San Francisco, USA, 332 p.

Dasgupta P.S., Heal G.M., 1979. *Economic Theory and Exhaustible Resources*, Cambridge University Press, Cambridge, UK, 503 p.

De Groot R.S., 1987. Environmental functions as a unifying concept for ecology and economics. *Environmentalist*, 7, 105-109.

Doussan I., 2009. Les services écologiques : Un nouveau concept pour le droit de l'environnement ? *In : La Responsabilité environnementale* (C. Cans, ed.), coll. Actes, Dalloz, Paris, 125-141.

Ehrlich P.R., Ehrlich A.H., 1981. *Extinction: The Causes and Consequences of the Disappearance of Species*, Ballantine Books, New York, USA, 384 p.

Ehrlich P.R., Holdren J.P., 1971. Impact of population growth. *Science*, 171 (3977), 1212-1217.

Ehrlich P.R., Mooney H.A., 1983. Extinction, substitution and ecosystem services. *Bioscience*, 33, 248-254.

Ekins P., Simon S., Deutsch L., Folke C., De Groot R., 2003. A framework for the practical application of the concepts of critical natural capital and strong sustainability. *Ecological Economics*, 44 (2), 165-185.

Feuillette S., Levrel H., Blanquart S., 2015. L'évaluation monétaire de la nature à l'épreuve de la gestion de l'eau : Retour d'expériences des agences de l'eau et mise en discussion. *Natures sciences sociétés*, sous presse.

Fisher B., Turner R.K., Morling P., 2009. Defining and classifying ecosystem services for decision making. *Ecological Economics*, 68 (3), 643-653.

Folke C., Holling C.S., Perrings C., 1996. Biological diversity, ecosystems, and the human scale. *Ecological Applications*, 1018-1024.

Forrester J.W., 1971. *World Dynamics*, Wright-Allen Press, Cambridge, UK, 155 p.

Georgesçu-Roegen N., 1971. *The Entropy Law and the Economic Process*, Harvard University Press, Cambridge, UK, 450 p.

Gómez-Baggethun E., De Groot R., Lomas P.L., Montes C., 2010. The history of ecosystem services in economic theory and practice: From early notions to markets and payment schemes. *Ecological Economics*, 69 (6), 1209-1218.

Heal G., 2000. Valuing ecosystem services. *Ecosystems*, 3 (1), 24-30.

Heywood V.H., Watson R.T., eds., 1995. *Global Biodiversity Assessment*, Cambridge University Press, Cambridge, UK, 1140 p.

Holdren J.P., Ehrlich P.R., 1974. Human population and the global environment. *American Scientist*, 62, 282-292.

Holling C.S., 1987. Simplifying the complex: The paradigms of ecological function and structure. *European Journal of Operational Research*, 30 (2), 139-146.

Holling C.S., Gunderson L.H., 2002. Resilience and adaptive cycles. *In : Panarchy: Understanding Transformations in Systems of Humans and Nature* (L.H. Gunderson, C.S. Holling, eds.), Island Press, Washington D.C., 25-62.

Hueting R., 1974. *New Scarcity and Economic Growth*, Agon Elsevier (édit. néerlandaise), Amsterdam, Pays-Bas / North-Holland Publishing Company (édit. anglaise), New York, USA, 269 p.

Jansson A.M., Hammer M., Folke C., Costanza R., 1994. *Investing in Natural Capital: The Ecological Economics Approach to Sustainability*, Island Press, Washington D.C., USA, 504 p.

Krutilla J.V., 1967. Conservation reconsidered. *American Economic Review*, 57, 777-786.

Larigauderie A., Mooney H.A., 2010. The Intergovernmental science-policy platform on biodiversity and ecosystem services: Moving a step closer to an IPCC-like mechanism for biodiversity. *Current Opinion in Environmental Sustainability*, 2 (1), 9-14.

Laurans Y., Rankovic A., Billé R., Pirard R., Mermet L., 2013. Use of ecosystem services economic valuation for decision making: Questioning a literature blindspot. *Journal of Environmental Management*, 119, 208-219.

Legrand T., Froger G., Le Coq J.-F., 2013. Institutional performance of payments for environmental services: An analysis of the Costa Rican program. *Forest Policy and Economics*, 37, 115-123.

Levrel H., Cabral P., Marcone O., Mongruel R., 2014. Les services rendus par les écosystèmes marins : Les évaluations économiques et leurs usages. *In : Risques côtiers et adaptations des sociétés* (A. Monaco, P. Prouzet, eds.), coll. Mer et océan, HERMES Penton Publishing Ltd, Londres, UK, 311-355.

Loreau M., Oteng-Yeboah A., Arroyo M.T.K., Babin D., Barbault R., Donoghue M., Gadgil M., Häuser C., Heip C., Larigauderie A., Ma K., Mace G., Mooney H.A., Perrings C., Raven P.,

Sarukhan J., Schei P., Scholes R.J., Watson R.T., 2006. Diversity without representation. *Nature*, 442 (7100), 245-246.

Lubchenco J., 1998. Entering the century of the environment: A new social contract for science. *Science*, 279 (5350), 491-497.

Mace G.M., Cramer W., Díaz S., Faith D.P., Larigauderie A., Le Prestre P., Palmer M., Perrings C., Scholes R.J., Walpole M., Walther B.A., Watson J.E.M., Mooney H.A., 2010. Biodiversity targets after 2010. *Current Opinion in Environmental Sustainability*, 2 (1), 3-8.

Mäler K.-G., 1974. *Environmental Economics: A Theoretical Inquiry*, Resources for the Future / Johns Hopkins University Press, Baltimore, USA, 257 p.

McElwee P.D., 2012. Payments for environmental services as neoliberal market-based forest conservation in Vietnam: Panacea or problem? *Geoforum*, 43 (3), 412-426.

McNeely J.A., 1988. *Economics and Biological Diversity: Developing and Using Economic Incentives to Conserve Biological Resources*, IUCN / St Mary's Press McGregor & Werner Inc., Washington D.C., USA, 232 p.

MEA, 2005. *Ecosystems and Human Well-Being: Synthesis*, Island Press, Washington D.C., USA, 160 p.

Meadows D.H., Randers J., Behrens III W.W., 1972. *The Limits to Growth: A Report to the Club of Rome*, Universe Books, New York, USA, 205 p.

Méral P., 2010. Les services environnementaux en économie : Revue de la littérature, programme Serena, document de travail n° 2010-05, 50 p.

Méral P., 2012. Le concept de service écosystémique en économie : Origine et tendances récentes. *Natures sciences sociétés*, 20 (1), 3-15.

Milne S., Adams B., 2012. Market masquerades: Uncovering the politics of community-level payments for environmental services in Cambodia. *Development and Change*, 43 (1), 133-158.

Mongruel R., Levrel H., 2013. The institutional foundations of the ecosystem services approach, communication à la Xe Conférence biennale de l'European Society for Ecological Economics, 18-21 juin 2013, Lille, France, 15 p.

Mooney H.A., Ehrlich P.R., 1997. Ecosystem services: A fragmentary history. *In* : *Nature's Services: Societal Dependence on Natural Ecosystems* (G. Daily, ed.), Island Press, Washington D.C., USA, 11-19.

Mooney H.A., Mace G., 2009. Biodiversity policy challenges. *Science*, 325 (5947), 1474-1474.

Munasinghe M., McNeely J.A., 1994. *Protected Area Economics and Policy: Linking Conservation and Sustainable Development*, World Bank / IUCN, Washington D.C., USA, 364 p.

Muradian R., Corbera E., Pascual U., Kosoy N., May P.H., 2010. Reconciling theory and practice: An alternative conceptual framework for understanding payments for environmental services. *Ecological Economics*, 69 (6), 1202-1208.

Muradian R., Rival L., 2013. *Governing the Provision of Ecosystem Services*, Springer, Dordrecht, Pays-Bas, 481 p.

Nahlik A.M., Kentula M.E., Wallace Fennessy M.S., Landers D.H., 2012. Where is the consensus? A proposed foundation for moving ecosystem service concepts into practice. *Ecological Economics*, 77, 27-35

Norgaard R.B., 2010. Ecosystem services: From eye-opening metaphor to complexity blinder. *Ecological Economics*, 69 (6), 1219-1227.

Norgaard R.B., Bode C., 1998. Next, the value of God, and other reactions. *Ecological Economics*, 25 (1), 37-39.

Odum H.T., Odum E.C., 1981. *Energy Basis for Man and Nature*, McGraw-Hill, New York, USA, 337 p.

Pearce D.W., Moran D., 1994. *The Economic Value of Biodiversity*, Earthscan publications, New York, USA, 172 p.

Pearce D.W., Perrings C.A., 1995. Biodiversity conservation and economic development: Local and global dimensions. *In* : *Biodiversity Conservation* (C.A. Perrings, ed.), Springer, Dordrecht, Pays-Bas, 23-40.

Pearce D.W., Turner R.K., 1989. *Economics of Natural Resources and the Environment*, Wheatsheaf, Brighton, UK, 378 p.

Perrings C., Duraiappah A., Larigauderie A., Mooney H.A., 2011a. The biodiversity and ecosystem services science-policy interface. *Science*, 331 (6021), 1139-1140.

Perrings C., Folke C., Mäler K.G., 1992. The ecology and economics of biodiversity loss: The research agenda. *Ambio*, 21, 201-211.

Perrings C., Mäler K.G., Folke C., Holling C.S., Jansson B.O., 1995. *Biodiversity Loss: Economic and Ecological Issues*, Cambridge University Press, New York, USA, 332 p.

Perrings C., Naeem S., Ahrestani F.S., Bunker D.E., Burkill P., Canziani G., Elmqvist T., Fuhrman J.A., Jaksic F.M., Kawabata Z., Kinzig A., Mace G.M., Mooney H.M., Prieur-Richard A.-H., Tschirhart J., Weisser W., 2011b. Ecosystem services, targets, and indicators for the conservation and sustainable use of biodiversity. *Frontiers in Ecology and the Environment*, 9 (9), 512-520.

Perrings C., Naeem S., Ahrestani F., Bunker D.E., Burkill P., Canziani G., Elmqvist T., Ferrati R., Fuhrman J., Jaksic F., Kawabata Z., Kinzig A., Mace G.M., Milano F., Mooney H.A., Prieur-Richard A.-H., Tschirhart J., Weisser W., 2010. Ecosystem services for 2020. *Science*, 330 (6002), 323-324.

Pesche D., Méral P., Hrabanski M., Bonnin M., 2013. Ecosystem services and payments for environmental services: Two sides of the same coin? *In* : *Governing the Provision of Ecosystem Services* (R. Muradian, L. Rival, eds.), Springer, Dordrecht, Pays-Bas, 67-86.

Ridker R.G., Henning J.A., 1967. The determinants of residential property values with special reference to air pollution. *The Review of Economics and Statistics*, 49 (2), 246-257.

Robertson M.M., 2004. The neoliberalization of ecosystem services: Wetland mitigation banking and problems in environmental governance. *Geoforum*, 35 (3), 361-373.

Sattler C., Matzdorf B., 2013. PES in a nutshell: From definitions and origins to PES in practices. Approaches, design process and innovative aspects. *Ecosystem Services*, 6 (0), 2-11.

SCEP, 1970. Man's impact on the global environment: Assessment and recommendations for action, report of the Study of Critical Environmental Problems, The MIT Press, Cambridge, Massachusetts, USA, 319 p.

Serpantié G., Méral P., Bidaud C., 2012. Des bienfaits de la nature aux services écosysté-miques. *VertigO, la revue électronique en sciences de l'environnement*, 12 (3), [en ligne] <http://vertigo.revues.org/12924 ; doi : 10.4000/vertigo.12924> (consulté le 24 juin 2014).

TEEB, 2010a. *The Economics of Ecosystems and Biodiversity: Ecological and Economic Foundations* (P. Kumar, ed.), United Nations Environment Programme, Earthscan Publications, Londres, UK, 410 p.

TEEB, 2010b. *The Economics of Ecosystems and Biodiversity: Mainstreaming the Economics of Nature, A synthesis of the approach, conclusions and recommendations of TEEB*, [en ligne] <http://www.unep.org/pdf/LinkClick.pdf>, 36 p.

TEEB for Business, 2011. *The Economics of Ecosystems and Biodiversity in Business and Enterprise* (J. Bishop, ed.), Routledge, Londres / New York, UK / USA, 270 p.

TEEB for Policy Makers, 2011. *The Economics of Ecosystems and Biodiversity in National and International Policy Making* (P. ten Brink, ed.), Routledge, Londres / New York, UK / USA, 528 p.

Wallace K.J., 2007. Classification of ecosystem services: Problems and solutions. *Biological Conservation*, 139 (3-4), 235-246.

Watson R.T., Dixon J.A., Hamburg S.P., Janetos A.C., Moss R.H., 1998. Protecting our planet, securing our future: Linkages among global environmental issues and human needs, rapport de l'United Nations Environment Program, de l'US National Aeronautics and Space Administration et de la World Bank, 95 p.

Westman W.E., 1977. How much are nature's services worth? *Science*, 197 (4307), 960-964.

WRI, IIED, eds., 1986. *World resources 1986*, rapport du World Resources Institute et de l'International Institute for Environment and Development, Basic Books Inc., New York, USA, 354 p.

WRI, 2000. *World Resources 2000-2001: People and Ecosystems, the Fraying Web of Life*, rapport du World Resources Institute, WRI, Washington D.C., USA, 389 p.

Wunder S., Engel S., Pagiola S., 2008. Taking stock: A comparative analysis of payments for environmental services programs in developed and developing countries. *Ecological Economics*, 65 (4), 834-852.

Liste des auteurs

ARNAULD DE SARTRE Xavier,
xavier.arnauld@cnrs.fr,
SET UMR 5603 du CNRS Irsam,
Domaine universitaire,
64000 Pau

BALIAN Estelle,
estelle.balian@gmail.com,
Rue Marie Thérèse,
1000 Bruxelles,
Belgique

BARNAUD Cécile,
cecile.barnaud@toulouse.inra.fr,
Inra, UMR Dynafor,
Chemin de Borde Rouge,
31326 Castanet-Tolosan cedex

BÉCHET Arnaud,
bechet@tourduvalat.org,
Tour du Valat,
Le Sambuc,
13200 Arles

CARRIÈRE Stéphanie,
stephanie.carriere@ird.fr,
IRD, UMR GRED 220,
911 avenue d'Agropolis,
34394 Montpellier cedex 5

COUVET Denis,
couvet@mnhn.fr,
Muséum national d'histoire naturelle,
UMR 7204,
Centre des Sciences de la conservation,
55 rue Buffon, 75005 Paris

DEVICTOR Vincent,
vincent.devictor@univ-montp2.fr,
Institut des Sciences de l'évolution
de Montpellier (ISEM),
CNRS-UM2 cc065,
Place Eugène Bataillon,
34090 Montpellier

DOUSSAN Isabelle,
isabelle.doussan@gredeg.cnrs.fr, Inra,
Gredeg-Credeco UMR 7321 CNRS,
Université Nice - Sophia Antipolis,
Bâtiment 2,
250 rue Albert Einstein,
06560 Valbonne

DOYEN Luc,
luc.doyen@u-bordeaux.fr,
CNRS, Groupement de Recherche
en économie théorique et appliquée
(Gretha), Université de Bordeaux,
33600 Pessac

EZZINE DE BLAS Driss,
ezzine@cirad.fr,
Cirad, Campus international
de Baillarguet,
34398 Montpellier

GEIJZENDORFFER Ilse,
ilse.geijzendorffer@imbe.fr,
CNRS, IMBE, IX-Marseille
Université - Campus Aix Technopôle de
l'environnement Arbois Méditerranée,
Avenue Louis Philibert,
Bâtiment Villemin, BP 80,
13545 Aix-en-Provence cedex 4

GÓMEZ-BAGGETHUN Erik,
erik.gomez@nina.no,
Norwegian Institute for Nature
Research (Nina).
Gaustadalléen 21,
0349 Oslo, Norvège

GUILLET Fanny,
guillet@mnhn.fr,
Muséum national d'histoire naturelle,
UMR 7204,
Centre des Sciences de la conservation,
55 rue Buffon,
75005 Paris

JULLIARD Romain,
julliard@mnhn.fr,
Muséum national d'histoire naturelle,
UMR 7204,
Centre des Sciences de la conservation,
55 rue Buffon,
75005 Paris

LECOMTE Jane,
jane.lecomte@u-psud.fr,
Université Paris-Sud, Unité Écologie,
systématique et évolution (ESE),
Bâtiment 362,
91405 Orsay cedex

LEVREL Harold,
harold.levrel@agroparistech.fr,
AgroParisTech, UMR Cired,
Campus du Jardin tropical,
45 bis avenue de la Belle Gabrielle,
94736 Nogent-sur-Marne cedex

LOREAU Michel,
michel.loreau@ecoex-moulis.cnrs.fr,
Station d'Écologie expérimentale
du CNRS,
09200 Moulis

MANUEL NAREDO José,
École d'architecture,
Université polytechnique,
Département d'Urbanisme
et de Planification territoriale,
4 Avenida de Juan de Herrera,
28040 Madrid, Espagne

MARIS Virginie,
virginie.maris@cefe.cnrs.fr,
CEFE/CNRS, Campus du CNRS,
1919 Route de Mende,
34293 Montpellier cedex 5

MÉRAL Philippe,
philippe.meral@ird.fr,
IRD, UMR GRED (IRD et Université
Paul Valéry Montpellier 3),
911 avenue d'Agropolis, BP 64501,
34394 Montpellier cedex 5

MONGRUEL Rémi,
remi.mongruel@ifremer.fr,
Ifremer / Université de Bretagne
occidentale, UMR Amure, CS 10070,
29280 Plouzané

PHAM Jean-Louis,
pham@agropolis.fr,
IRD, Agropolis Fondation,
1000 avenue d'Agropolis,
34394 Montpellier cedex 5

PLANT Roel,
roelof.plant@uts.edu.au,
Institute for Sustainable Futures,
PO Box 123,
Broadway NSW 2007,
Australie

PRÉVOT Anne-Caroline,
acpj@mnhn.fr,
Muséum national d'histoire naturelle,
UMR 7204,
Centre des Sciences de la conservation,
55 rue Buffon,
75005 Paris

QUÉTIER Fabien,
fquetier@biotope.fr,
22 boulevard Maréchal Foch,
BP58,
34140 Mèze

REBOUD Xavier,
xavier.reboud@dijon.inra.fr,
Inra, UMR Agroécologie,
Centre de Dijon,
17 rue Sully,
BP 86510,
21065 Dijon cedex

ROCHE Philip,
philip.roche@irstea.fr,
Irstea, UR Recover/Emax,
3275 route de Cézanne,
13182 Aix-en-Provence cedex 4

SALLES Jean-Michel,
sallesjm@supagro.inra.fr,
UMR Lameta, Campus Inra-SupAgro,
Bâtiment 26,
2 place Viala,
34060 Montpellier cedex 2

SARRAZIN François,
sarrazin@mnhn.fr,
Muséum national d'histoire naturelle,
UMR 7204,
Centre des Sciences de la conservation,
55 rue Buffon,
75005 Paris

TICHIT Muriel,
muriel.tichit@agropa,
Inra, UMR SAD-APT Inra/
AgroParisTech, Équipe Concepts,
16 rue Claude Bernard,
75231 Paris cedex 05

Cet ouvrage est issu d'une initiative d'Allenvi (Alliance nationale de la recherche pour l'environnement) et a été soutenu par la FRB (Fondation pour la recherche sur la biodiversité) et Irstea (Institut national de recherche en sciences et technologies pour l'environnement et l'agriculture) dans le cadre des travaux du groupe thématique Biodiversité d'Allenvi.

Édition : Mickaël Legrand
www.vivante-passerelle.net

Formaté typographiquement par DESK (53) :
02 43 01 22 11 – desk@desk53.com.fr

Imprimé pour vous par Books on Demand (Allemagne)